Rudolf Kippenhahn
Hundert Milliarden Sonnen

Band 343

Zu diesem Buch

Wie lange können wir noch von der Sonne leben? Wie sind die Sterne entstanden, und wie enden sie? Was sind Pulsare und Röntgensterne, was ist eine Supernova und was ein Schwarzes Loch?
Der Astrophysiker Rudolf Kippenhahn berichtet aus seinem eigenen Forschungsgebiet. Er schildert überaus lebendig und anschaulich, was wir heute über den langen Lebenslauf eines Sterns wissen, insbesondere, wie sich Sterne verändern, wenn sie ihren Energievorrat erschöpfen. Genauere Erkenntnisse, die die bloße Sternbeobachtung noch nicht vermitteln konnte, gewann man, als man lernte, den Aufbau und die zeitlichen Veränderungen der Sterne auf dem Computer zu simulieren.
»So wünscht sich der anspruchsvolle Laie eine Tour d'horizon durch die moderne Astrophysik: wissenschaftlich fundiert, aktuell, authentisch, spannend, humorvoll, unterhaltsam...«
Spektrum der Wissenschaft

Rudolf Kippenhahn, geboren 1926 in Bärringen (Tschechoslowakei), Professor Dr. phil. nat. Von 1965 bis 1974 Professor für Astronomie und Astrophysik an der Universität Göttingen, von 1975 bis 1991 Direktor des Max-Planck-Instituts für Astrophysik in Garching bei München. – Mitverfasser der Lehrbücher »Elementare Plasmaphysik« (1975) und »Stellar Structure and Evolution« (1990), Autor von »Licht vom Rande der Welt« (1984) (Serie Piper 562), »Unheimliche Welten« (1987), »Der Stern, von dem wir leben« (1990), »Abenteuer Weltall« (1991).

Rudolf Kippenhahn

Hundert Milliarden Sonnen

**Geburt, Leben und Tod
der Sterne**

**Mit 6 Farbtafeln und
91 Abbildungen und Tabellen**

Piper
München Zürich

Von Rudolf Kippenhahn liegt in der Serie Piper außerdem vor:
Licht vom Rande der Welt (562)

Hinweis zum Umschlagbild: Überrest der Supernova aus vergangener Zeit,
aus dem die Signale des Vela-Pulsars kommen, der in jeder Sekunde elf Pulse
zu uns sendet und von dem auf den Seiten 156 und 157 die Rede ist.

ISBN 3-492-10343-X
Neuausgabe Mai 1984
8. Auflage, 41.–47. Tausend Oktober 1993
(5., überarbeitete Auflage, 24.–30. Tausend dieser Ausgabe)
© R. Piper & Co. Verlag, München 1980
Umschlag: Federico Luci,
unter Verwendung eines Fotos von ESO European Southern Observatory,
Garching bei München
Gesamtherstellung: Clausen & Bosse, Leck
Printed in Germany

Inhalt

Vorwort   11

Einleitung   13

1. Das lange Leben der Sterne

Woher kommt die Energie der Sonne?   19

Atomenergie aus Sonne und Sternen   21

Sterne altern   23

Der Begleiter des Sirius   25

Der Überriese im Fuhrmann   26

2. Das wichtigste Diagramm des Astrophysikers

Messen und Ordnen der Sterne   30

Das Diagramm von Hertzsprung und Russell   32

Die Nachbarsterne der Sonne   35

Sternhaufen – »Schulklassen« von Sternen   39

Das Alter der Sternhaufen   46

3. Sterne als Kernkraftwerke

Die Bausteine der Atome   49

Arthur Eddington und die Energiequelle der Sterne   52

George Gamow und sein »Tunneleffekt«   55

Der Tunneleffekt in Sternen   56

Der Kohlenstoffzyklus   58

Die Proton-Proton-Kette   62

Schwerere Elemente entstehen   64

4. Sterne und Sternmodelle

Schwerkraft und Gasdruck 67
Energieerzeugung und Energietransport 68
Brodelnde Sternmaterie 70
Sterne im Computer 72
Ein Modell für die Ursonne 73
Die Ur-Hauptreihe wird gefunden 76
Das Innere des Sterns Spica 78
Der Rote Zwerg im Schwan 79
Eigenschaften der Ur-Hauptreihe 80

5. Die Lebensgeschichte der Sonne

Von der Ursonne zur Sonne von heute 83
Wo ist das Deuterium der Sonne? 87
Das Lithiumproblem 88
Das Jahr 1955,
    der Vorstoß ins Reich der Roten Riesen 90
Die Zukunft der Sonne 92
Neutrinos von der Sonne 94
Raymond Davis' Neutrinoexperiment 98
Das Galliumexperiment 101

6. Die Lebensgeschichte massereicher Sterne

Louis Henyey und die Henyey-Methode 104
Die Geschichte eines Sterns von sieben
    Sonnenmassen 106
Entwicklungswege und Sternhaufendiagramme 112
Pulsierende Sterne 115
Das Topfmodell eines Delta-Cephei-Sterns 117
Zhevakins neue Diskussion einer alten Idee 121

7. Hochentwickelte Sterne

Neutrinos kühlen, Schalenquellen flackern 123
Der Weiße Zwerg im Roten Riesen 125

Die weitere Zukunft der Sonne   126
Peter Apianus, Ludwig Biermann und die Kometen 129
Entwickelte Sterne verlieren Masse 133
Der Weiße Zwerg wird freigelegt 135
Hartwigs Stern im Andromeda-Nebel 136
Der Krebs-Nebel und die chinesisch-japanische
    Supernova   139
Das Schicksal der den Stern verlassenden Materie   140

8. Pulsare pulsieren nicht

In Cambridge wird ein neues Radioteleskop in
    Betrieb genommen   142
Jocelyn Bell berichtet   143
Pulsare sind klein 146
Kann man Pulsare sehen? 149
Der Pulsar im Krebs-Nebel wird sichtbar 153
Was sind Pulsare?   156
Thomas Gold erklärt die Pulsare 159
Unbeantwortete Fragen   163

9. Wenn Sterne Sternen Masse stehlen

Algol, das Haupt des Teufels   166
Komplizierte Kräfte in Doppelsternen 168
Die Paradoxien von Algol und Sirius   170
Doppelsterne im Computer 172
Die Geschichte des ersten Sternpaares –
    ein halbgetrenntes System entsteht 173
Die Geschichte des zweiten Sternpaares –
    ein Weißer Zwerg entsteht   175
Die Nova vom 29. August 1975 im Schwan 178
Die Nova des Jahres 1934   180
Kernexplosionen im Doppelsternsystem 182

10. Röntgensterne

Die Uhuru-Story 186
Der Röntgenstern im Herkules 190
Die Herkules-Quelle wird sichtbar 193
Röntgensterne sind klein 195
Die Geschichte einer Röntgenquelle 198
Woher kommen die Pulse? 199
Das Magnetfeld eines Neutronensterns
    wird gemessen 200
Röntgenschauer 206

11. Das Ende der Sterne

Die Eisenkatastrophe bei massereichen Sternen 208
Ein Gedankenexperiment mit einem Weißen Zwerg 211
Ein Gedankenexperiment mit einem Neutronenstern 215
Schwarze Löcher 218

12. Wie Sterne geboren werden

Sterne entstehen noch heute.. 221
Sterngeburt im Computer 223
Sterngeburt in der Natur 227
Drehimpuls und zusammenfallende Wolken 230
Der Geschichte unserer Milchstraße auf der Spur 231
Wer löst die Sternbildung aus? 233
Was sind die Spiralarme? 236
Sternentstehung in der Galaxie in den Jagdhunden 238

13. Planeten und ihre Bewohner

Das Problem der Planetenentstehung auf dem
    Computer.. 244
Ein Doppelsternsystem entsteht 249
Sind wir allein?.. 250
Das Projekt OZMA und die Arecibo-Botschaft 251
Der lange Weg des Lebens 254

In unserer Galaxis eine Million Planeten
mit Leben? 255
Wie lange lebt eine Zivilisation? 258

Anhang A – Die Geschwindigkeit der Sterne 261

Anhang B – Wie das Weltall ausgemessen wird 265

Anhang C – Die Sterne werden gewogen 269

Nachwort (1993) 273

Personen- und Sachregister 280

Hinweis: Die Abbildungen 0-1, 0-4, 2-5, 7-5, 7-6 und 12-1 sind Farbtafeln. Sie folgen der Seite 160.

Vorwort

Dieses Buch entstand aus weit über hundert Vorträgen, in denen ich versuchte, Erkenntnisse der modernen Astrophysik einem größeren Zuhörerkreis allgemeinverständlich darzustellen. Es nahm seine Form an, als ich im Wintersemester 1978/79 daraus eine Vorlesungsreihe für Hörer aller Fachbereiche an der Universität München zusammenstellte. Einige Male hielt ich mich im Text eng an Aufsätze, die Alfred Weigert und ich über unsere eigenen Forschungsergebnisse in der Zeitschrift »Sterne und Weltraum« veröffentlicht haben. An vielen Stellen drangen persönliche Erinnerungen in den Stoff ein, denn vieles, von dem in diesem Buch berichtet wird, ist erst während der letzten 25 Jahre bekannt geworden. Ich habe es selbst als Astronom »erlebt«. Bei einigem hatten meine Mitarbeiter und ich das Glück, selbst »mitmischen« zu können.

Viele Freunde und Mitarbeiter haben mir geholfen, aus dem Text Fehler und Unklarheiten auszumerzen. Wolfgang Hillebrandt, John Kirk, Hans Ritter, Joachim Trümper und Werner Tscharnuter haben einzelne Kapitel geprüft. Kurt von Sengbusch hat nahezu alles gelesen und verbessert. Große Hilfe erhielt ich von meinem Freund, dem Göttinger Mathematiker Hans Ludwig de Vries, der mit mir das ganze Manuskript kritisch Satz für Satz durchgegangen ist und dem ich viele Anregungen verdanke. Das Buch wäre schließlich nicht geschrieben worden ohne die stetige Ermunterung durch meine Frau. Große Teile des Manuskripts wurden von Ursula Hennig und Gisela Weßling geschrieben. Sie tippten zahlreiche Korrekturen und hatten Geduld mit mir, wenn ich sie oft gleich danach wieder korrigiert haben wollte. Ich danke allen Beteiligten.

Mein Dank gilt auch den Mitarbeitern des Piper Verlages für ihre Mühe und für die Bereitwilligkeit, mit der sie meine Vorschläge zur Gestaltung des Buches aufnahmen.

München, 31. Juli 1979   Rudolf Kippenhahn

Einleitung

Die Handlung spielt in der Milchstraße. Die Gestalten des Dramas sind ihre hundert Milliarden Sterne und einige hundert Astronomen auf der Erde.

Durch die Regieanweisungen der Naturgesetze ist der Materie der Welt der Drang gegeben, sich zu Kugeln zusammenzuballen, die wir als Sterne kennen. Die Stoffe in ihnen sind so heiß, daß dort keine festen Körper und keine Flüssigkeiten bestehen können. Sterne sind Gaskugeln, die durch ihre eigene Schwerkraft zusammengehalten werden. Einen von ihnen nennen wir Sonne. Einem außenstehenden Beobachter, der sie mit den anderen Sternen der Milchstraße vergleicht, erscheint sie als ein mittelmäßiger Stern, nicht besonders groß, nicht sehr klein, von durchschnittlicher Helligkeit – ein Stern ohne Bedeutung unter den hundert Milliarden. Nur für uns, die wir unser Leben von ihm beziehen, ist er wichtig.

Die meisten Sterne des Milchstraßensystems halten sich in einer flachen, kreisförmigen Scheibe auf, in unserer *Galaxis*, die so groß ist, daß das Licht fast hunderttausend Jahre braucht, um quer hindurch von einem Rand zum anderen zu gelangen. Alle Sterne bewegen sich um das Zentrum der Scheibe, durch das Spiel von Fliehkraft und Schwerkraft in komplizierte Bahnen gezwungen: Die Milchstraßenscheibe rotiert. Wir sind mit unserem Sternsystem nicht allein im Kosmos. Der Andromeda-Nebel ist eine andere aus Sternen bestehende rotierende Scheibe. In Abbildung 0-1 blicken wir von außen auf dieses Sternsystem. Die Scheibe erscheint uns – da wir sie schräg sehen – elliptisch. Der Andromeda-Nebel ist ein Ebenbild unseres eigenen Systems. Alle Arten von Sternen unseres Sternsystems, alle Vorgänge, die es bei uns gibt – alles das finden wir auch in der Andromeda-Galaxie, und nicht nur in ihr, denn es gibt Tausende, Millionen, ja vielleicht unendlich viele Galaxien.

In Abbildung 0-4 blicken wir senkrecht von oben auf ein anderes Sternsystem. Daß unser Milchstraßensystem und die fernen, oft spiraligen nebligen Gebilde am Himmel von gleicher Art sind, hat man erst 1924 mit Sicherheit bewiesen. Man kannte die kleinen, schwach schimmernden, oft elliptischen nebligen Scheibchen am Himmel, die sogenannten *Spiralnebel*, schon lange. Bereits 1755 verglich sie der 31jährige Immanuel Kant in seiner »Allgemeinen Naturgeschichte und Theorie des Himmels« mit unserem eigenen Sternsystem: »Wenn eine solche Welt von Fixsternen [Kant meint unser Milchstraßensystem] in einem so unermeßlichen Abstande von dem Auge des Beobachters, daß sich außerhalb demselben befindet, angeschauet wird, so wird dieselbe unter einem kleinen Winkel als ein mit schwachem Lichte erleuchtetes Räumchen erscheinen, dessen Figur zirkelrund sein wird, wenn seine Fläche sich dem Auge geradezu darbietet und elliptisch, wenn es von der Seite gesehen wird.« Also schließt Kant, daß die elliptischen Nebelchen am Himmel Milchstraßensysteme in großer Entfernung sind, und er schreibt weiter: »Alles stimmt vollkommen überein, diese elliptischen Figuren für eben dergleichen Weltordnungen, und so zu reden, Milchstraßen zu halten, deren Verfassung wir eben entwickelt haben.« Es hat aber noch nahezu 200 Jahre gebraucht, bis man das wirklich beweisen konnte.

Die Sonne, und wir mit ihr, stehen nahezu in der Mittelebene unseres Milchstraßensystems. Blicken wir senkrecht aus der Scheibe in den Raum, sehen wir verhältnismäßig wenige Sterne, blicken wir aber in Richtung der Kante, so geht unser Blick an vielen Sternen vorbei, wie es in Abbildung 0-2 angedeutet ist. So bildet sich die flache Scheibe unseres Sternsystems als ein helles Band ab, das sich über den Nachthimmel zieht: das Band der Milchstraße, wie es die Abbildung 0-3 zeigt.

Aber nicht nur Sterne füllen die Scheibe unseres Systems. Leuchtende Wolken zeigen, daß der Raum zwischen den Sternen nicht leer ist. Der hundertste Teil der Masse des Milchstraßensystems ist nicht in Sternen konzentriert, sondern erfüllt die Räume, die sich zwischen den Sternen erstrecken. Seine chemische Zusammensetzung gleicht der der Sonne, seine Dichte ist jedoch nur der millionste Teil des Milliardstels eines Milliardstels der Sonnendichte. In diesem *interstellaren* Gas sind winzige Staubkörner ein-

Abb. 0-2. Am Beispiel der Andromeda-Galaxie erkennt man, wie das Band der Milchstraße entsteht. Blickt ein Beobachter von seinem Heimatplaneten in der Scheibe in eine Richtung, die aus der Scheibenebene hinausweist, so sieht er etwa das linke obere Bild: Verhältnismäßig wenige einzelne Sterne stehen in seinem Blickfeld. Blickt er in eine Richtung, die in der Scheibenebene liegt, dann sieht er die vielen Sterne in der Scheibe als helles Band, das sich über den Himmel zieht, so wie es das rechte obere Bild zeigt.

gebettet. Interstellare Staubwolken schwächen wie dicke Vorhänge das Licht dahinterstehender Sterne und lassen es röter erscheinen, so wie die untergehende Sonne vom Staub der Erdatmosphäre gerötet wird. Die interstellaren Staubkörner sind klein, nur ein Zehntausendstel eines Millimeters ist ihr Durchmesser.

Im Milchstraßensystem vollenden Sterne, Gas und Staub in träger Bewegung im Mittel alle 100 Millionen Jahre einen Umlauf um den Mittelpunkt. Aber die Welt der Sterne ist nicht träge. Viele sind in Doppelsternsystemen aneinander gebunden und bewegen sich innerhalb von Jahren, Tagen oder Stunden umeinander. Andere blähen sich regelmäßig auf und schrumpfen in regelmäßigem Rhythmus, so als würden sie atmen. Von Zeit zu Zeit zerreißt es

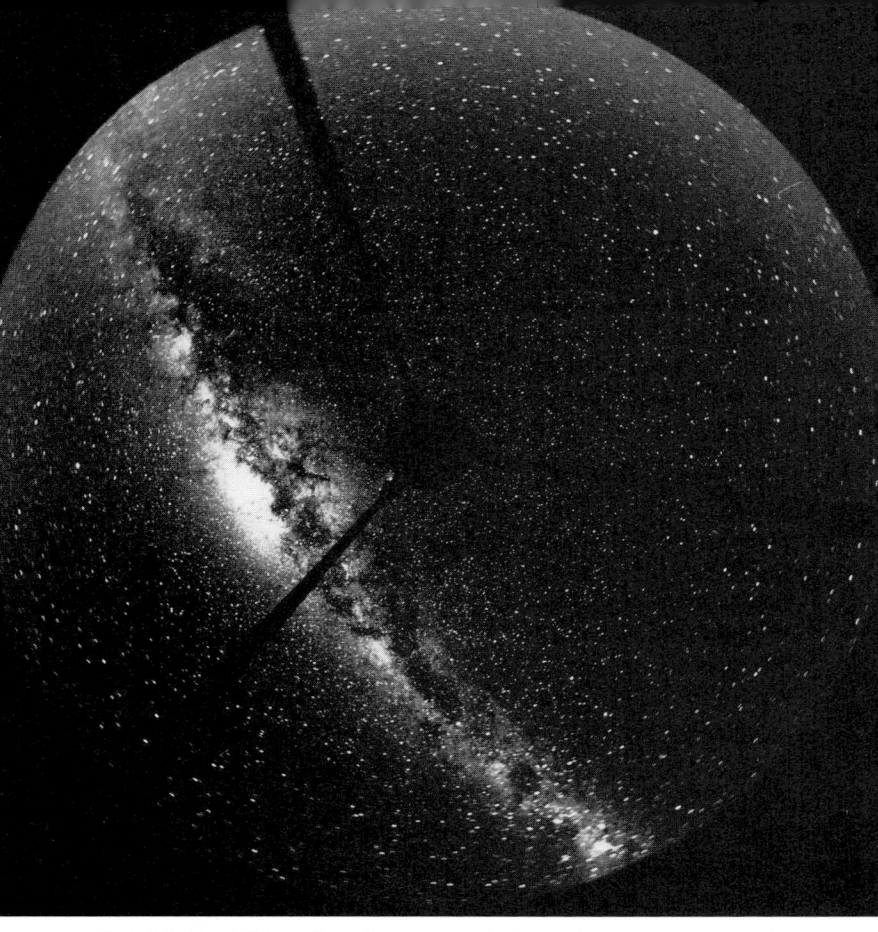

Abb. 0-3. Die Milchstraße, aufgenommen mit einer Weitwinkelkamera. Die dunklen Stege im Bild rühren von dem Aufbau der Kamera her.

(Aufnahme: W. Schlosser, Astron. Institut der Ruhr-Universität, Bochum)

einen Stern in einer Explosion, die ihn für kurze Zeit fast so hell strahlen läßt wie alle hundert Milliarden Sterne des Systems zusammen. Einige Sterne senden ihr Licht nicht gleichmäßig aus, sondern in Form von Lichtblitzen, einer dem anderen mit hundertstel Sekunden Abstand folgend.

Diesem gewaltigen Szenarium in der Natur steht auf dem winzigen Planeten Erde, der um den unscheinbaren Stern Sonne kreist, eine Handvoll Astronomen gegenüber, die den Kosmos zu begreifen versuchen. Mit Gerätschaften, die sie aus den Stoffen ihres Planeten gebaut haben, verfolgen sie von ihren Sternwarten aus das Geschehen im Weltall und lassen Fernrohre von Raketen über die störende Atmosphäre der Erde hinaustragen. Von vielen ihrer Mitbürger werden sie mit den Astrologen verwechselt, mit denen sie nichts zu tun haben wollen. Von anderen werden sie bewundert, weil sich ihre Gedanken in Dimensionen bewegen, bei denen unsere, an den Vorgängen des täglichen Lebens geschulte, Anschauung versagt. Bei ihrer Arbeit sind sie der Schöpfung einen Schritt näher, zumindest der Erschaffung der unbelebten Welt. Aber die Nähe ist die des nüchternen Naturwissenschaftlers, der aus dem, was er erkennt, keine sittlichen Normen herleiten kann. Die Beschäftigung mit dem Großen und Alles-Umfassenden macht sie nicht zu besseren Menschen. Es drängt sie nicht allein die Sehnsucht nach Wissen. Karrieredenken und Konkurrenzkampf spielen bei ihnen wie in jeder anderen menschlichen Teilgesellschaft eine Rolle, und manche große Entdeckung ist solchen Motiven entsprungen. Aber es gibt unter den Astronomen ebensogut leidenschaftlichen Erkenntnisdrang, gegenseitige Hilfe und freundschaftliche Zusammenarbeit. Das wird an vielen Stellen dieses Buches deutlich werden. Das Ergebnis des Forschens ist Menschenwerk und als solches an vielen Stellen unvollkommen, ja in manchem noch fehlerhaft. Aber der Weg. den die astronomische Wissenschaft geht, von den frühesten Anfängen bei den Babyloniern bis zur modernen Astrophysik, ist trotz wiederholter Rückschläge ein Weg nach vorn.

Der Ort der Handlung ist erklärt, die Spieler sind vorgestellt, das Spiel kann beginnen.

1. Das lange Leben der Sterne

Die Erde bewegt sich mit 30 Kilometern pro Sekunde um die Sonne. Ihre Flugbahn bildet nahezu einen Kreis mit einem Durchmesser von 300 Millionen Kilometern. Während ihrer Bewegung wird die Erdkugel von der Sonne beschienen. Die Energie, die sie auf der der Sonne zugewandten Seite, der Tagseite, empfängt, strahlt sie nahezu vollständig wieder ab, vor allem, wenn der erwärmte Teil durch die Erdrotation auf die der Sonne abgewandten Seite, die Nachtseite, gedreht wird.

Dem Wechselspiel zwischen Einstrahlung und Ausstrahlung danken wir es, daß die Erdoberfläche auf einer Temperatur gehalten wird, die unseren Planeten bewohnbar macht. Genaugenommen wird aber nicht alle eingestrahlte Sonnenenergie wieder abgegeben; ein Teil wird in den Pflanzen chemisch gebunden. Von der in den Pflanzen gespeicherten Sonnenenergie leben Mensch und Tier. Die in den frühen Perioden der Erdgeschichte von Pflanzen aufgenommene Energie benutzen wir, wenn wir mit Kohle und Erdöl heizen. Auch die Turbinen unserer Wasserkraftwerke werden von Sonnenenergie betrieben, denn die Sonnenstrahlung verdunstet das Wasser der Ozeane und speist durch Regen die Flüsse. Jeder Quadratmeter Erdoberfläche, der der Sonne zugewandt ist, wird mit einer Leistung von 1.36 Kilowatt bestrahlt. Die gesamte Strahlungsleistung, die von der Erdoberfläche aufgefangen wird, liegt bei nahezu 200000 Milliarden Kilowatt. So groß uns diese Energiemenge auch erscheinen mag, sie ist winzig im Vergleich zu der Energie, welche die Sonne in jeder Sekunde nach allen Richtungen hin abstrahlt. Will man die Strahlungsleistung der Sonne in Kilowatt ausdrücken, so braucht man eine 24stellige Zahl. Nur ein winziger Teil davon wird von der Erdkugel aufgefangen.

Woher kommt die Energie der Sonne?

Mit gewaltiger Leistung sendet die Sonne jahraus jahrein Licht und Wärme und damit Energie in den Weltraum – wie lange schon und wie lange noch? Vermindert sich ihre Strahlungskraft im Laufe der Zeit, um das Leben auf der Erde in Kälte erstarren zu lassen? Oder steigt ihre Leuchtkraft langsam an, um dem irdischen Leben in kochenden Ozeanen ein Ende zu bereiten? Solange Menschen die Sonne bewußt beobachten, konnten sie bisher selbst mit den feinsten Meßgeräten keine allmähliche zeitliche Veränderung der Stärke der Sonnenabstrahlung feststellen. Dafür, daß die Sonne seit langem mit unverminderter Kraft strahlt, sprechen auch Spuren organischen Lebens, die man in sehr alten Ablagerungsschichten der Erdkruste findet – Spuren, die zeigen, daß die Sonne schon seit langer Zeit so stark strahlt, daß auf der Erde Leben bestehen kann. Man findet in Transvaal in Südafrika in den Hornsteinen der Onverwacht-Stufe Spuren relativ hoch entwickelter Einzeller, die schon so kompliziert gebaut sind wie unsere heutigen Blaualgen – Zeugen frühesten Lebens auf der Erde, 3.5 Milliarden Jahre alt. Damals muß die Sonne also schon etwa die gleiche Leuchtkraft gehabt haben wie heute.

In der Sonne kann nicht unendlich viel Energie stecken. Sie ist ein endliches Gebilde, sie besteht aus endlich viel Materie, und wir können ihre Menge bestimmen, weil sich die Masse durch ihre Anziehungskraft bemerkbar macht. Die Erde bewegt sich zusammen mit den anderen Planeten um die Sonne, von der Anziehung der Sonnenmasse in eine Bahn gezwungen, bei der in jedem Augenblick die Fliehkraft gleich der Anziehungskraft ist. Daraus läßt sich die Stärke der Anziehung der Sonne und damit ihre Masse berechnen (vgl. Anhang C). In Tonnen ausgedrückt ist es eine 28stellige Zahl. Von dieser Sonnenmasse geht die Strahlungsleistung aus, die uns am Leben erhält. Beziehen wir die Energieabgabe der Sonne auf ein Gramm Materie, so finden wir, daß jedes Gramm der Sonne pro Jahr etwa sechs Joule abgeben muß. Das scheint auf den ersten Blick nicht viel zu sein, wenn man vergleicht, daß bei der Wärmeabgabe des menschlichen Körpers mehr als die tausendfache Menge pro Gramm geleistet wird. Aber der Mensch ist in kurzen Intervallen zur Nahrungsaufnahme gezwungen, um diesen Energieverlust wieder wettzumachen, während die Sonnenmaterie seit Milliarden Jahren die Energie aus sich selbst heraus liefert.

Woher kommt die Energie der Sonne, die sie über lange Zeiträume mit großer Stärke ausstrahlt? Können chemische Umwandlungen dafür verantwortlich sein? Nehmen wir den einfachsten Energie liefernden chemischen Prozeß: die Verbrennung. Bestünde die Sonne aus Steinkohle, ihre Verbrennungsenergie würde gerade ausreichen, um die Abstrahlung für etwa 5000 Jahre zu decken. Die Sonne strahlte aber bereits vor mehreren Milliarden Jahren. Würde in ihr Kohle verbrannt, der Ofen wäre schon längst ausgegangen. Wie mit der Verbrennung ist es mit allen chemischen Prozessen; sie sind nicht ergiebig genug, um der Sonne als Kraftquelle zu dienen.

Viele Versuche sind gegen Ende des vorigen Jahrhunderts gemacht worden, um die Quelle der Sonnenenergie zu finden. Da chemische Prozesse im Innern der Sonne nicht genügen, fragte man sich, ob die Sonne vielleicht von außen geheizt wird. Unser Sonnensystem ist von kleinen, festen Körpern erfüllt, die sich zwischen den Planeten bewegen, den sogenannten *Meteoriten*. Wir kennen sie von der Erscheinung der *Sternschnuppen* her. Sie leuchten am Himmel auf, wenn ein Meteorit in die Erdatmosphäre gerät und unter Wärmeentwicklung verglüht. Manche Meteoriten verdampfen nicht vollständig in der Lufthülle; Reste von ihnen fallen auf die Erde, und viele findet man heute in den Museen ausgestellt. Der Sonnenkörper mit seiner gewaltigen Anziehungskraft muß besonders viele dieser unser Sonnensystem durchstreifenden Meteoriten auf sich ziehen, die mit großer Geschwindigkeit auf ihn stürzen. Beim Aufprall müßte sich die Energie ihrer Bewegung in Wärme umwandeln. Vielleicht deckt die dabei entstehende Wärme die Abstrahlung der Sonne? Meteoritenmaterie, die in die Sonne stürzt, würde pro Gramm eine Energie von etwa 190 Millionen Joule liefern. Jährlich müßte aber rund ein Hundertstel der Erdmasse an meteoritischen Körpern auf die Sonne fallen, um ihre Ausstrahlung zu decken. Diesen Zuwachs der Sonne an Materie müßte man merken, denn die Anziehungskraft der Sonne würde sich verstärken, und die Bewegung der Erde um die Sonne würde sich ändern: Die Jahreslänge müßte sich demnach in den letzten 2000 Jahren merklich verkürzt haben. Wir wissen aber aus den Berichten über Sonnen- und Mondfinsternisse des Altertums, daß keine meßbaren Veränderungen in den Bewegungsverhältnissen unseres Planetensystems stattgefunden haben. Deshalb mußte man die »Meteoritenhypothese« fallenlassen. Die Sonne wird nicht durch aufstürzende Meteorkörper geheizt.

Eine andere Kraftquelle für die Sonne ergäbe sich, wenn sie aus ihrer eigenen Schwerkraft Energie gewinnen würde. Bereits im vorigen Jahrhundert machte Hermann von Helmholtz, der vielseitige Physiker und Arzt, auf diese Möglichkeit aufmerksam. Würde die Sonne ohne irgendwelche Energiezufuhr sich selbst überlassen bleiben, dann würde sie sich im Laufe der Zeit zusammenziehen. Ihr Durchmesser würde sich verringern, und jedes Gramm Sonnenmaterie würde sich langsam – gleichsam in einem stark verzögerten Fallen – dem Zentrum der Sonne nähern. Wie beim Fallen eines Meteoritenkörpers würde auch hier Energie frei, aber die Sonnenmaterie »fällt« – anders als bei der Meteoritenhypothese – in sich selbst zusammen. Die Masse der Sonne und ihre Anziehung auf die Erde bleiben dabei unverändert. Dieser Prozeß würde ausreichen, um die Leuchtkraft der Sonne für etwa zehn Millionen Jahre zu decken, nur ein Hundertstel der Jahrmilliarden, welche die Sonne strahlt. Auch die eigene Gravitation kann also die Energieabstrahlung der Sonne nicht decken.

Atomenergie aus Sonne und Sternen

Wir wissen heute, daß die Kernenergie die ergiebigste uns bekannte Energiequelle ist. Ein Teil unseres elektrischen Stromes kommt bereits aus Kernkraftwerken. In ihnen werden schwere Uranatome in leichtere Atomkerne aufgespalten. Bei Kernspaltung wird Energie frei. Noch ergiebiger werden Kernkraftwerke arbeiten, wenn es einmal gelingt, durch das Zusammenschmelzen leichterer Atomkerne zu schweren Atomen nützliche Energie zu gewinnen. Vor allem die Verschmelzung von Wasserstoffkernen ist sehr ergiebig.

Die Sonne, wie fast alle Sterne, besteht hauptsächlich aus Wasserstoff. Liegt es daher nicht nahe, zu fragen, ob die Sonne nicht vielleicht ihre Abstrahlung aus der Fusion ihres Wasserstoffs deckt? Wir werden später sehen, daß wir damit wirklich die Energiequelle der Sonne gefunden haben. Im dritten Kapitel werden wir dann die in den Sternen ablaufenden Kernprozesse im einzelnen besprechen. Aber noch ehe wir den Nachweis führen, daß es wirklich Kernreaktionen sind, die die Sonne und damit uns am Leben erhalten, wollen wir zunächst überlegen, was daraus folgt, wenn in der Sonne und in den Sternen ständig Wasserstoffatome zu Heliumatomen verschmelzen und die freiwerdende Kernenergie die Strahlung der Sterne deckt.

Verschmelzen die Atomkerne eines Gramms Wasserstoff zu Heliumkernen, so werden aus diesem Gramm Materie 630 Milliarden Joule Energie frei, 20 Millionen mal mehr, als man aus der gleichen Menge Steinkohle durch Verbrennung gewinnen kann. Deshalb reicht die Kernenergie der Sonne auch 20 Millionen mal länger, und die Lebensdauer der Sonne kommt in den Bereich von 100 Milliarden Jahren. Endlich haben wir eine Energiequelle gefunden, die ausreicht, um die Abstrahlung der Sonne über Jahrmilliarden zu decken: die Kernenergie, die frei wird, wenn Wasserstoff in Helium umgewandelt wird. Der Kernenergievorrat, der im Wasserstoff der Sonne gespeichert ist, reicht also nach unserer Abschätzung 100 Milliarden Jahre. In Wahrheit waren wir dabei etwas zu optimistisch, denn die Sonne besteht nur zu etwa 70 % aus Wasserstoff, sie hat also weniger nuklearen »Brennstoff«, als wir angenommen hatten. Wie wir später sehen werden, macht sich die Erschöpfung der Kernenergie in einem Stern schon bemerkbar, wenn er 10 bis 20 % seines Wasserstoffs verbraucht hat. Wir kommen damit auf eine Zeitspanne von etwa 7 Milliarden Jahren – immerhin noch lange genug, um die Erde weit über den Zeitraum hinaus, seit dem sie offensichtlich bereits Leben trägt, gleichmäßig zu bestrahlen.

Die Sonne ist ein Stern wie die 7000 mit freiem Auge erkennbaren Sterne und wie die um ein Vielfaches größere Menge von Fixsternen, die uns das Fernrohr zeigt. Auch sie bestehen – von wenigen Ausnahmen abgesehen – hauptsächlich aus Wasserstoff. Falls sie ihre Abstrahlung genauso aus der Fusion von Wasserstoff zu Helium bestreiten, dann kann man auch für sie ausrechnen, wie lange sie mit ihrem Kernenergievorrat auskommen.

Für die Sonne sind es 7 Milliarden Jahre. Man findet aber auch Sterne, die mit ihrem Wasserstoff viel früher am Ende sind. Nehmen wir zum Beispiel *Spica*, den hellsten Stern im Sternbild der Jungfrau. Da sich um ihn ein Begleitstern bewegt, können wir seine Masse bestimmen (vgl. Anhang C). Etwa zehnmal so viel Sternmaterie wie in der Sonne ist in ihm vereinigt. Wir wissen auch, daß er zehntausendmal stärker strahlt als unsere Sonne. Er hat also wegen seiner größeren Masse zehnmal so viel Kernbrennstoff zur Verfügung, strahlt aber so sehr viel mehr ab, daß sein Wasserstoffvorrat nur für einen Zeitraum von einem Tausendstel der Brennzeit der Sonne ausreicht. Der Stern Spica kann also noch nicht wesentlich länger strahlen als einige Millionen Jahre. Das ist für kosmische Vorgänge eine sehr kurze Zeitspanne. Bedenken wir doch, daß es vor einer Million Jahren auf der Erde bereits höhere Säugetiere gab, daß damals schon der Pithekanthropus durch die Wälder Javas stapfte*.

Sterne altern

Der Kernenergievorrat der Sonne und der anderen Sterne ist zwar groß, aber er erschöpft sich mit der Zeit. Sterne müssen altern. Sind wir direkte Zeugen der Lebensgeschichte der Sterne? Können wir am Himmel verfolgen, wie ein Stern im Laufe der Zeit seinen Energievorrat erschöpft und dann verlischt? Wie wir schon oben am Beispiel der Sonne und an Spica gesehen haben, gehen die Veränderungen, gemessen an menschlichen Zeiträumen, langsam vor sich. Tatsächlich sind die Eigenschaften der mit freiem Auge sichtbaren Sterne immer noch die gleichen, wie sie schon

---

* Das Beispiel vom Pithekanthropus, dem Affenmenschen von Java, habe ich öfters bei Vorträgen verwendet. Einmal kam anschließend ein Reporter einer bekannten deutschen Tageszeitung zu mir und sagte, er wolle über den Vortrag einen Artikel schreiben, er müsse aber – das verlange schon der Name seines Blattes – auch Bilder bringen; ob ich wohl wüßte, woher er ein Bild des Affenmenschen von Java bekommen könne. Ich gab zu bedenken, daß ich ja eigentlich über Sterne gesprochen hätte und daß der Pithekanthropus nur nebenher in einem Beispiel vorgekommen sei. Es gäbe einen falschen Eindruck vom Thema, wenn nun das vielleicht einzige Bild den Affenmenschen von Java zeige. »Das leuchtet mir ein«, sagte er – und nach einigem Nachdenken:»Dann bringen wir eben ein Bild von Ihnen!«

der griechische Astronom Hipparch 150 Jahre vor Christi Geburt registriert hat. Die Zeitspanne, die seit dem Auftauchen wissenschaftlicher Intelligenz auf unserem Planeten verstrich, ist so kurz, daß der Mensch bisher die zeitlichen Entwicklungsvorgänge an Sternen nicht direkt registrieren konnte. Zwar zeigen manche Sterne zeitliche Schwankungen ihrer Helligkeit. Aber das sind Fluktuationen, die nichts direkt mit den Entwicklungseffekten zu tun haben. Man kann sie etwa mit dem Flackern einer Kerze vergleichen, das nicht unmittelbar mit der Erschöpfung des im Wachs gespeicherten Energievorrats, also mit dem Niederbrennen der Kerze, zu tun hat. Man hat noch keine Alterungseffekte an den Sternen direkt beobachtet. Wenn wir aber nur hinreichend lange warten könnten, müßten wir das Altern der Sterne wahrnehmen.

Die Rolle, die der Astronom spielt, wenn er die Gesetze der zeitlichen Entwicklung der Sterne erkennen will, gleicht etwa der Eintagsfliege, die im Laufe ihres kurzen Lebens das Altern des Menschen erkennen will. Versetzen wir uns in ihre Lage: Verfolgt sie einen Menschen während ihrer Lebenszeit, also von früh bis zum Abend, so wird sie an ihm kein wesentliches Altern feststellen können. Der Mensch altert eben sehr viel langsamer als eine Eintagsfliege. Die Fliege wird viele Arten von Menschen beobachten können. Da gibt es weibliche Menschen und männliche, kleine und große, hellhäutige und dunkelhäutige, und die Fliege wird nicht wissen, ob sie verschiedene Arten von Menschen beobachtet oder verschiedene Altersstufen ein und derselben Art von Mensch. Sie sieht während ihrer Lebenszeit nur ein Augenblicksbild der Menschheit und weiß nicht, ob kleine Menschen immer klein bleiben oder ob sich aus hellhäutigen dunkelhäutige Menschen entwickeln, aus männlichen weibliche. Wir sind in der gleichen Lage, wenn wir die Sterne beobachten. Wir sehen ein Augenblicksbild der Gesamtheit der Sterne, und da gibt es eine Vielzahl von verschiedenen Arten. Ein merkwürdiger Stern bewegt sich zum Beispiel um den Sirius.

Der Begleiter des Sirius

Sirius ist der hellste Fixstern des Nachthimmels. Im Jahre 1844 fiel dem Direktor der Sternwarte Königsberg, Friedrich Wilhelm Bessel, auf, daß Sirius eine regelmäßige, wenn auch geringfügige periodische Bewegung am Himmel ausführt (Abb. 1-1). Bessel schloß daraus, daß Sirius einen Begleitstern besitzen müsse, mit dem er sich in einer Periode von etwa 50 Jahren um den gemeinsamen Schwerpunkt bewegt. Diese Vermutung stieß auf Zweifel, da man den zweiten Stern nicht sehen konnte. Im Jahre 1862 überprüfte Alvan George Clark, ein berühmter Fernrohrbauer aus

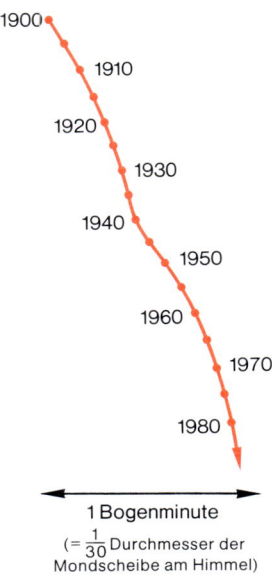

Abb. 1-1. Die Stellung des Sirius am Sternhimmel in der Zeit von 1900–1985. Wie alle sogenannten Fixsterne bewegt sich auch der Stern Sirius langsam am Himmel. Diese Bewegung geht im Bild von links oben nach rechts unten. Sie kommt daher, daß der Stern in unserem Sternsystem eine etwas andere Bahn durchläuft als die Sonne. In dieser gleichförmigen Bewegung gibt es in regelmäßigen Abständen von 50 Jahren Störungen wie die im Bild aufgezeichnete, die um das Jahr 1940 stattfand. Sowohl die gleichförmige Bewegung wie auch die Störung sind nur geringfügige Veränderungen des Ortes des Sterns am Himmel, wie aus dem Maßstab unten hervorgeht. Nur mit genauen Meßinstrumenten kann man die Bewegung feststellen. Die regelmäßig wiederkehrenden Störungen kommen von einem lichtschwachen Begleitstern, der sich um den Hauptstern bewegt, ihm alle 50 Jahre besonders nahe kommt und dabei seine gleichförmige Bahn im Raum stört.

1 Bogenminute

$(= \frac{1}{30}$ Durchmesser der Mondscheibe am Himmel)

Cambridgeport in Amerika, das optische System eines von ihm für eine Sternwarte in Chicago gebauten Linsenfernrohrs. Als er das Teleskop auf Sirius richtete, entdeckte er in unmittelbarer Nachbarschaft des hellen Sterns ein schwaches, kaum wahrnehmbares Sternchen: den von Bessel vermuteten Sirius-Begleiter.

Heute wissen wir mehr über die beiden Sterne. Sie bewegen sich in 49.9 Jahren einmal um ihren gemeinsamen Schwerpunkt. Das Studium der Bewegungsverhältnisse dieses Doppelsternsystems gibt Aufschluß über die beiden durch ihre gegenseitige Schwere-

25

anziehung aneinander gebundenen Sterne. Der Hauptstern – man nennt ihn Sirius A – besteht aus dem 2.3fachen der Masse der Sonne. Der so lange vermißte zweite Stern, Sirius B, enthält weniger Masse, nur etwa soviel wie die Sonne selbst. Die beiden Sterne sind völlig verschieden. Sirius A ist doppelt so groß wie die Sonne; in ihm enthält ein Kubikzentimeter im Mittel etwa ein Viertel Gramm Materie, also etwas weniger als der Kubikzentimeter Sonnenmaterie, der etwa ein Gramm enthält. Ganz anders Sirius B. Sein Radius ist nur etwa ein Hundertstel des Sonnenradius, und da er dieselbe Masse enthält wie die Sonne, muß in ihm die Materie eine Million mal stärker zusammengepreßt sein. Vermutlich enthält bei ihm jeder Kubikzentimeter 1000 Kilogramm Materie. Zwei ganz verschiedene Sterne sind also im Sirius-System aneinander gebunden! Sterne der Art von Sirius B kennt man viele, sie kommen auch einzeln vor. Meist haben sie hohe Oberflächentemperaturen und strahlen weißes Licht aus. Wegen ihres geringen Durchmessers nennt man sie deshalb *Weiße Zwerge*.

Der Überriese im Fuhrmann

Die Weißen Zwerge sind Sterne, in denen die Materie eine Million mal dichter gepackt ist als in der Sonne. Wir kennen aber auch Sterne, deren Materie viel weniger dicht ist als die der Sonne. Ähnlich wie beim Sirius ist es auch hier wieder ein Sternpaar, ein Doppelsternsystem, an dem wir nun einen interessanten Stern extrem niedriger Dichte studieren können.

Wenn zwei Sterne durch ihre Schwerkraft zu einer Bahn umeinander gezwungen sind, so ist das für den Astronomen immer ein Glücksfall. Durch ihre Bewegung verraten sie ihm, wie groß die Materiemengen sind, die das gemeinsame Schwerefeld erzeugen. Besonders günstig ist es, wenn sich zufällig die beiden Körper so bewegen, daß, von unserem Sonnensystem aus gesehen, die Sterne von Zeit zu Zeit genau hintereinander stehen und sich gegenseitig bedecken. Es gibt viele Doppelsternsysteme, die einen solchen Bedeckungseffekt zeigen. In ihnen sind die beiden Sterne so eng beieinander, daß auch in den besten Fernrohren ihr Licht zu einem gemeinsamen Lichtpunkt verschmilzt, dessen Helligkeit sich aus der Strahlung beider zusammensetzt. Wenn sich aber ein Stern vor den anderen schiebt und den dahinterstehenden verdeckt, erhalten wir für die Zeit der Bedeckung weniger Licht. Das zu einem Sternpünktchen verschmolzene Licht erscheint uns geschwächt, bis der vordere Stern infolge seiner Bewegung den dahinterliegenden wieder freigibt. Man nennt solche Sternpaare *Bedeckungsveränderliche*, da ihre Helligkeit sich im Laufe der Zeit ändert.

Die Art und Weise, wie die Helligkeit zum Minimum abfällt und wieder ansteigt, und der Unterschied zwischen den aufeinander folgenden Bedeckungen, wenn sich die Rollen von bedecktem und bedeckendem Stern vertauschen, gibt Aufschluß über die Natur der Sterne. Ich berichte dies hier, weil ein Bedeckungsveränderlicher in den dreißiger Jahren es ermöglicht hat, einen besonderen Sterntyp, einen *Überriesen*, zu untersuchen – genauer, als man sich dies je zuvor erträumt hatte. Es handelt sich um einen Stern im Sternbild des Fuhrmanns: Zeta Aurigae. Dieser Stern war den Astronomen schon lange als Doppelstern bekannt; nicht daß man ihn – wie Sirius – im Fernrohr doppelt gesehen hätte.

Abb. 1-2. Die Lichtkurve des Sterns Zeta Aurigae. Die Helligkeit fällt innerhalb eines Tages um 65 % ab. Der Stern bleibt dann 37 Tage geschwächt, um innerhalb eines Tages wieder zu seiner Normalhelligkeit anzusteigen. Nach 972 Tagen beginnt das Spiel von neuem.

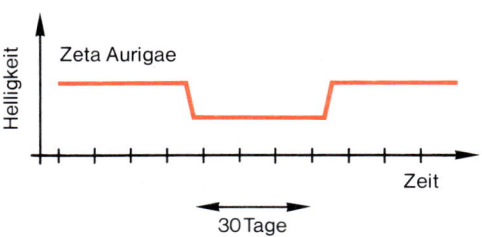

Nein – es schien bei genauerer Untersuchung seines Lichtes, als ob es von zwei Sternen, von einem heißeren und einem kühleren, stammen würde. Man schloß daraus, daß es sich um ein Doppelsternsystem handle, und vermutete auch bereits, daß es sich um ein Bedeckungssystem handeln müsse.

Im Winter 1931/32 beobachteten der Babelsberger Astronom Heribert Schneller und der Astronom Josef Hopmann in Leipzig den Stern mit Hilfe von *Photometern*, also von genauen Meßgeräten zur Bestimmung der Sternhelligkeit, und fanden tatsächlich die Bedeckung. Innerhalb von 24 Stunden sank das Licht um 65 % (Abb. 1-2). Dann blieb der Stern über 37 Tage gleichmäßig geschwächt, um danach innerhalb von 24 Stunden wieder auf die Normalhelligkeit anzusteigen. Alle 972 Tage wiederholt sich der Vorgang.

Das Studium der Erscheinung in den darauf folgenden Bedeckungen brachte eine Fülle von Informationen über das System. Hier kurz die Hauptergebnisse: Der heiße Stern Zeta Aurigae B hat eine Oberflächentemperatur von etwa 11 000 Grad und ist ungefähr dreimal so groß wie die Sonne; etwa zehn Sonnenmassen

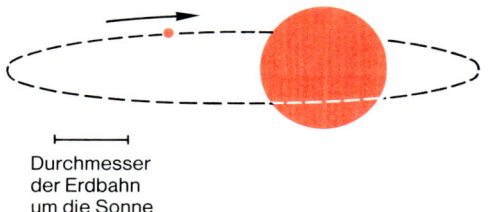

Durchmesser
der Erdbahn
um die Sonne

Abb. 1-3. Das Doppelsternsystem Zeta Aurigae, wie es von der Erde aus erscheinen würde, könnte man mit Fernrohren beliebig genau sehen. In Wahrheit sieht man die Sterne nicht getrennt, ihr Licht verschmilzt zu einem Lichtpunkt. Wenn der kleinere, der mehr als die Hälfte zum Gesamtlicht beiträgt, 37 Tage lang hinter dem großen steht, erhalten wir nur Licht von dem großen Stern. Die beobachtete Gesamthelligkeit des Systems ist dann niedriger (vgl. Abb. 1-2). Der kleine Stern läuft in 972 Tagen einmal um den großen.

Materie sind in ihm vereinigt. Der kühlere Stern Zeta Aurigae A hat eine Oberflächentemperatur von nur etwa 3400 Grad. Die Oberflächentemperatur der Sonne liegt demgegenüber bei 5800 Grad.* Zeta Aurigae A ist aus 22mal mehr Sternmaterie aufgebaut als die Sonne, und sein Radius – und das ist das Aufregende – ist 200mal so groß wie der der Sonne! Dieser Stern ist also so riesig, daß nicht nur die Sonne, sondern die ganze Bahn, die wir jährlich mit der Erde um die Sonne durchlaufen, bequem in ihm Platz hätte! Das beobachtbare Helligkeitsminimum tritt auf, wenn der heiße Stern hinter den kühlen Riesenstern verschwindet und für 37 Tage dahinter verborgen bleibt (Abb. 1-3). Schiebt er sich aber vor den kühleren Stern, so verdeckt er nur einen kleinen Bruchteil von dessen Scheibe. Die am großen Stern abgedeckte Fläche trägt

---

* Hier und überall in diesem Buch, wenn nicht anders erwähnt, benutzen wir die *absolute* Temperaturskala der Physiker mit ihrem Nullpunkt bei –273 Grad Celsius. Von der absoluten Temperatur kommt man zur Celsiusskala, indem man 273 Grad abzieht. Die Oberfläche der Sonne liegt also etwa bei 5530 Grad Celsius.

sowieso nicht viel zum Gesamtlicht des Systems bei; deshalb ist die zweite Bedeckung nicht wahrzunehmen.

Wir haben in dem System Zeta Aurigae zwei Sterne näher kennengelernt. Der heiße Stern ist nicht allzusehr von der Sonne und von Sirius A verschieden. Zwar ist er massereicher, ist sein Durchmesser größer, aber seine mittlere Dichte, die Menge Materie, die im Kubikzentimeter enthalten ist, liegt noch verhältnismäßig nahe bei dem Wert für die Sonne: Ein Drittel Gramm Materie ist im Kubikzentimeter. Ganz anders der kühle Stern. Man findet dort im Kubikzentimeter im Durchschnitt nur drei Millionstel Gramm Materie. Sterne dieser Art nennt man *Überriesen.*

So haben wir bereits drei voneinander wesentlich verschiedene Arten von Sternen kennengelernt:

Normale Sterne – wir wollen sie vorläufig so bezeichnen – wie die Sonne, wie Sirius A und wie die heiße Komponente von Zeta Aurigae. Es sind Sterne mit mittleren Dichten von einigen Zehntel bis zu einigen Gramm pro Kubikzentimeter.

Wir kennen ferner die *Weißen Zwerge* mit extrem hohen mittleren Dichten von 1000 Kilogramm pro Kubikzentimeter.

Schließlich lernten wir, daß es *Riesensterne* gibt mit Dichten von Millionstel Gramm pro Kubikzentimeter.

Obwohl die Sterne dieser drei Arten auch im größten Fernrohr alle nur als winzige Lichtpünktchen erscheinen, die gleich aussehen und lediglich etwas verschiedene Farbe und verschiedene Helligkeit haben, läßt das oberflächliche Studium dieser Objekte bereits ahnen, welch vielfältige Erscheinungsformen die Welt der Sterne darbietet. Um diese Vielfalt zu verstehen, müssen wir versuchen, Ordnung in die Menge der 100 Milliarden Sterne zu bringen, die gemeinsam mit unserer Sonne unsere Galaxis erfüllen.

2. Das wichtigste Diagramm des Astrophysikers

Wir haben im vorigen Kapitel gesehen, wie verschiedenartig die Sterne sind. Da gibt es massereiche, helle blaue Sterne, massearme rötliche. Es gibt große rote Sterne, Rote Riesen und Überriesen, und kleine weiße Sterne, Weiße Zwerge; und wir sind die Eintagsfliegen, die in diese Vielfalt eine zeitliche Folge bringen wollen.

Man hat heute diese Aufgabe gelöst und das Entwicklungsgesetz der Sterne zumindest in seinen wesentlichen Zügen erkannt. Wir wollen sehen, wie es dazu kam.

Zuerst ist es nötig, Ordnung in die Vielfalt der Sterne zu bringen. Wir wollen alle der Beobachtung zugänglichen Sterne nach meßbaren Kriterien ordnen.

Messen und Ordnen der Sterne

Als einfachste Größe bietet sich hierzu die *Oberflächentemperatur* der Sterne an. Sie ist verhältnismäßig leicht zu bestimmen, denn sie spiegelt sich bereits in den Farben wider. Meist wird dem Betrachter des Sternhimmels gar nicht bewußt, daß die Sterne verschiedene Farben haben. Man kann die Farben der Sterne bestimmen, wenn man durch verschiedene Farbfilter aufgenommene Himmelsfotografien miteinander vergleicht. Blaue Sterne sind heiß, und rote Sterne sind verhältnismäßig kühl. Die Farbe bietet allerdings nur einen ungefähren Anhalt für die Temperatur; genaueren Aufschluß gibt die Untersuchung des Spektrums der Sterne. Im Prinzip kann man aber von allen Sternen, die am Himmel hell genug erscheinen, die Temperatur ihrer leuchtenden Oberfläche direkt bestimmen. Da ist etwa Sirius A, der Hauptstern des Siriussystems. Mit einer Oberflächentemperatur von etwa 9500

Grad zählt er zu den heißeren Sternen. Im Gebiet des Orionnebels findet man Sterne, die Oberflächentemperaturen bis zu 20000 Grad haben. Beteigeuze dagegen, der hellste Stern im Orion, ist schon mit freiem Auge als rötlich zu erkennen. Er ist daher ein kühler Stern; die Temperatur seiner Oberfläche ist 3000 Grad. Erinnern wir uns, die Oberflächentemperatur der Sonne liegt bei 5800 Grad.

Eine andere wichtige Größe eines Sterns ist seine *Leuchtkraft*; das ist die Energie, die er pro Sekunde in den Weltraum hinausstrahlt. Die Leuchtkraft können wir nicht unmittelbar durch die Beobachtung bestimmen. Zwar kann man die Helligkeit messen, mit der der Stern am Himmel erscheint, aber sie gibt uns noch keine Auskunft darüber, wieviel Energie der Stern in den Raum strahlt. Sterne gleicher Leuchtkraft können am Himmel verschieden hell erscheinen, wenn sie verschieden weit von uns entfernt sind. Denn nach dem Gesetz der Ausbreitung des Lichtes erscheint der entferntere Stern schwächer als der gleich helle nähere. Erst wenn man die Entfernung eines Sterns kennt, kann man aus der Helligkeit, mit der er am Himmel erscheint, errechnen, wieviel Energie er wirklich in den Raum strahlt. Wir geben in Anhang B einen Überblick, wie der Astronom die Entfernung der Sterne bestimmt. Von den Sternen, deren Entfernung man messen konnte, kennt man deshalb auch die Leuchtkraft. Obwohl die Sonne uns als der hellste Fixstern am Himmel erscheint, ist ihre Leuchtkraft im Vergleich zu anderen Sternen durchaus mäßig: Die leuchtkräftigsten strahlen 100000mal heller als die Sonne. Daß sie trotzdem am Himmel recht unscheinbare Lichtpünktchen sind, liegt an ihrer großen Entfernung. Es gibt aber auch armselige Sterne, mit einer Leuchtkraft von einem Hunderttausendstel der Sonne.

Wir haben jetzt zwei wichtige, meßbare Eigenschaften der Sterne kennengelernt: ihre Oberflächentemperatur und ihre Leuchtkraft. Damit taucht die Frage auf, ob im Weltall alle nur denkbaren Kombinationen dieser beiden Größen vorkommen. Man kann also fragen: Gibt es leuchtkräftige Sterne, die heiß sind, und leuchtkräftige Sterne, die kühl sind? Gibt es geringe Leuchtkraft sowohl bei den heißen wie auch bei den kühlen Sternen?

Das Diagramm von Hertzsprung und Russell

Der Astronom diskutiert diese Fragen an einem Diagramm, in das er Oberflächentemperatur und Leuchtkraft einträgt. Dieses Diagramm hat uns in phantastischer Weise geholfen, das Entwicklungsgesetz der Sterne zu entschlüsseln; wir wollen uns deshalb mit ihm befassen. Nach seinen Erfindern, dem dänischen Astronomen Ejnar Hertzsprung und dem Amerikaner Henry Norris Russell, heißt es das *Hertzsprung-Russell-Diagramm*. Zur Abkürzung wollen wir es wie der Astronom einfach *HR-Diagramm* nennen. In ihm trägt man die Leuchtkraft eines Sterns nach oben auf

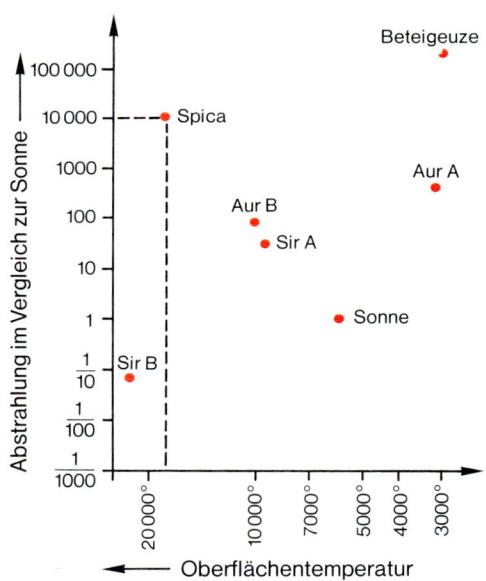

Abb. 2-1. Das Hertzsprung-Russell-Diagramm mit einigen uns bereits vertrauten Sternen. Sobald man von einem Stern seine Oberflächentemperatur kennt, kann man bei der entsprechenden Temperatur von der horizontalen Skala nach oben gehen. Kennt man auch seine Leuchtkraft, so geht man bei diesem Wert für die Abstrahlung von der vertikalen Skala nach rechts. Im Schnittpunkt ist der Stern einzutragen. Als Beispiel ist durch gestrichelte Geraden im Fall von Spica (Oberflächentemperatur 18000°, Leuchtkraft 10000 Sonnenleuchtkräfte) gezeigt, wie man einen Stern in das Diagramm einzeichnet. Die Komponenten der im Text besprochenen Doppelsternsysteme Sirius und Zeta Aurigae sind mit Sir und Aur abgekürzt.

und die Temperatur von rechts nach links (vgl. Abb. 2-1). Bestimmen wir von einem Stern aus seiner Farbe die Temperatur, so erhalten wir bereits eine der beiden für das HR-Diagramm wichtigen Größen. Kennen wir von dem Stern noch die Entfernung, so läßt sich aus der Helligkeit, mit der er am Himmel erscheint, die Leuchtkraft berechnen. Dann haben wir die beiden Größen, die für das HR-Diagramm nötig sind, und können für den Stern einen

Punkt einzeichnen. In Abbildung 2-1 haben wir das für mehrere uns inzwischen schon vertraut gewordene Sterne getan. Daß unten die Temperaturskala nicht gleichmäßig ist, hat technische Gründe, die uns hier nicht interessieren. Die Leuchtkräfte sind am linken Rand angegeben. Die Zahl 1000 bedeutet, daß in dieser Höhe die Sterne eingetragen werden, deren Leuchtkraft 1000mal größer ist als die der Sonne. Die Sonne liegt demgemäß bei der Leuchtkraft 1, und mit einer Oberflächentemperatur von 5800 Grad liegt sie mitten im Diagramm. Sterne, die leuchtkräftiger sind als die Sonne, liegen darüber. Sterne, die eine geringere Strahlungsleistung haben, wie Sirius B – der Weiße Zwerg des Siriussystems –, liegen darunter. Sterne, die heißer sind als die Sonne, wie Sirius A und wie Zeta Aurigae B – der heiße Stern des Zeta-Aurigae-Systems – und wie Spica, liegen links von dem Punkt der Sonne. Kühlere Sterne, wie Beteigeuze und der Überriese des Zeta-Aurigae-Systems, liegen rechts.

Die Punkte im HR-Diagramm sagen uns schon etwas über die Eigenschaften der Sterne. Da kühle Sterne rötliches Licht aussenden, heiße Sterne hingegen weißes oder blaues Licht, stehen rechts im Diagramm rote Sterne, links weiße oder blaue. Oben stehen leuchtkräftige Sterne, unten die schwach strahlenden. Rechts oben stehen also kühle Sterne von großer Leuchtkraft. Ein Quadratzentimeter der Oberfläche eines kühlen Körpers strahlt aber in der Sekunde nur wenig Energie ab. Da der Stern trotzdem viel abstrahlt, müssen auf seiner Oberfläche viele Quadratzentimeter Platz haben; der Stern muß groß sein. Rechts oben im HR-Diagramm stehen also große Sterne; man nennt sie *Rote Riesen* und *Rote Überriesen*. Das bestätigt, was wir für einen speziellen Fall schon wissen: Der Hauptstern im Zeta-Aurigae-System ist ja so groß, daß die Erdbahn darin Platz hätte. In ähnlicher Weise können wir jetzt an den linken unteren Teil des Diagramms herangehen. Dort stehen heiße Sterne geringer Leuchtkraft. Da ein Quadratzentimeter der Oberfläche eines heißen Körpers in der Sekunde viel Energie abstrahlt, die Sterne selbst aber recht armselige Strahler sind, so können wir daraus schließen, daß die Sterne klein sein müssen. Links unten stehen die Weißen Zwerge. Der Sirius-Begleiter Sirius B ist einer von ihnen.

Ganz allgemein kann man aus der Leuchtkraft und der Oberflächentemperatur die Größe eines Sterns bestimmen. Denn die Temperatur sagt uns, wieviel ein Quadratzentimeter Oberfläche abstrahlt. Die Gesamtabstrahlung, die durch die Leuchtkraft gegeben ist, sagt uns dann, wie groß die strahlende Fläche ist, und damit folgt der Radius des Sterns.

Bevor wir das HR-Diagramm zur Beantwortung unserer Frage nach der zeitlichen Entwicklung der Sterne benutzen, noch eine Vorbemerkung: Die von einem Stern ankommende Strahlung läßt sich nur schwer messen. Die Erdatmosphäre läßt nicht alle Strahlung durch. Das kurzwellige Licht, zum Beispiel die Ultraviolettstrahlung, kommt nicht bis zu uns herunter. Aber selbst die Strahlung, die den Boden der Erdatmosphäre erreicht, läßt sich nur mühsam messen. Das menschliche Auge nimmt nur einen Teil der von der Sonne und den Sternen ausgesandten Strahlung wahr; auch die fotografische Platte nimmt nicht alles auf. Auge und fotografische Emulsion registrieren die verschiedenen Farben des Lichtes verschieden stark. Deshalb begnügt man sich bei der Angabe der Leuchtkraft eines Sterns meist mit der für das menschliche Auge wahrnehmbaren Strahlung. Zur Messung benutzt man dabei Instrumente, die man mit Hilfe von Filtern auf die Farbempfindlichkeit des menschlichen Auges einstellt. Im HR-Diagramm wird oft statt der tatsächlichen Leuchtkraft nur die dem Auge »sichtbare« Leuchtkraft dargestellt; sie heißt auch die visuelle Leuchtkraft*. Das HR-Diagramm wird dadurch nur unwesentlich verzerrt. In den Diagrammen dieses Buches wird die visuelle Leuchtkraft (Abstrahlung im Sichtbaren) benutzt, wenn in ihnen beobachtete Daten eingetragen sind. Wenn die eingetragenen Daten aber von den noch zu beschreibenden Computerrechnungen kommen, haben wir immer die wirkliche Leuchtkraft genommen. In allen Diagrammen ist klar ausgewiesen, welche Art von Leuchtkraft gemeint ist.

---

* Daß es sich bei der Unterscheidung von Gesamtleuchtkraft und visueller Leuchtkraft nicht nur um feinere Unterschiede handelt, erkennt man daran, daß ein Stern von zehn Sonnenmassen – Spica ist ein Beispiel dafür – insgesamt etwa zehntausendmal mehr strahlt als die Sonne, daß er sie aber im Bereich der sichtbaren Strahlung nur tausendfach übertrifft.

Die Nachbarsterne der Sonne

Jetzt haben wir alle Voraussetzungen beisammen, um mit dem HR-Diagramm arbeiten zu können. Beginnen wir mit den Sternen in der Nachbarschaft der Sonne. Wir meinen damit Sterne, die so »nahe« sind, daß das Licht nicht länger als 70 Jahre zu uns unterwegs ist. Das ist wirklich nahe, denn das Licht von den entferntesten Sternen unseres Milchstraßensystems ist etwa 70 000 Jahre unterwegs, bis es in die Spiegelteleskope der Astronomen fällt. Von den fernsten Galaxien des Weltalls empfangen wir Licht und Radiowellen, die schon vor mehreren Milliarden Jahren ausgesandt worden sind – zu einer Zeit also, als das Weltall noch sehr jung war. Die Sterne, mit denen wir uns befassen wollen, sind hingegen ganz nahe bei uns. Trotzdem stehen sie viel weiter draußen im Raum als etwa die Sonne. Von der Sonne zur Erde braucht das Licht nur etwa 8 Minuten. Der nächste, weiter draußen stehende Fixstern steht am Südhimmel, es ist *Proxima Centauri*. Von ihm braucht das Licht 4.5 Jahre bis zu uns.

Die Nachbarsterne sind deshalb wichtig, weil wir ihre Entfernung verhältnismäßig genau bestimmen können (vgl. Anhang B), so daß aus der Helligkeit, mit der sie am Himmel erscheinen, ihre Leuchtkraft berechnet werden kann. Dabei ist hier die sichtbare Leuchtkraft gemeint, gemessen also von einem Photometer mit einem Farbfilter für sichtbare Strahlung. Die Oberflächentemperatur folgt aus einer zusätzlichen Helligkeitsmessung mit einem anderen Farbfilter, meist mit einem Blaufilter. Aus der Helligkeit des Sterns im blauen Licht und der im sichtbaren Bereich, der mehr zum roten hin liegt, läßt sich die Farbe, und damit die Oberflächentemperatur, des Sterns bestimmen. Für jeden Stern, dessen Oberflächentemperatur und dessen sichtbare Leuchtkraft man so bestimmt hat, kann man einen Punkt in das HR-Diagramm eintragen. Abbildung 2-2 zeigt das Ergebnis für die Sterne der Sonnenumgebung. Man sieht sofort: das Diagramm ist nicht gleichförmig mit Punkten ausgefüllt. Die Punkte der meisten Sterne liegen auf einem Streifen, der sich von links oben, von leuchtkräftigen, blauen Sternen also, nach rechts unten zu lichtschwachen, roten Sternen zieht. Einige Sterne stehen rechts oben im Gebiet der Roten Riesen. Links unten stehen drei Weiße Zwerge.

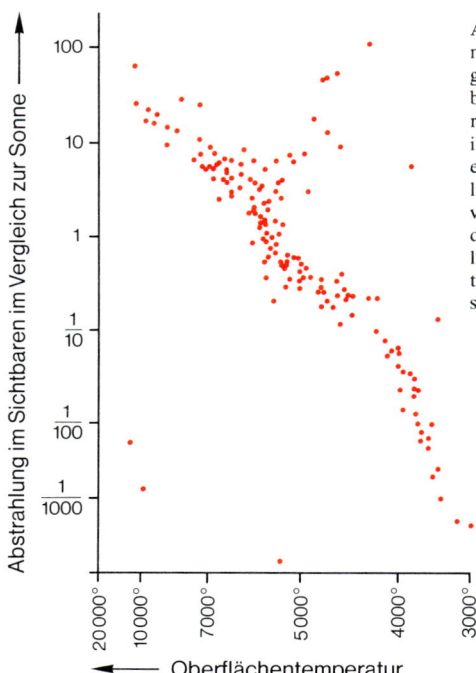

Abb. 2-2. Die Sterne der Sonnenumgebung im HR-Diagramm. Die meisten Sterne haben solche Oberflächentemperaturen und Leuchtkräfte, daß ihre Punkte im Diagramm auf einem Streifen liegen, der von links oben nach rechts unten verläuft. Dieser Streifen heißt die *Hauptreihe*. Einige Sterne liegen rechts oben, sie sind Rote Riesen; einige links unten, sie sind Weiße Zwerge.

(Diagrammachsen: Abstrahlung im Sichtbaren im Vergleich zur Sonne mit Werten 100, 10, 1, 1/10, 1/100, 1/1000; Oberflächentemperatur mit Werten 20000°, 10000°, 7000°, 5000°, 4000°, 3000°)

90 % aller Sterne liegen auf dem Streifen; die Astronomen nennen ihn deshalb die *Hauptreihe*. Ein Vergleich mit Abbildung 2-1 zeigt, daß auch Sonne, Sirius und Spica auf der Hauptreihe liegen, nicht aber der kühle Stern im System Zeta Aurigae, nicht Beteigeuze und nicht der Sirius-Begleiter. Sterne, deren Punkte im HR-Diagramm auf die Hauptreihe fallen, nennt der Astrophysiker *Hauptreihensterne.* Sie sind in der Sonnenumgebung gewissermaßen die normalen Sterne, während die Riesen und Zwerge zu den Ausnahmen zählen.

Die Hauptreihensterne zeigen eine weitere wichtige Eigenschaft, die mit ihrer Masse zusammenhängt. Nur von wenigen Sternen weiß man, wieviel Materie in ihnen vereinigt ist. Nur wenn sich im Schwerefeld eines Sterns Begleiter bewegen, läßt sich seine Masse einigermaßen zuverlässig bestimmen. Wir erwähnten schon, daß die Planeten es uns durch ihre Bewegung gestatten, die Masse der Sonne zu ermitteln. Die Bewegung des Sirius-Begleiters verrät uns, daß in Sirius A etwa 2.3 Sonnenmassen

Materie vereinigt sind und daß der Begleiter aus etwa einer Sonnenmasse Materie besteht. Auf diese Weise hat man von einer Anzahl von Sternen die Massen bestimmt (das Prinzip der Methode haben wir im Anhang C skizziert). Die massereichsten Sterne sind aus 30- bis 50mal mehr Materie zusammengesetzt als die Sonne. Die masseärmsten Fixsterne haben nur einige Zehntel der Sonnenmasse.

Bei den Hauptreihensternen, deren Masse man mit Hilfe von Begleitsternen bestimmen konnte, ergab sich dabei folgendes überraschende Ergebnis: An jeder Stelle der Hauptreihe stehen jeweils nur Sterne einer bestimmten Masse (Abb. 2-3). Die Hauptreihensterne niedriger Masse liegen am unteren Ende, die massereichen am oberen. Wandert man die Hauptreihe entlang von unten nach oben, so steigt die Masse langsam an. Da die Leuchtkraft im HR-Diagramm gleichfalls von unten nach oben steigt, kann man auch sagen: Je leuchtkräftiger ein Hauptreihenstern, um so größer seine Masse. Wenn wir von zwei Hauptreihensternen wissen, welcher die größere Leuchtkraft hat, wissen wir also auch, welcher die größere Masse besitzt. Ja, man kann noch weitergehen: Man kann die Mas-

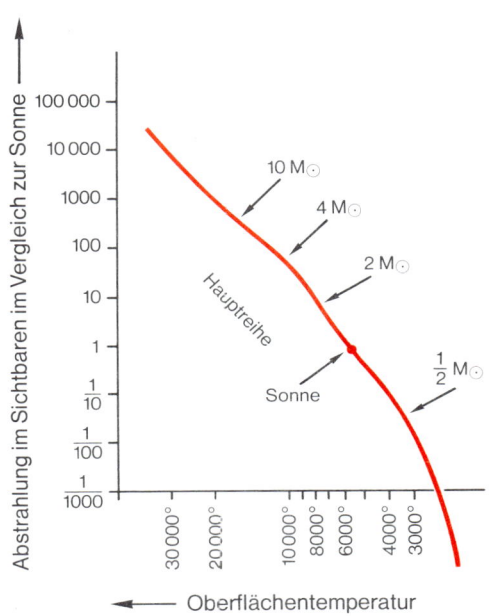

Abb. 2-3. Das HR-Diagramm mit der Hauptreihe (schematisch durch die rote Linie angedeutet). An jeder Stelle der Hauptreihe stehen jeweils nur Sterne einer bestimmten Masse. (Der Astronom benutzt die Masse der Sonne oft als Maßeinheit und hat für sie das Zeichen $M_\odot$.)

se direkt aus der Leuchtkraft bestimmen – vorausgesetzt man weiß, daß es sich um einen Hauptreihenstern handelt. In Abbildung 2-4 ist eingezeichnet, wie die Leuchtkraft mit der Masse der Hauptreihensterne ansteigt. Der Astronom nennt diese Gesetzmäßigkeit die *Masse-Leuchtkraft-Beziehung.* Im besonderen erfüllen die uns bereits bekannten Hauptreihensterne Sonne, Sirius A und Spica diese Beziehung. Der Weiße Zwerg Sirius B dagegen erfüllt sie nicht – er ist kein Hauptreihenstern.

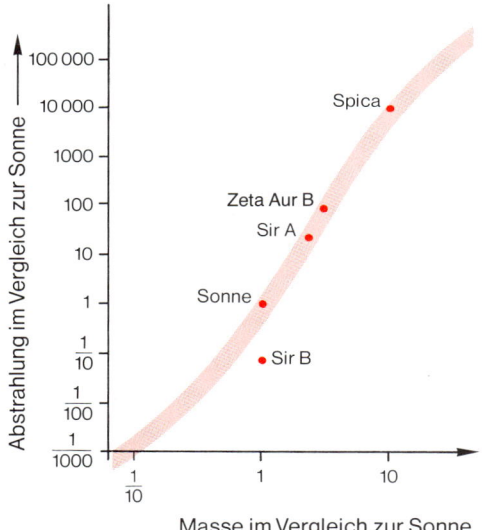

Abb. 2-4. Trägt man die Leuchtkraft in einem Diagramm nach oben auf und die Sternmasse nach rechts, dann liegen die Hauptreihensterne auf einem schmalen Streifen: je größer die Sternmasse, um so größer die Leuchtkraft. Das ist die *Masse-Leuchtkraft-Beziehung.* Aber sie gilt nur für Hauptreihensterne. Der in das Diagramm eingezeichnete Sirius-Begleiter, Sirius B, hat eine geringere Abstrahlung als ein Hauptreihenstern gleicher Masse. Er erfüllt die Beziehung nicht.

Wir haben damit die der Beobachtung zugänglichen Sterne der Sonnenumgebung geordnet und zwei Gesetzmäßigkeiten gefunden: Im HR-Diagramm zeigt sich die *Hauptreihe*, und für Hauptreihensterne gilt die *Masse-Leuchtkraft-Beziehung.*

Doch was hat das mit dem Entwicklungsgesetz der Sterne zu tun? Es drängt sich jetzt wieder das Bild von der Eintagsfliege auf. Wir sehen Sterne verschiedener Eigenschaften, so wie die Eintagsfliege Menschen verschiedener Eigenschaften sieht. Wir haben in der Hauptreihe eine Ordnung dieser äußerlichen Merkmale gefunden, aber wir wissen nicht, wie wir sie deuten sollen. Wir kommen uns vor wie die Fliege, die die Menschen nach einem äußerlichen Merkmal, vielleicht nach der Größe ihrer Ohren, geordnet und trotzdem dabei nichts über die zeitliche Entwicklung des Menschen gelernt hat.

Wir, die wir über die Entwicklung des Menschen Bescheid wissen, könnten der Fliege einen Tip geben. Wir könnten ihr etwa sagen, daß Schulklassen aus Gruppen von Menschen bestehen, die gleiches Alter haben. Mit diesem Wissen könnte die Fliege sofort feststellen, daß Geschlecht und Hautfarbe keine Entwicklungseffekte sind, daß Menschen verschiedenen Geschlechts und Menschen verschiedener Hautfarbe nicht verschiedene Altersstufen ein und desselben Individuums sind. Sie würde aber merken, daß die Körpergröße eng mit dem Alter zusammenhängt. Der Astronom ist in der glücklichen Lage, daß er am Himmel »Schulklassen« von Sternen findet, das heißt also: Gruppen von Sternen, die unter sich gleich alt sind.

Sternhaufen – »Schulklassen« von Sternen

Manchmal lassen die Sterne eine Art Herdentrieb erkennen. Sie drängen sich am Himmel zu Gruppen zusammen, zu Sternhaufen. Einige kannte man schon im Altertum. So erwähnen die griechischen und römischen Dichter das Siebengestirn, die *Plejaden* (Abb. 2-5). Mit freiem Auge erkennt man von ihnen die sechs hellsten. In Wahrheit gehören noch viele schwächere Sterne dazu, mit Sicherheit 120. Wahrscheinlich umfaßt aber der Sternhaufen mehrere hundert Sterne. Die Plejadensterne befinden sich alle in einem verhältnismäßig kleinen Raumgebiet. 30 Jahre braucht das Licht von einem Rand des Sternhaufens zum anderen. Bedenken wir, daß in einer Kugel von 30 Lichtjahren Durchmesser um die Sonne herum nur etwa 20 Sterne stehen, so erkennen wir, daß es sich bei den Plejaden um eine echte Ansammlung von Sternen handelt. Die Plejaden drängen sich nicht nur auf eine Stelle des Raumes zusammen, sie fliegen auch mit gleicher Geschwindigkeit in dieselbe Richtung. Der gleiche Ort und die gleiche Bewegung lassen darauf schließen, daß die Sterne der Plejaden eine gemeinsame Entstehungsgeschichte haben: Sie sind gleichzeitig entstanden.

Das gleiche gilt für andere Sternhaufen, etwa für die *Hyaden*,

Abb. 2-6. Der Kugelsternhaufen 47 Tucanae, aufgenommen mit dem 1-m-Schmidtspiegel der Europäischen Südsternwarte (ESO) in Chile. In ihm stehen die Sterne so dicht, daß die Fotografie das Zentralgebiet gar nicht in einzelne Sterne auflösen kann. So täuscht das Bild vor, daß sich die Sterne in der Mitte gegenseitig berühren. In Wahrheit sind sie auch dort weit voneinander entfernt.

die gleichfalls seit dem Altertum bekannt sind. Noch viel deutlicher wird die gemeinsame Herkunft der Sterne bei den sogenannten *Kugelsternhaufen*, die aus 50000 bis 50 Millionen Sternen bestehen (Abb. 2-6). In ihren dichten Zentralgebieten stehen die

Abb. 2-7. Das HR-Diagramm des Sternhaufens der Plejaden. Es sind nur die hellsten Sterne eingezeichnet. Sie zeigen eine deutlich ausgeprägte Hauptreihe. Nach oben hin, bei visuellen Leuchtkräften von mehr als dem Tausendfachen der Sonne, weichen allerdings die Sterne im Diagramm etwas nach rechts von der Hauptreihe ab.

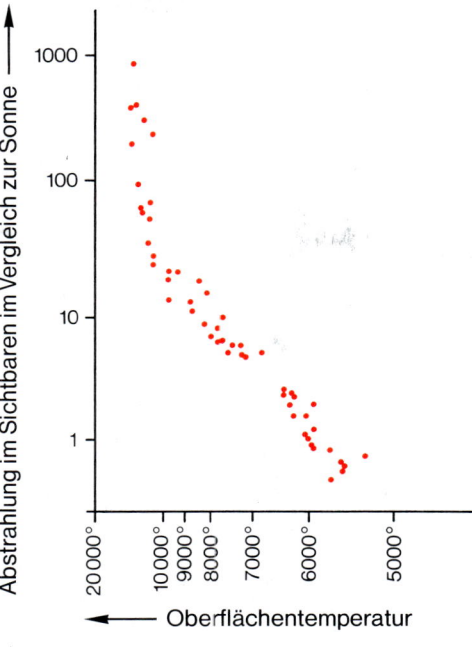

Abb. 2-8. Das HR-Diagramm des Sternhaufens der Hyaden. Während man in den Plejaden (vgl. Abb. 2-7) Hauptreihensterne bis hinauf zur tausendfachen Abstrahlung der Sonne findet, ist die Hauptreihe der Hyaden schon unterhalb der hundertfachen Sonnenabstrahlung zu Ende. Die helleren Hauptreihensterne fehlen. Dafür findet man im HR-Diagramm des Sternhaufens eine Gruppe von Roten Riesen.

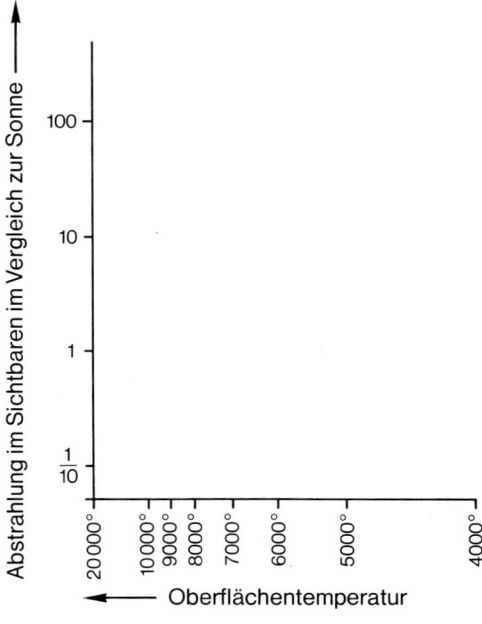

41

Sterne oft 10 000mal dichter zusammen als in der Sonnenumgebung. Welch großartigen Anblick muß der Sternhimmel für einen Beobachter bieten, der in einem Planetensystem beheimatet ist, dessen Sonne zu einem Kugelsternhaufen gehört!

Wie sind Leuchtkräfte und Oberflächentemperaturen bei den Sternen von Sternhaufen verteilt? Vielleicht wie bei den Sternen der Sonnenumgebung, so wie es Abbildung 2-2 zeigt? Sind auch in den Sternhaufen die meisten Sterne Hauptreihensterne? Betrachtet man ihre HR-Diagramme, so stößt man auf einen wesentlichen Unterschied. Zwar gibt es einige Sternhaufen, bei denen tatsächlich alle Sterne zur Hauptreihe gehören, wie das HR-Diagramm der Plejaden zeigt (Abb. 2-7). In den meisten Sternhaufen besitzen jedoch nur die schwächeren, das heißt die weniger leuchtkräftigen Sterne Hauptreiheneigenschaften; aber man findet nicht den vollen Streifen der Hauptreihe. Nach größeren Leuchtkräften hin ist die Reihe abgebrochen. Die helleren Hauptreihensterne fehlen. Statt dessen enthalten die Sternhaufen auch leuchtkräftige rote Sterne: Rote Riesen und Überriesen, wie man am HR-Diagramm der Hyaden in Abbildung 2-8 sieht. Noch deutlicher wird das HR-Diagramm des Kugelsternhaufens in Abbildung 2-9. Dort ist nur das unterste Stück der Hauptreihe besetzt, während die Punkte der helleren Sterne fast alle weiter rechts liegen. Wir sehen es noch besser, wenn wir die Sterne verschiedener Sternhaufen in ein und dasselbe HR-Diagramm eintragen, wie dies in Abbildung 2-10 geschehen ist. Dort ist die Hauptreihe dünn durchgezogen, und mit dicken gestrichelten Linien ist angedeutet, wo die Sterne verschiedener Sternhaufen liegen. Man sieht, daß alle Sternhaufen ein Stück Hauptreihe gemeinsam haben, daß sie aber nach rechts »abbiegen«, daß bei den größeren Helligkeiten die Sterne nicht mehr auf der Hauptreihe, sondern rechts von ihr stehen. Dabei sind die Stellen, wo die Linien von der Hauptreihe abzweigen, von Sternhaufen zu Sternhaufen verschieden. Da wir wissen, daß längs der Hauptreihe die Masse nach oben zunimmt, können wir auch sagen, daß in einem Sternhaufen die Sterne unterhalb einer bestimmten Masse Hauptreihensterne sind, daß jedoch im Bereich größerer Massen die Hauptreihe nicht besetzt ist. Dieses Beobachtungsergebnis hat letzten Endes den Schlüssel zum Verständnis der zeitlichen Entwicklung der Sterne geliefert.

Abb. 2-9. Das HR-Diagramm des Sternhaufens M3. Er ist ein Kugelsternhaufen wie der auf der Aufnahme von Abb. 2-6. Nur Sterne bis zu einer Abstrahlung vom Fünffachen der Abstrahlung der Sonne stehen noch auf der Hauptreihe. Die meisten der leuchtkräftigeren sind keine Hauptreihensterne. Für spätere Abschnitte in diesem Buch sind unter anderem die Sterne wichtig, die bei einer sichtbaren Abstrahlung vom Hundertfachen der Sonne liegen, auf einem horizontalen Streifen, der sich von etwa 5800 Grad bis 13000 Grad erstreckt. Man nennt ihn den *horizontalen Ast.*

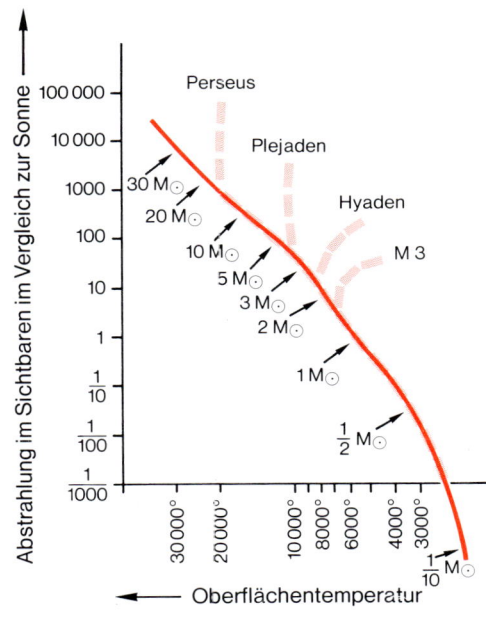

Abb. 2.-10. Das Abbiegen verschiedener Sternhaufen im HR-Diagramm von der Hauptreihe (nach Allan Sandage). Die dick gestrichelten Linien deuten an, wo die Sterne verschiedener Sternhaufen liegen. Ein Sternhaufen im Perseus hat die am weitesten nach oben hin ausgebildete Hauptreihe. Dann biegt er nach rechts oben ab. Der Kugelsternhaufen M3 hat die kürzeste Hauptreihe; er biegt schon weit unten nach rechts ab. Durch Pfeile von links wurde angedeutet, wo Hauptreihensterne bestimmter Masse stehen. Die an den Pfeilen stehenden Zahlen geben die Massen in Vielfachen der Sonnenmasse an. Der Sternhaufen im Perseus enthält also noch Hauptreihensterne von 10 bis 15 Sonnenmassen, während die massereichsten Hauptreihensterne des Kugelsternhaufens M3 nur etwa 1.3 Sonnenmassen haben.

43

Wenn sich ein Stern im Laufe der Zeit entwickelt, wenn er altert, dann ändern sich seine Eigenschaften. Im besonderen ändern sich auch seine Oberflächentemperatur und seine Leuchtkraft. Der Punkt, den wir für den Stern in das HR-Diagramm eintragen, bewegt sich im Laufe der Zeit. Wenn zum Beispiel der Stern anfangs ein Roter Riese gewesen wäre und sich im Laufe von Jahrmillionen zum Weißen Zwerg entwickelt hätte, dann würde sich sein Punkt im HR-Diagramm von rechts oben nach links unten bewegt haben. Wären wir langlebigere Wesen und könnten innerhalb von Jahrmillionen und Jahrmilliarden die Sterne immer wieder vermessen und in das HR-Diagramm eintragen, sähen wir die den Sternen entsprechenden Punkte sich bewegen; sähen sie gewisse Bereiche schnell durchfahren, fänden sie in anderen Gebieten länger verweilend. Wir sähen die *Entwicklungswege* der Sterne im HR-Diagramm.

Wir haben jedoch nur ein Augenblicksbild. Wir sehen nur, wo die Sterne im Diagramm in der Gegenwart stehen*. Dabei fällt auf, daß sich die Sterne der Sonnenumgebung auf der Hauptreihe häufen. Was bedeutet das? Vielleicht durchlaufen die Punkte im HR-Diagramm den Streifen der Hauptreihe besonders langsam, bleiben auf ihm einige Zeit stehen? Wenn man dann eine Gruppe von Sternen verschiedenen Alters beobachten würde, befänden sich dann besonders viele gerade auf diesem Streifen.

Wir kennen diesen Effekt aus dem täglichen Leben. Warum gibt es mehr Erwachsene auf der Welt als Kinder? Weil wir nur 15 Jahre lang Kinder sind, aber im Mittel mehr als 50 Jahre lang als Erwachsene leben. Wenn wir eine Gruppe von Menschen verschiedenen Alters betrachten – etwa die Bewohner unserer Stadt –, dann stellen wir fest, daß sich die meisten im Erwachsenenstadium befinden. Ist also vielleicht das Hauptreihenstadium ein Zustand, in dem sich ein Stern im Laufe seiner Geschichte besonders lange aufhält?

---

* Genauer: Wir sehen, wo sie standen, als das Licht, das wir heute empfangen, von ihnen ausging. Für das Studium der Entwicklung der Sterne unserer Milchstraße ist aber die Zeit, die das Licht zu uns braucht, kurz im Vergleich zu den Zeiträumen, in denen sich die Sterne entwickeln, so daß es auf diesen Unterschied nicht ankommt.

Erinnern wir uns, daß die Sonne selbst ein Hauptreihenstern ist. Von ihr wissen wir, daß sie sich seit Jahrmilliarden kaum verändert hat, also schon seit Jahrmilliarden Hauptreihenstern ist. Wir sahen, daß die Energie, die im Wasserstoff der Sonne verborgen ist, ausreicht, um die Abstrahlung über diesen langen Zeitraum zu decken. Bestreiten vielleicht alle Hauptreihensterne ihre Abstrahlung durch die Fusion des Wasserstoffs? Bleiben sie – weil dies eine so ergiebige Energiequelle ist – sehr lange unverändert, und ist das vielleicht der Grund, warum sich im HR-Diagramm die Sterne auf der Hauptreihe häufen?

Nehmen wir einmal an, alle Hauptreihensterne deckten ihre Energieabstrahlung durch Umwandlung von Wasserstoff in Helium. Wir haben bereits früher für die Sonne und für Spica ausgerechnet, wie lange die Sterne damit strahlen können. Mit der Annahme, daß 70 % der Sternmasse Wasserstoff sind und daß sich die Erschöpfung des Kernbrennstoffs bemerkbar macht, wenn bereits 10 % des Wasserstoffs umgewandelt sind, fanden wir für die Sonne eine Lebensdauer von 7 Milliarden Jahren, während Spica mit der zehnfachen Masse und etwa der zehntausendfachen Son-

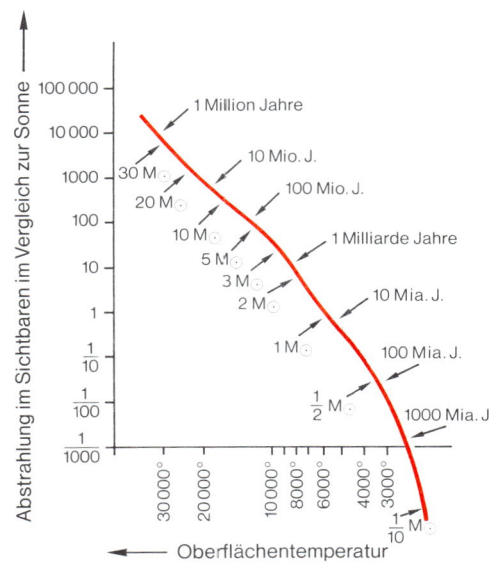

Abb. 2-11. Die Hauptreihe im HR-Diagramm. Links ist mit Pfeilen angedeutet, an welcher Stelle der Hauptreihe Sterne bestimmter Masse stehen (wieder in Einheiten der Sonnenmasse $M_\odot$ angegeben). Da die Masse den verfügbaren Kernenergievorrat bestimmt und da man für jede Stelle der Hauptreihe die Leuchtkraft kennt, kann man den Zeitraum berechnen, über den hinweg ein Stern, dessen Punkt an dieser Stelle steht, die Leuchtkraft aus seinem Wasserstoffvorrat decken kann. Diese Zeitspannen sind durch Pfeile von rechts angegeben. Sterne von mehr als 30 Sonnenmassen reichen mit ihrem Wasserstoffvorrat knapp eine Million Jahre. Sterne von einer halben Sonnenmasse reichen damit nahezu hundert Milliarden Jahre. Der Vergleich mit Abb. 2-10 gestattet, das Alter von Sternhaufen abzuschätzen.

nenleuchtkraft nur einige Millionen Jahre unverändert strahlen kann. Wir können auf die gleiche Weise für jeden Hauptreihenstern ausrechnen, wie lange er seine Leuchtkraft durch Wasserstoff-Fusion decken kann. Nehmen wir einen beliebigen Stern auf der Hauptreihe der Abbildung 2-3. Wir können im Diagramm seine Leuchtkraft ablesen und aus der für Hauptreihensterne gültigen Masse-Leuchtkraft-Beziehung von Abbildung 2-4 die Masse bestimmen, zu der diese Leuchtkraft gehört. Ein Vergleich der in dieser Masse gespeicherten Kernenergie mit der Leuchtkraft – das ist die pro Sekunde ins Weltall abgestrahlte Energie – gibt uns die Zeitdauer, für die der Energievorrat reicht. In Abbildung 2-11 ist an der Hauptreihe jeweils die so berechnete Wasserstoff-Lebensdauer angeschrieben. Was das Beispiel von Spica bereits vermuten ließ, bestätigt sich dabei. Je größer die Masse eines Hauptreihensterns ist, um so leichtsinniger gibt er seine Energie aus, und um so kürzer ist die Zeit, für die sein Wasserstoffvorrat ausreicht.

Wenn man sich ein ganzes Leben mit den Sternen beschäftigt hat, fällt einem auf, wieviel Menschliches die Sterne an sich haben. Hier: je größer die Masse, um so geringer die Lebenserwartung!

Das Alter der Sternhaufen

Wenn wir uns also eine Gruppe von Hauptreihensternen verschiedener Massen, aber gleichen Alters denken, die alle von der Wasserstoff-Fusion leben, dann müßten sich die Erschöpfungseffekte zuerst oben auf der Hauptreihe bei den massereichen Sternen bemerkbar machen. Im Laufe der Zeit würden die Sterne immer kleinerer Masse ihren Energievorrat erschöpfen. Nach 7 Milliarden Jahren würden auch die Sterne von einer Sonnenmasse Erschöpfungserscheinungen zeigen.

Beobachten wir aber nicht gerade diesen Effekt bei den Sternhaufen? Sehen wir uns noch einmal das HR-Diagramm der Hyaden in Abbildung 2-8 an. Die Hauptreihe dieses Sternhaufens ist nach oben besetzt bis zu einer Abstrahlung von etwa 20 Sonnenleuchtkräften im Sichtbaren, das entspricht Sternen von etwa 2.5 Sonnenmassen. Die Wasserstoff-Lebensdauer eines Sterns dieser

Masse beträgt 800 Millionen Jahre (vgl. Abb. 2-11). Wenn eine Gruppe von Sternen gleichen Alters 800 Millionen Jahre lang von der Fusion des Wasserstoffs lebt, dann müssen Sterne mit einer Masse, die größer als 2.5 Sonnenmassen ist, mit ihrem Wasserstoff bereits am Ende sein, während Sterne geringerer Masse noch brav von ihrem Wasserstoffvorrat leben können. Ist das vielleicht der Grund, weswegen der obere Teil der Hauptreihe der Hyaden nicht besetzt ist?

Andere Sternhaufen verlassen die Hauptreihe bei anderen Leuchtkräften und damit bei anderen Massen. Die Plejaden zum Beispiel haben noch Hauptreihensterne von 140 Sonnenleuchtkräften; das entspricht Sternen von etwas über 6 Sonnenmassen, deren Wasserstoff-Lebensdauer nur 100 Millionen Jahre währt. Die Sterne größerer Helligkeit im HR-Diagramm der Plejaden liegen nicht genau auf der Hauptreihe, sondern etwas rechts daneben: das erste Anzeichen des Erschöpfungseffektes. So kann man ganz allgemein eine zeitliche Ordnung in die Sternhaufen bringen. Man zeichnet ihr HR-Diagramm und sieht nach, wie weit nach oben die Hauptreihe besetzt ist. In Abbildung 2-10 ist für mehrere Sternhaufen schematisch angedeutet, wo sie die Hauptreihe verlassen: Ein Sternhaufen im Perseus ist der jüngste, bei ihm ist die Hauptreihe bis zu 1000 Sonnenleuchtkräften besetzt, sein Alter beträgt etwa 10 Millionen Jahre. Dann kommen die Plejaden, dann die Hyaden und schließlich der alte Kugelsternhaufen M 3. Bei ihm ist die Hauptreihe bis zu etwa 3 Sonnenleuchtkräften besetzt, seine hellsten Hauptreihensterne sind aus etwas weniger als 1.3mal soviel Masse zusammengesetzt wie die Sonne. Wenn sie heute gerade im Begriff sind, die Hauptreihe zu verlassen, dann muß ihr Alter etwa 6–10 Milliarden Jahre sein.

Ist es wirklich wahr, daß das Abbiegen der Sternhaufen von der Hauptreihe im HR-Diagramm ein Anzeichen für das Erschöpfen des Wasserstoffvorrats ist? Wenn ja, dann haben wir schon einen wesentlichen Teil der Sternentwicklung verstanden. Dann nämlich steht ein Stern so lange auf der Hauptreihe, bis sein Wasserstoff erschöpft ist. Daraufhin bewegt er sich nach rechts in das Gebiet der Roten Riesen. Denn die Sterne, die die Hauptreihe verlassen haben, stehen rechts. Wenn das wahr ist, dann drängen sich neue Fragen auf: Wie alt sind die ältesten Sternhaufen, wie jung die jüngsten? Was waren die Sterne, bevor sie mit der Fusion des Wasserstoffs begannen? Was geschieht, wenn der Wasserstoffvorrat eines Sterns erschöpft ist? Zwar wissen wir, daß dann die Sterne Rote Riesen werden, aber sie können nicht allzulange weiterstrahlen, ihre Kernenergie ist schon merklich verbraucht.

Wir dürfen aber nicht vergessen: Wir *vermuten* vorläufig nur, daß die Eigenschaften der Sterne in Sternhaufen etwas mit der Erschöpfung des nuklearen Energievorrates zu tun haben. Zwar scheint diese Hypothese recht gut mit der Beobachung zusammenzupassen, aber mit den bisher herangezogenen Hilfsmitteln wissen wir noch nicht einmal, ob die Temperaturen und Dichten im Sterninnern überhaupt ausreichen, um Kernreaktionen ablaufen und den Stern wie ein Kernkraftwerk arbeiten zu lassen. Die Temperaturen der Sternoberflächen reichen jedenfalls nicht aus. Wie sollen wir aber wissen, welche Temperaturen im Sterninnern herrschen? Das Licht, das von den Sternen kommt, stammt aus einer dünnen Oberflächenschicht. Bei der Sonne kommt das Licht aus einer »Atmosphäre«, deren Masse nur ein Hundertstel eines Milliardstels der gesamten Masse der Sonne ist. Tiefer sehen wir nicht hinein. Wir wissen trotzdem über das Innere der Sonne besser Bescheid als über das Innere der Erde. Wie es dazu kam, will ich in den nächsten Kapiteln beschreiben.

3. Sterne als Kernkraftwerke

Noch wissen wir nicht wirklich, ob Kernreaktionen die Sterne strahlen lassen. Zwar ist uns bisher keine andere, ebenso ergiebige Energiequelle bekannt geworden, daraus darf man aber nicht ohne weiteres schließen, daß es keine gibt. Könnten uns nicht zukünftige Erkenntnisse in der Physik auf heute noch unbekannte Möglichkeiten zur Erzeugung von Energie führen, auf Energiequellen, wie sie mancher Science-Fiction-Autor schon vorweg erfunden hat? Wir haben im vorigen Kapitel gesehen, daß einige Eigenschaften von Sternhaufen mit dem Bild von der Kernenergieerzeugung in Sternen recht gut übereinstimmen, und wir werden in diesem und im nächsten Kapitel erfahren, daß dieses Bild wirklich richtig ist. Wir brauchen nicht nach neuen, noch unbekannten Energiequellen zu suchen. Es ist der Kernphysiker, der letztlich dem Astronomen genau erklärt, warum die Sterne strahlen. Dabei sträubten sich am Anfang der zwanziger Jahre die Physiker noch, an Kernreaktion in Sternen zu glauben! Das hing mit dem Bau der Atome zusammen.

Die Bausteine der Atome

Die Materialien in unserer Welt – die Gesteine und Minerale, die Stoffe in der Luft und in den Meeren, die Zellen der Pflanzen und Tiere genauso wie die Gasnebel und Sterne des Universums in ihrer Vielfalt – sind letzten Endes nur aus 92 Bausteinen zusammengesetzt, den *chemischen Elementen*. Diese Erkenntnis des letzten Jahrhunderts hat das Bild von der Welt wesentlich vereinfacht. Unserem Jahrhundert war es vorbehalten, zu zeigen, daß diese 92 chemischen Elemente letztlich nur aus drei Arten von Bausteinen zusammengesetzt sind, den *Protonen*, den *Neutronen* und den

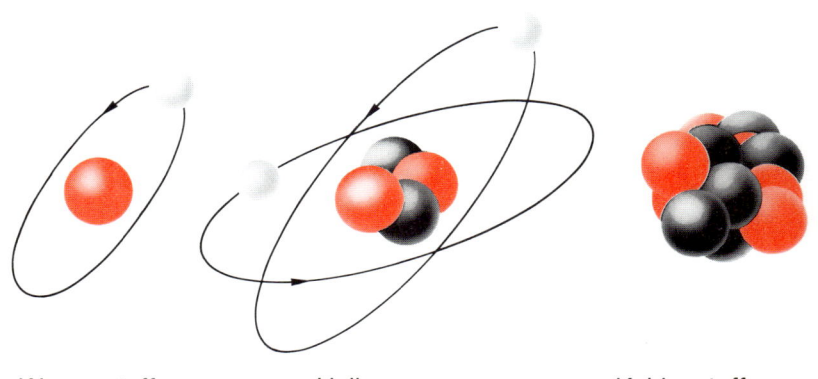

Wasserstoff	Helium	Kohlenstoff
Massenzahl 1	Massenzahl 4	Massenzahl 12
Kernladungszahl 1	Kernladungszahl 2	Kernladungszahl 6

Abb. 3-1. Schematische Darstellung der Atome von Wasserstoff, Helium und Kohlenstoff. Protonen sind rot, Neutronen dunkelgrau gezeichnet. Die Bahnen der um die Kerne kreisenden (hellgrau gezeichneten) Elektronen sind nicht maßstäblich. Beim Kohlenstoff sind die den Kern umkreisenden sechs Elektronen weggelassen.

Elektronen. Die Atome des Elements Helium zum Beispiel unterscheiden sich von denen des Elements Kohlenstoff nur durch verschiedene Baupläne, nach denen die drei Grundbausteine in verschiedener Anzahl aneinandergesetzt sind (vgl. Abb. 3-1).

Ein Heliumatom besteht aus einem Kern, der zwei Protonen und zwei Neutronen enthält. Das Proton ist ein positiv geladenes Teilchen, und deshalb ist der Kern des Heliumatoms positiv geladen. Um ihn herum schwirren zwei negativ geladene leichte Teilchen, zwei Elektronen; sie bilden die *Elektronenhülle* des Heliumatoms. Der Bauplan des Elements Kohlenstoff ist komplizierter. Es besteht gleichfalls aus einem Kern, der Protonen und Neutronen enthält. Diesmal sind es sechs Protonen und sechs Neutronen, und außen herum, in der Hülle, kreisen sechs Elektronen. Das einfachste Atom ist das des Wasserstoffs. Der Kern besteht aus einem Proton, um das sich ein Elektron herum bewegt.

Proton und Neutron haben etwa die gleiche Masse. Man nennt sie schwere Teilchen, obwohl sie im Vergleich zu dem, was wir gewohnt sind, nichts wiegen. Könnte man eine Billion solcher schwerer Teilchen auf eine Waage legen – sie würden nur etwa ein

Billionstel Gramm ausmachen. Das Elektron hat nur etwa ein Zweitausendstel der Masse des Protons. Das Proton ist positiv geladen, das Elektron negativ, und zwar so, daß Proton und Elektron zusammen gerade elektrisch neutral sind. Das Neutron hat keine Ladung. Gelegentlich tritt auch ein Teilchen von der Masse des Elektrons auf mit positiver Ladung, das *Positron*. Aber es lebt nie lange. Kommt es nämlich in die Nähe eines Elektrons, vereinigt es sich sofort mit ihm. Elektron und Positron zerstrahlen zusammen in einem kleinen Lichtblitz.

Alle Atomkerne sind aus einer bestimmten Anzahl von Protonen und Neutronen aufgebaut. So viele Protonen, wie im Kern lagern, so viele Elektronen bewegen sich normalerweise außen herum, so daß die positive Ladung der Protonen des Kerns durch die negativen Elektronen gerade aufgehoben wird. Eigentlich ist es sogar noch einfacher. Wenn man es genau nimmt, ist die Materie der Welt nicht aus drei Arten von Bausteinen, nämlich Protonen, Neutronen und Elektronen, zusammengesetzt, sondern nur aus zwei. In Atomkernen können Protonen und Elektronen zu Neutronen verschmelzen. Ein Neutron außerhalb eines Atomkerns zerfällt nach etwa 17 Minuten in ein Proton und ein Elektron. So kann man sagen, daß die Welt in ihrer Vielfalt eigentlich nur aus Protonen und Elektronen besteht. Die Anzahl der Protonen plus die Zahl der Neutronen im Atomkern nennt man die *Massenzahl* des Kerns, die Anzahl seiner Protonen heißt die *Kernladungszahl.* Wasserstoffatome haben demnach die Massenzahl 1 und die Kernladungszahl 1. Bei Helium ist die Massenzahl 4 und die Kernladungszahl 2. Die häufigste Sorte von Eisenatomen hat die Massenzahl 56 und die Kernladungszahl 26. Die Kernladungszahl gibt auch an, wie viele Elektronen um den Kern herumfliegen müssen, damit das Atom als ganzes elektrisch neutral ist. Die Elektronenhülle bestimmt die chemischen Eigenschaften der Stoffe. Deshalb sind Stoffe mit verschiedener Kernladungszahl chemisch verschieden, denn sie haben verschiedene Elektronenhüllen. Atome, die gleiche Kernladungszahl besitzen, aber verschiedene Anzahl von Neutronen, sind chemisch gleich. Sie unterscheiden sich nur in der Massenzahl. Man nennt sie *Isotope* ein und desselben Elements. Neben dem gewöhnlichen Wasserstoff gibt es das Wasserstoffisotop des schweren Wasserstoffs, bei dem im Kern neben dem Proton noch ein Neutron sitzt. Man nennt dieses Isotop des Wasserstoffs *Deuterium*. Es kommt in geringen Spuren in der Natur vor.

Sosehr sich auch ein Stück Eisen von dem Wasserstoffgas in einem Luftballon unterscheidet, beide sind Ansammlungen von Protonen und Elektronen. Könnte man 56 Wasserstoffatome nehmen und ihre 56 Protonen und 56 Elektronen beliebig anordnen, von ihnen 30 Elektronen und ebenso viele Protonen nehmen und daraus 30 Neutronen basteln; würde man diese Neutronen mit den restlichen 26 Protonen zu einem Atomkern vereinigen und ließe man schließlich die übriggebliebenen 26 Elektronen sich um diesen Kern bewegen, dann hätte man aus Wasserstoff ein Eisenatom geschaffen.

Wenn man vier Wasserstoffatome nimmt und aus zwei Elektronen und zwei Protonen zwei Neutronen herstellt, die man mit den zwei übrigen Protonen zu einem Atomkern vereinigt, so erhält man einen Atomkern der Massenzahl 4 und der Kernladungszahl 2, um den sich die beiden restlichen Elektronen bewegen können. Man hat also Wasserstoff zu Helium verschmolzen. Bei diesem Prozeß wird Energie frei. Aber so einfach lassen sich Atomkerne nicht zu anderen verschmelzen.

Arthur Eddington und die Energiequelle der Sterne

Sir Arthur Eddington hatte einen berühmten Lehrstuhl für Astronomie an der Universität von Cambridge inne, die »Plumian Professorship«. Im Jahre 1926 veröffentlichte er sein Buch »The Internal Constitution of the Stars«, auf deutsch »Der innere Aufbau der Sterne«. Es war eine brillante Darstellung des damaligen Wissens über die Physik des Sterninnern, zu dem Eddington selbst wesentliche Beiträge geliefert hatte. Man wußte damals schon, wie ein Stern im Prinzip funktioniert. Jedoch fehlte der eigentliche Schlüssel, nämlich die Kenntnis über die Erzeugung der Energie.

Man war sich bereits darüber im klaren, daß die Sternmaterie mit ihrem Wasserstoffreichtum ein idealer Energiespender sein könnte. Man wußte, daß bei der Umwandlung des Wasserstoffs in Helium Energiemengen frei würden, die ausreichten, um die Abstrahlung der Sonne und der Sterne über Jahrmilliarden zu bestreiten. So war klar, daß man eine prächtige Energiequelle gefunden hätte, wenn man nur verstünde, unter welchen Umständen die Fusion des Wasserstoffs vor sich geht. Aber man war damals noch weit davon entfernt, die Umwandlung des Wasserstoffs in Helium im Experiment durchzuführen.

Den Astrophysikern jener Zeit blieb also nichts anderes übrig, als trotzdem zu glauben, die Sterne seien gigantische Kernkraftwerke. Denn man konnte sich keinen anderen Prozeß vorstellen, der genügend Energie lieferte, um die Strahlung der Sonne auf Jahrmilliarden hinaus zu decken. Am konsequentesten drückte es Eddington aus; er spielte auf die zahlreichen und wiederholten Messungen der Helligkeiten der Sterne an, die der beobachtende Astronom ausführt, und schrieb: »Die Messungen der Freisetzung von Kernenergie sind eine der häufigsten astronomischen Beobachtungen, und wenn in meinem Buch nicht alles falsch ist, dann haben wir recht gute Kenntnis, wie dicht und wie heiß die Materie sein muß, damit diese Prozesse ablaufen können.« Leider waren die Physiker seinerzeit der Meinung, die Atomkerne könnten in den Sternen gar nicht miteinander reagieren.

Eddington konnte damals schon abschätzen, welche Temperaturen im Innern der Sonne herrschen müssen. Die Sonne wird durch die Schwerkraft der in ihr angesammelten Masse zusammengehalten. Die Schwerkraft zieht die Materie zum Zentrum. Daß die Sonnenmaterie nicht einfach in den Sonnenmittelpunkt fällt, kommt daher, daß das Sonnengas einen Gegendruck ausübt. Die Druckkraft möchte die Materie nach außen schieben, sie arbeitet also gegen die Schwerkraft. Beide Kräfte halten sich das Gleichgewicht. Das gleiche kennen wir schon von der Erdatmosphäre. Gäbe es keine Schwerkraft, dann würde die Luft durch ihren Druck in den Raum geblasen. Gäbe es dagegen keinen Luftdruck, dann würde die Lufthülle auf die Erdoberfläche fallen. Bei der Sonne kann man die Schwerkraft ausrechnen, mit der sich die Sonnenmaterie selbst anzieht. Genauso groß muß die Kraft des Gasdruckes sein, die der Schwerkraft das Gleichgewicht hält. Der Druck eines Gases hängt von seiner Dichte und seiner Temperatur ab. Die Dichte der Sonnenmaterie kennt man, denn man weiß, wie groß die Masse der Sonne ist und welches Volumen die Sonne einnimmt. Wie groß ist nun der Druck der Sonnenmaterie? Er hängt von der Temperatur ab. Je heißer ein Gas, um so größer sein Druck. Wie heiß muß also ein Gas im Innern der Sonne sein, damit es der Schwerkraft das Gleichgewicht hält?

Eddington schätzte die Temperatur des Zentralgebietes der Sterne auf 40 Millionen Grad. Das erscheint uns sehr hoch, aber den Kernphysikern schien es viel zuwenig zu sein, um Kernreaktionen ablaufen zu lassen. Bei dieser Temperatur bewegen sich die Atome im Sonneninnern mit Geschwindigkeiten von 1000 Kilometern pro Sekunde gegeneinander. Längst haben dann die Wasserstoffatome ihre Elektronen verloren, und ihre Protonen fliegen frei durch den Raum. Gelegentlich treffen zwei aufeinander; aber da beide positiv geladen sind, stoßen sie sich gegenseitig wieder ab. Bei Geschwindigkeiten von 1000 Kilometern pro Sekunde fliegen sie zwar immer wieder recht nahe aneinander vorbei, doch werden sie durch ihre abstoßenden elektrischen Kräfte abgelenkt, bevor sie sich so weit nähern, daß sie verschmelzen könnten. Um aus den Wasserstoffatomen einen Heliumkern zu machen, müßten außerdem vier Protonen und zwei Elektronen, also insgesamt sechs Teilchen, gleichzeitig an einem Ort zusammentreffen – ein überaus unwahrscheinlicher Vorgang! Und selbst wenn zufällig alle sechs aufeinander zuflögen, die elektrischen Kräfte würden ihre Bahnen ablenken und ein Verschmelzen verhindern. Erst bei Temperaturen von mehreren 10 Milliarden Grad würden die Teilchen mit genügend Schwung gegeneinander fliegen, daß sie trotz der abstoßenden elektrischen Kräfte verschmelzen könnten. Die Sonne mit ihren 40 Millionen Grad im Innern schien damals den Physikern zu kalt, um den Wasserstoff zu Helium werden zu lassen. Aber Eddington war überzeugt, daß nur Kernenergie die Sterne speisen kann. Er schrieb trotzig: »Wir streiten nicht mit dem Kritiker, der meint, daß die Sterne nicht heiß genug sind für diesen Prozeß, wir sagen ihm, er soll doch gehen und einen heißeren Platz finden.« Tatsächlich waren ihm damals die Voraussagen der Physiker darüber, unter welchen Bedingungen sich Helium aus Wasserstoff bildet, noch zu unsicher. Er verließ sich lieber auf seine Sterne und meinte, die Physiker würden schon noch lernen, wie sich bei der verhältnismäßig niedrigen Temperatur von 40 Millionen Grad Wasserstoff in Helium verwandelt. Er sollte recht behalten.

George Gamow und sein »Tunneleffekt«

Etwa zur gleichen Zeit, als Eddington in seinem Buch hartnäckig darauf bestand, daß sich im Innern der Sterne Wasserstoff in Helium umwandelt, begann der große Umsturz in der Physik, eingeleitet durch Louis de Broglie in Paris, durch Niels Bohr in Kopenhagen, durch Erwin Schrödinger in Zürich und durch die Göttinger Physiker. Hier blühte Max Borns große Schule der Quantenmechanik; es waren Göttingens goldene zwanziger Jahre. Viele der jungen Physiker, die damals aus aller Welt hierher kamen, wurden später berühmt: Werner Heisenberg und Robert Oppenheimer, Paul Dirac und Edward Teller. Einer von ihnen war der junge Russe George Gamow. Er befaßte sich mit einem Problem der Radioaktivität, also mit der Frage des natürlichen Zerfalls von Atomkernen.

Es gibt chemische Elemente, die von selbst zerfallen. Aus Uran wird Thorium, aus Thorium Radium, das wieder weiter zerfällt. Der Kern der häufigsten Radiumart besteht aus 88 Protonen und 138 Neutronen. Ein Radiumkern stößt nach einer gewissen Zeit ganz von selbst zwei Neutronen und zwei Protonen ab und verwandelt sich in einen Atomkern geringerer Masse. Die abgestoßenen Teilchen selbst bleiben miteinander vereinigt; sie bilden einen Heliumkern. Es war schwer zu verstehen, wie der Kern des Radiums einen Heliumkern abstoßen kann. Die Bausteine des Radiumkerns sind auf ganz engem Raum zusammengepackt und werden durch sehr starke Kräfte, die *Kernkräfte*, zusammengehalten. Sie sind viel stärker als die elektrische Abstoßung der Protonen. Ohne die Kernkräfte würde der Radiumkern auseinanderfliegen – getrieben von den sich abstoßenden Protonen. Die Kernkräfte haben aber nur eine geringe Reichweite. Entfernt sich ein Teil des Kerns zu weit vom Rest, dann überwiegt die elektrische Abstoßung, und beide Teile fliegen auseinander. Aber nach der klassischen Physik darf das eigentlich nicht geschehen, da die Kernkräfte den Kern zusammenhalten. Trotzdem geschieht es in der Natur.

Gamow löste das Problem des Zerfalls der Atome. Zwar ist es richtig, daß die Bestandteile eines Radiumkerns durch die Kernkräfte aneinander gebunden sind und sich eigentlich nicht voneinander entfernen können. Die moderne Quantenmechanik aber lehrt, daß man das nur mit einer gewissen Wahrscheinlichkeit erwarten kann. Obwohl es nach der klassischen Mechanik nicht sein darf, gelingt es doch einem Teil des Kerns gelegentlich, sich trotz der den Kern zusammenhaltenden starken Kräfte so weit vom Rest zu entfernen, daß die elektrische Abstoßung die Oberhand gewinnt und die beiden Spaltprodukte weiter auseinandertreibt. Der Vorgang ist unwahrscheinlich, aber er findet statt. Bei Radiumatomen muß man über tausend Jahre warten, bis ein Heliumkern abgestoßen wird.

Man nennt diese Erscheinung den *Tunneleffekt*. Er wurde erst durch die Quantenmechanik verstanden. Der Name entstammt einem anschaulichen Bild. Die Bausteine des Radiumkerns werden von den Kernkräften gefangengehalten, so als ob sie durch ein Ringgebirge von der Außenwelt abgeschnitten wären. Ihre Energie reicht nicht aus, um über den Gebirgskamm nach außen zu entkommen. Nach der klassischen Mechanik ist das Gebirge für sie unüberwindlich. Nach der Quantenmechanik passiert es gelegentlich doch, daß ein Kernbaustein plötzlich auf der anderen Seite des Gebirges erscheint, so als habe er sich, statt über den Berg zu gehen, in einem Tunnel durch das Gebirge hindurchgemogelt.

Wenn aber Teilchen den Ringwall von innen nach außen durchdringen können, dann – meinte Gamow – können Teilchen auch von außen her durch den Berg in den Atomkern eindringen.

Der Tunneleffekt in Sternen

Gehen wir zurück zu den Sternen und zur Frage der zwanziger Jahre nach der Herkunft ihrer Energie. Wenn Radiumkerne tun, was sie eigentlich nicht dürfen, warum sollen nicht auch die Protonen in der Sonne tun, was die Physiker ihnen nicht gestatten wollen? Beim Radium sollten die Kernkräfte verhindern, daß sich die Protonen so weit voneinander entfernten, daß ihre elektrische Abstoßung wirksam wird. Aber der Radiumkern zerfällt, obwohl er es eigentlich nicht darf; könnten nicht auch die Protonen in der Sonne verschmelzen, obwohl sie es eigentlich nicht dürften?

Es waren die Physiker Robert Atkinson und Fritz Houtermans, die mit Gamows Tunneleffekt das Rätsel der Energieerzeugung in

Sternen lösten. Im März 1929 sandten sie ein Manuskript an die Redaktion der »Zeitschrift für Physik« mit dem Titel »Zur Frage der Aufbaumöglichkeit der Elemente in Sternen«. Diese Arbeit beginnt mit den Worten: »Vor kurzem hat Gamow gezeigt, daß positiv geladene Teilchen auch dann in den Atomkern einzudringen vermögen, wenn ihre Energie nach klassischen Begriffen nicht dazu ausreicht . . .« Die Autoren erklärten, wie Wasserstoffkerne, die nach der klassischen Physik nur verschmelzen können, wenn sie Temperaturen von einigen 10 Milliarden Grad haben, bei den im Vergleich dazu harmlosen Temperaturen des Sterninnern dennoch genügend nahe zusammenkommen können. Obwohl im Stern ein Proton vom anderen durch die elektrischen Felder wie durch einen Berg getrennt ist, über den es eigentlich nicht hinüber kann, so gelingt es ihm doch – vielleicht erst nach langer Zeit –, das Gebirge zu überwinden, obwohl seine Energie nicht ausreicht; es ist wie durch einen Tunnel auf die andere Seite gelangt. Zwar ist die Wahrscheinlichkeit nicht sehr groß, aber der Effekt kommt tatsächlich im Innern der Sonne und im Innern anderer Sterne hinreichend oft vor, so daß sie von der dabei frei werdenden Energie leben können. Atkinson und Houtermans hatten bewiesen, was Eddington nur vermutet hatte: Sonne und Sterne decken ihren Energiebedarf aus der Umwandlung von Wasserstoff in Helium.

Mit ihrer Arbeit haben sie die Grundlage für die Theorie der thermonuklearen Reaktionen geschaffen, die Theorie der Vorgänge, die letztlich die Energieerzeugung in den Sternen bewirken. Die Energiequelle der Sonne und der Sterne war gefunden.

Als Robert Jungk Material für sein Buch »Heller als tausend Sonnen« sammelte, erzählte ihm Houtermans aus jener Zeit: »Ich ging am Abend, nachdem wir unseren Aufsatz abgeschlossen hatten, mit einem hübschen Mädchen spazieren, und als es dunkel geworden war, gingen die Sterne nacheinander prächtig auf. ›Wie schön sie blinken!‹ rief meine Begleiterin aus. Ich aber warf mich ein wenig in die Brust und sagte: ›Ich weiß seit gestern, weshalb sie blinken.‹ Sie zeigte kein Anzeichen von Bewegung. Ob sie's wohl glaubte? Es war ihr vermutlich in diesem Augenblick ganz gleichgültig.« Soweit die Geschichte aus Jungks Buch.

Als ich 1965 an die Göttinger Universität berufen wurde, nahm ich mir vor, einmal nachzuforschen, ob die Dame noch in Göttingen lebt; aber wie bei manchen Unternehmungen blieb es beim Vorsatz. Ich begegnete ihr sieben Jahre später in Athen. Zu einer Tagung, an der ich teilnahm, waren auch die Atkinsons gekommen, die – inzwischen nach Amerika verschlagen – in Bloomington, Indiana, lebten, und Frau Atkinson – eine lebhafte Berlinerin – versicherte mir, daß Houtermans ihr tatsächlich diese Eröffnung gemacht habe, daß das alles sich aber keineswegs so romantisch abgespielt habe, wie Jungk es beschreibt. Ich habe noch etwas Wichtigeres erfahren. Ich fragte Herrn Atkinson, wie es damals zu dieser Arbeit gekommen sei. Er erzählte, er habe Eddingtons Buch gelesen und dadurch vom Dilemma bei der Energieerzeugung der Sterne erfahren, daß nämlich die Temperaturen im Sterninnern nicht ausreichten, um Kerne verschmelzen zu lassen; andererseits sei Eddington aber fest davon überzeugt gewesen, daß nur Kernenergie die Strahlungsleistung der Sonne und der Sterne decken könnte. Davon habe er Houtermans erzählt. Die Zeit war reif, Gamow hatte gerade seine Arbeit geschrieben, das Problem war lösbar geworden, und die beiden lösten es.

Seither weiß man, daß Kernreaktionen in Sternen ablaufen können. Aber welche Kernreaktionen? Verschmelzen Protonen mit Protonen, oder dringen Protonen in andere Atomkerne ein? Und wenn das so ist, in welche? Die Antwort darauf erhielt man erst etwa zehn Jahre später.

Der Kohlenstoffzyklus

Wie wandelt sich der Wasserstoff in den Sternen in Helium um? Die erste Antwort auf diese Frage gaben unabhängig von einander Hans Bethe in den USA und Carl Friedrich von Weizsäcker in Deutschland. Sie fanden 1938 die erste Reaktion, die wirklich aus Wasserstoff, Helium macht und den Energieverbrauch der Sterne decken kann.

Der Vorgang ist recht kompliziert; er setzt voraus, daß es im Stern neben dem Wasserstoff auch andere Elemente, zum Beispiel Kohlenstoff, gibt. Die Kohlenstoffkerne spielen die Rolle von *Katalysatoren*, wie wir sie aus der Chemie kennen. An ihnen lagert sich der Wasserstoff an, in ihnen bilden sich die Heliumatome. Sie

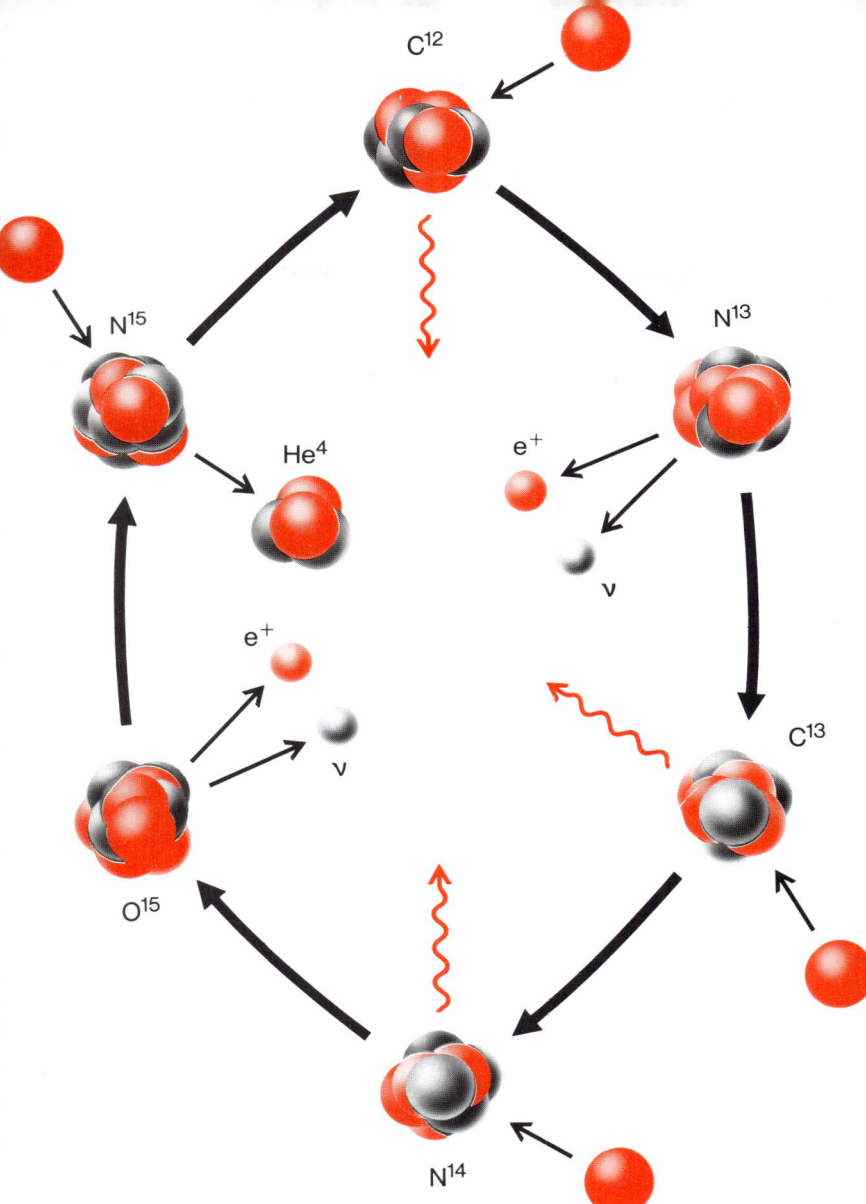

Abb. 3-2. Verwandlung von Wasserstoff in Helium im Kohlenstoffzyklus. Die Darstellung ist die gleiche wie in Abb. 3-1. Die roten, gewellten Pfeile zeigen an, wann ein Atom Strahlung abgibt, mit e⁺ sind Positronen, mit ν Neutrinos gekennzeichnet.

stoßen die zum Heliumatom vereinigten Wasserstoffatome wieder ab, ohne selbst irgendwelchen Schaden davongetragen zu haben.

Wie man in Abbildung 3-2 sehen kann, handelt es sich um einen Prozeß, der im Kreise läuft. Beginnen wir in der Zeichnung oben, wo auf einen Kohlenstoffkern der Massenzahl 12 – wir bezeichnen ihn mit C^{12} – ein Wasserstoffkern stößt. Wegen des Tunneleffekts kann er das abstoßende elektrische Feld des Kohlenstoffs überwinden und mit dem Kern verschmelzen. Der neue Kern besteht nun aus 13 schweren Teilchen. Durch die hinzugekommene positive Ladung des Protons ist die Ladung des ursprünglichen Kohlenstoffkerns, also die Kernladungszahl, vergrößert worden. Man hat nun einen Kern des Elements Stickstoff mit der Massenzahl 13. Seine Bezeichnung ist N^{13}. Diese Art des Stickstoffs ist radioaktiv und stößt nach einiger Zeit zwei leichte Teilchen ab – ein Positron und ein *Neutrino*, ein Teilchen, von dem wir noch hören werden. Der Stickstoff verwandelt sich damit in Kohlenstoff der Massenzahl 13, also in C^{13}. Der Kern hat wieder die gleiche Ladung wie das Kohlenstoffatom am Anfang, aber die Massenzahl ist jetzt höher. Wir haben jetzt ein Isotop des Ausgangskernes. Trifft auf dieses Kohlenstoffisotop ein weiteres Proton, so entsteht wieder Stickstoff. Dieser hat aber nun die Massenzahl 14, es ist N^{14}. Trifft auf das neue Stickstoffatom noch ein Proton, so verwandelt es sich in O^{15}, also in Sauerstoff der Massenzahl 15. Dieser Kern ist wieder radioaktiv, und er stößt ein Positron und ein Neutrino ab, wobei er sich in N^{15}, also in Stickstoff der Massenzahl 15, verwandelt. Bedenken wir, daß der Prozeß beim Kohlenstoff mit der Massenzahl 12 begonnen hat und wir jetzt beim Stickstoff mit der Massenzahl 15 sind, so sehen wir, daß durch das ständige Anlagern von Wasserstoffkernen das Atom immer schwerer wird. Kommt nun zum Stickstoffatom ein weiteres Proton, dann werden zwei Wasserstoffatome und zwei Neutronen abgestoßen, die zusammen einen Heliumkern bilden, und dabei verwandelt sich unser Kern wieder zurück in den alten Kohlenstoffkern. Der Kreis ist geschlossen.

Insgesamt wurden in diesem Prozeß vier Protonen geschluckt und ein Heliumkern gebildet: Wasserstoff hat sich in Helium umgewandelt. Und bei diesem Prozeß wird die Energiemenge frei, die ausreicht, um die Sterne für Jahrmillionen strahlen zu lassen.

Die Sternmaterie wird durch die einzelnen Teilprozesse des Kreislaufes aufgeheizt. Teils sind es die bei den Reaktionen entstehenden Strahlungsquanten, die die Energie an das Sterngas übertragen, teils sind es die Positronen, die sich rasch mit den herumfliegenden Elektronen vereinigen und verstrahlen, so daß die dabei entstehenden Strahlungsquanten die Sternmaterie zusätzlich heizen. Einen kleinen Teil der Energie tragen die Neutrinos davon. Welch merkwürdige Bewandtnis es mit ihnen hat, werden wir in Kapitel 5 sehen.

Für den 1938 von Bethe und von v. Weizsäcker gefundenen Kohlenstoffzyklus erhielt Bethe 1967 den Nobelpreis für Physik. Das Nobelkomitee scheint damals in seinem unerforschlichen Ratschluß vergessen zu haben, daß der Preis des öfteren geteilt wird.

Wir wissen, daß der Zyklus nur in Gegenwart der Katalysatorelemente Kohlenstoff und Stickstoff ablaufen kann. Es ist nicht notwendig, daß alle drei Elemente vorkommen. Es genügt, daß eines der im Zyklus auftretenden Isotope da ist. Beginnt erst einmal eine Reaktion, so werden die Katalysatoren für die nachfolgenden Reaktionen gleich mit hergestellt. Mehr noch, die Reaktionen sorgen sogar dafür, daß sich beim Ablauf des ganzen Zyklus ein ganz bestimmtes Mengenverhältnis dieser Elementisotope einstellt. Dieses Verhältnis hängt von der Temperatur ab, bei der der Zyklus abläuft. Die Astrophysiker sind heute mit Hilfe ihrer spektroskopischen Meßmethoden in der Lage, die kosmische Materie recht gut quantitativ zu analysieren. Am Mengenverhältnis der Isotope C^{12}, C^{13}, N^{14} und N^{15} kann man oft nicht nur feststellen, ob die Materie schon einmal im Sterninnern an der Fusion des Wasserstoffs nach dem Kohlenstoffzyklus beteiligt war, sondern darüber hinaus auch noch, bei welcher Temperatur die Fusion abgelaufen ist. Wasserstoff kann sich aber nicht nur über den Kohlenstoffzyklus in Helium verwandeln. Ein anderer, einfacherer Prozeß ist – zumindest für die Sonne – wichtiger. Ihn fand man um die gleiche Zeit.

Die Proton-Proton-Kette

Beim Kohlenstoffzyklus, den wir im letzten Abschnitt kennengelernt haben, ist eine gewisse Menge von Kohlenstoff oder Stickstoff nötig. Die Atome dieser Elemente werden dabei nicht verbraucht; sie bilden gewissermaßen schützende Gehäuse, in denen sich im Laufe der Zeit aus Wasserstoffatomen Heliumatome formen. Im Jahre 1938 haben Hans Bethe und Charles Critchfield gezeigt, daß es auch ohne Kohlenstoff oder Stickstoff geht.

Der Vorgang ist in Abbildung 3-3 beschrieben. Zwei Protonen stoßen zusammen und verschmelzen. Sie geben ein Positron und ein Neutrino ab. Der übriggebliebene Kern besteht dann nur aus einem Proton und einem Neutron. Dieser Kern hat die gleiche Ladung wie Wasserstoff, ist aber doppelt so schwer; es ist der schwere Wasserstoff, das Deuterium. Trifft ein Wasserstoffkern auf einen Kern des Deuteriums, so vereinigen sich die beiden zu einem Heliumatom, das aus zwei Protonen und einem Neutron besteht. Dieses Helium ist noch nicht das »richtige« Helium, es ist das leichtere Isotop He^3; seine Kernladung ist zwar die des Heliums, seine Massenzahl ist aber geringer. Treffen nun zwei auf diese Weise entstandene Kerne des »leichten« Heliums aufeinander, so verschmelzen sie zu einem »richtigen« Heliumkern, wobei zwei Wasserstoffkerne frei werden. In dieser Kette sind wieder insgesamt vier Wasserstoffkerne zu einem Heliumkern zusammengebaut worden.

Welcher der beiden Prozesse läuft nun in den Sternen ab, die Proton-Proton-Kette oder der Kohlenstoffzyklus?

In Sternen können, wenn die Temperatur hoch genug ist, beide Prozesse vorkommen. Bei 10 Millionen Grad überwiegen die Prozesse der Proton-Proton-Kette. Ist die Temperatur merklich höher, dann überwiegt die Energieproduktion nach dem Kohlenstoffzyklus.

Die Proton-Proton-Kette war möglicherweise bei den ersten Sternen, die sich in unserer Welt gebildet haben, von besonderer Wichtigkeit. Man glaubt heute, daß bei der Entstehung der Welt, beim sogenannten »Urknall«, nur Wasserstoff und Helium entstanden sind, so daß den ersten Sternen die Katalysatorelemente

Abb. 3-3. Die Proton-Proton-Kette. Die Darstellung ist die gleiche wie in Abb. 3-2. Wieder wird Wasserstoff in Helium umgewandelt. Im oberen Bild stoßen zwei Wasserstoffkerne zusammen und bilden einen Deuteriumkern. In der Mitte vereinigen sich ein Deuteriumkern und ein Wasserstoffkern zu einem Heliumisotop. Unten verschmelzen zwei Kerne dieses Isotops zu normalem Helium der Massenzahl 4.

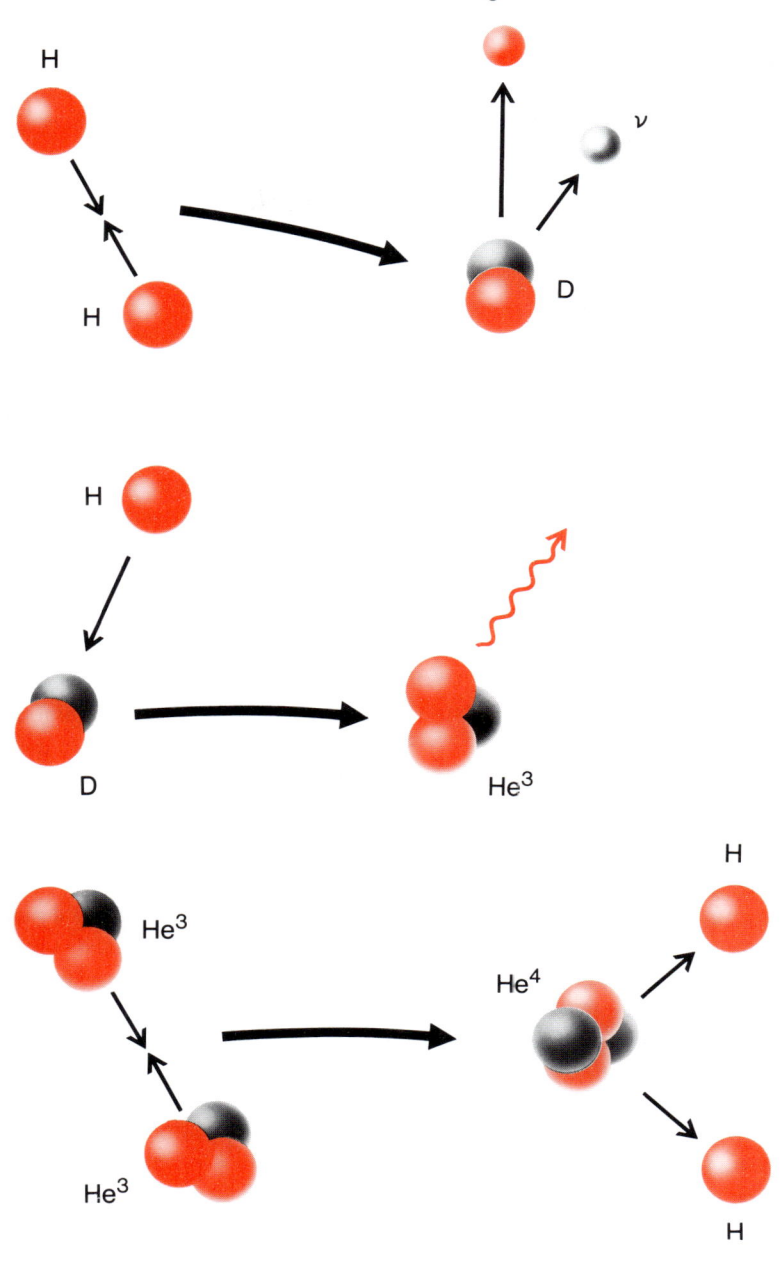

für den Kohlenstoffzyklus fehlten*. Sie müssen dann alle von der Wasserstoff-Fusion nach der Proton-Proton-Kette gelebt haben. Erst später, als sich im Innern der Sterne aus Helium Kohlenstoff bildete – der Prozeß wird im nächsten Abschnitt beschrieben –, standen für die nächsten Generationen von Sternen Katalysatorelemente für den Kohlenstoffzyklus zur Verfügung.

Schwerere Elemente entstehen

Was passiert in einem Stern, wenn sich aller Wasserstoff in Helium verwandelt hat? Edwin Salpeter, der jetzt an der Cornell-Universität in den USA lehrt, zeigte, wie sich Helium in Kohlenstoff umwandeln kann. Eigentlich genügen drei Heliumkerne. Würde man sie vereinigen, so gäben sie einen Kohlenstoffkern der Massenzahl 12. Aber daß drei Heliumkerne gleichzeitig zusammenstoßen, ist ganz unwahrscheinlich. Viel besser geht die Umwandlung in den zwei Schritten vor sich, die in Abbildung 3-4 dargestellt sind: Zwei Heliumkerne stoßen zusammen und bilden ein Atom des Elements Beryllium mit der Massenzahl 8. Diese Berylliumart ist hochgradig radioaktiv, der entstandene Berylliumkern bleibt nur für unvorstellbar kurze Zeit zusammen. Nach einigen Zehnmillionstel einer Milliardstelsekunde zerfällt er wieder in die beiden Heliumkerne, aus denen er entstanden ist. Wird er aber während dieser kurzen Lebenszeit von einem dritten Heliumatom getroffen, entsteht guter, stabiler Kohlenstoff. Fast immer zerfallen die Berylliumkerne wieder, und nur ganz selten hat einer von ihnen die Chance, durch ein herbeifliegendes Heliumatom vor dem Schicksal des Zerfalls gerettet zu werden. Aber in Sternmaterie von 100 Millionen Grad finden doch so viele dieser Umwandlungen statt, daß die dabei freiwerdende Energie den Stern heizen kann.

Wie geht es weiter? Bei etwas höheren Temperaturen vereinigen sich Kohlenstoffatome und zerfallen auf ganz verschiedene Weise in Elemente wie Magnesium, Natrium, Neon und Sauer-

---

* Die Geschichte der Materie, aus der sich die erste Generation von Sternen gebildet haben muß, ist in Steven Weinbergs Buch »Die ersten drei Minuten«, München (Piper) 1977, behandelt.

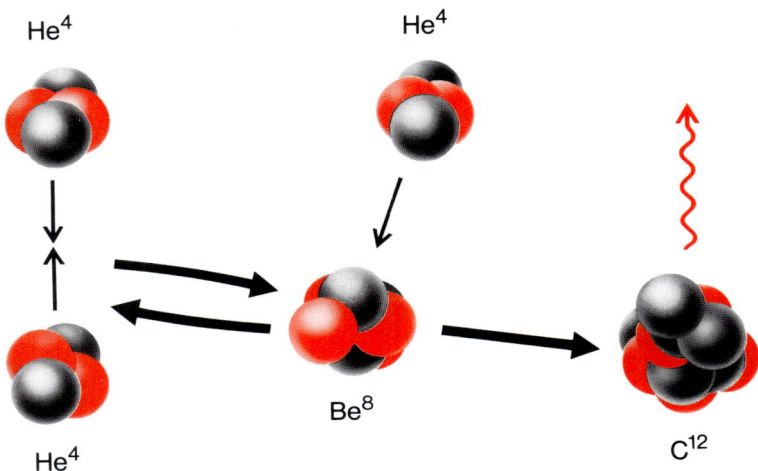

He^4 He^4

He^4 Be^8 C^{12}

Abb. 3-4. Die Fusion des Heliums zu Kohlenstoff. Zwei Heliumkerne verschmelzen zu einem hochgradig radioaktiven Berylliumkern, der sich fast sofort wieder in die beiden Heliumkerne zurückverwandelt. Nur wenn er während seiner kurzen Lebenszeit von einem weiteren Heliumkern getroffen wird, verwandelt er sich in Kohlenstoff und gibt dabei Strahlung ab.

stoff. Sauerstoffatome können sich vereinigen, und Schwefel und Phosphor entstehen. So bilden sich immer schwerere Atomkerne, und man kann sich fragen, ob vielleicht alle chemischen Elemente letztlich im Innern von Sternen aus Wasserstoff und Helium zusammengebraut worden sind. Wir werden in Kapitel 11 auf diese Frage zurückkommen.

Hier genügt es uns, zu wissen, daß Kernreaktionen im Sterninnern ablaufen können, daß vor allem die Fusion des Wasserstoffs zu Helium bei den Bedingungen, wie man sie im Innern der Sterne erwartet, die ungeheure Strahlungsleistung über lange Zeiträume decken kann.

Aber wie sind eigentlich die Bedingungen im Innern der Sterne? Woher wissen wir genauer, welche Temperaturen dort herrschen, dort, wo niemand hineinsehen kann und von wo keine direkte Information zu uns kommt? Warum wir über das Innere der Sterne recht gut Bescheid wissen, besser als über das Innere der Erde, diese Geschichte will ich im nächsten Kapitel beschreiben, und moderne Computer werden dabei eine wichtige Rolle spielen.

4. Sterne und Sternmodelle

Es gibt glücklicherweise eine Möglichkeit, in die Sterne hineinzusehen, etwas über ihr Inneres zu erfahren. Sterne sind ja keine Wunderdinge, die wir nur betrachten können, um ihre Erscheinung mit Ehrfurcht zu bestaunen. Sie sind reale Gegenstände unserer Welt und als solche den Gesetzen der Physik unterworfen. Wir haben hiervon schon Gebrauch gemacht, als wir – ohne es ausdrücklich zu erwähnen – den Satz von der Erhaltung der Energie auf die Sterne anwandten und ausrechneten, wie lange ein Stern von seiner Kernenergie leben kann. Aber nicht nur der Energiesatz, auch alle anderen physikalischen Gesetze müssen in den Sternen gelten, wie an jeder anderen Stelle im Weltall.

Ich will im Folgenden skizzieren, wie die physikalischen Gesetze und die uns bekannten Eigenschaften der Sternmaterie einen Stern in seinem ganzen Aufbau bestimmen, so daß wir mit Hilfe eines Computers gewissermaßen in die Sterne hineinblicken können. Bei einfachen Sternen genügt es, die Menge und die chemische Zusammensetzung ihrer Gasmassen festzulegen; man kann dann, ohne einen solchen Stern am Himmel zu sehen, durch Lösen von Gleichungen am Schreibtisch dessen ganze Struktur eindeutig bestimmen. Man kann nicht nur seine Oberflächentemperatur und Leuchtkraft errechnen und damit den Stern durch einen Punkt im HR-Diagramm darstellen, auch sein Durchmesser kann bestimmt werden, und man kann – und das ist das Interessante – sogar Druck, Temperatur und Dichte in jedem Punkt seines Innern ermitteln. Der Leser, dem das zu sehr ins Detail geht, möge das Folgende erst einmal überschlagen und seine Lektüre mit dem Abschnitt »Ein Modell für die Ursonne« auf Seite 73 fortsetzen. Dort gehen wir davon aus, daß wir die physikalischen Gesetze und die Materialeigenschaften der Sternmaterie, die wir jetzt genauer beschreiben wollen, bereits in einem großen Rechenmaschinenprogramm in einem Computer gespeichert haben; mit diesem Programm wollen wir dann experimentieren.

Schwerkraft und Gasdruck

Sterne müssen – von kurzen Zwischenepisoden abgesehen – im Gleichgewicht sein. Das Gewicht der Sternmaterie, das auf den inneren Schichten lastet, und der Druck des Sterngases halten sich die Waage. Gäbe es keinen Gasdruck, dann würde alle Materie zum Sternmittelpunkt stürzen. Gäbe es keine Schwerkraft, dann würde der Gasdruck die ganze Materie in den Raum zerblasen. In einem Stern müssen sich die Verhältnisse gerade so eingestellt haben, daß beide Wirkungen an jeder Stelle einander genau aufheben. Diese Gleichgewichtsbedingung hilft, den Gasdruck an jeder Stelle im Stern zu berechnen. Wir sahen schon, daß Eddington diese Bedingung benutzt hatte, um den Druck im Zentrum der Sonne abzuschätzen und daraus eine Temperatur von 40 Millionen Grad herzuleiten. Um das zu können, muß man auch etwas über das Gas wissen, aus dem die Sterne bestehen.

Das Material, aus dem sie zusammengesetzt sind, ist kein wundersamer, geheimnisvoller Stoff; es besteht aus Substanzen, die wir auch von der Erde her kennen. Die Eigenschaften von Wasserstoff und Helium, den Hauptbestandteilen der Sterne, aber auch die Eigenschaften der anderen chemischen Elemente sind seit langem in irdischen Laboratorien untersucht worden. Zwar gelingt es auf der Erde nicht, die Stoffe bei Dichten, wie sie im Sterninnern herrschen, auf genügend hohe Temperaturen zu bringen, doch reicht unsere Kenntnis aus, um die Eigenschaften der Materie im Sterninnern abzuschätzen. Dabei hilft uns ein besonders glücklicher Umstand. Wir sind auf der Erde gewohnt, daß Gase geringe Dichten haben. Komprimiert man Luft der Erdatmosphäre oder ein anderes Gas auf die Dichte von Wasser oder auf höhere Dichte, so verändert sich der Druck in komplizierter Weise. Das Gas kann sich verflüssigen oder fest werden. Dadurch wird alles noch komplizierter. Deshalb kennt niemand die Eigenschaften der Materie im Erdzentrum genau, und deshalb wissen wir so wenig über das Innere der Erde. Der Grund dafür ist, daß bei starker Kompression die Atome einander sehr nahe kommen und sich ihre Atomhüllen gegenseitig stören. Wie diese Wechselwirkung der Hüllen verschiedener Atome im einzelnen verläuft, ist bis heute noch nicht völlig berechenbar.

Anders dagegen in Sternen. Dort herrschen hohe Temperaturen. Wo die Materie dicht gepackt ist, ist sie auch gleichzeitig so heiß, daß die Atome längst ihre Elektronenhüllen verloren haben. Die Bindung der Elektronen an die Atomkerne hat sich gelöst, Kerne und Elektronen fliegen frei umher. Die Teilchen beanspruchen jetzt viel weniger Platz als das elektrisch neutrale Wasserstoffatom, das sich aus beiden zusammensetzt. Deshalb verhält sich heiße Sternmaterie wie ein verdünntes Gas, selbst wenn sie schon so dicht ist, daß hundert Gramm und mehr in einem Kubikzentimeter sind. Nur diesem Umstand verdanken wir es, daß wir über das Zentrum der Sonne besser Bescheid wissen als über das Zentrum der Erde. Und selbst wenn in Sternen die Dichte noch weiter ansteigt, dann sind – wieder wegen der hohen Temperaturen – die Eigenschaften des Gases gut bekannt. Nur wenn sich Sternmaterie abkühlt und sich die Atome zu Kristallen anzuordnen beginnen, werden die Eigenschaften der Materie kompliziert. Aber das wird nur bei vereinzelten Sternen wichtig, vor allem bei Weißen Zwergen niedriger Temperatur.

Energieerzeugung und Energietransport

In den Zentren der Sterne herrschen so hohe Temperaturen, daß dort Kernreaktionen ablaufen und Kernenergie frei wird. Hatten uns Atkinson und Houtermans, Bethe und von Weizsäcker in den zwanziger und dreißiger Jahren gezeigt, wie die Atomkerne in den Sternen miteinander reagieren, so haben uns andere Kernphysiker inzwischen mit all der Information versorgt, die auszurechnen gestattet, wieviel Energie ein Gramm Sternmaterie bei bestimmter Dichte und bestimmter Temperatur durch Kernreaktionen freigibt.

Das heiße Zentralgebiet des Sterns gibt Energie ab. Sie muß nach draußen entweichen. Also muß sie die äußere Hülle des Sterns durchdringen. Meist geschieht das durch Strahlung. Eine wichtige Eigenschaft der Sternmaterie ist daher ihre Durchlässigkeit gegenüber Licht- und Wärmestrahlung. Vor allem in den äußeren Schichten der Sterne, dort, wo sich die Atome noch nicht vollständig von ihrer Elektronenhülle befreit haben, werden die Lichtquanten der vom Inneren nach außen dringenden Strahlung von den Restatomhüllen absorbiert, also geschluckt, und nach einiger Zeit wieder abgegeben. Die von innen nach außen gehenden Strahlungsquanten springen von Atom zu Atom, werden absorbiert, emittiert, werden abgelenkt und gelangen nur über viele Hindernisse und Irrwege zur Oberfläche, von wo sie dann endlich unbeschwert wegfliegen können. Der Durchsichtigkeitsgrad der Sternmaterie ist also für den Aufbau des ganzen Sterns sehr wichtig. Komplizierte Rechnungen sind erforderlich, um ihn zu erfassen. Der Astrophysiker ist in der glücklichen Lage, daß Atomphysiker diese Arbeit für ihn erledigen, weil ihnen die Absorptionseigenschaften der Atome auch für andere Dinge wichtig sind.

Nach dem letzten Krieg kam unerwartet Hilfe von ganz anderer Seite dazu. Bei einer Atombombe entsteht im Zentrum der Explosion sehr intensive Licht- und Wärmestrahlung, die von den Atomen der benachbarten Luftmassen absorbiert und wieder emittiert werden. Deshalb müssen die Atombombenexperten, um die Wirkung solch einer Bombe bereits vor ihrer Explosion vorhersagen zu können, die Durchlässigkeitseigenschaften von Gasen gegenüber Licht- und Wärmestrahlung genau kennen.

Trotz aller Geheimhaltung dürfen aber Teile der Ergebnisse der dafür nötigen Rechnungen veröffentlicht werden. Sie stehen damit den Astrophysikern zur Verfügung. Im Atomforschungszentrum Los Alamos in den USA gibt es eine ganze Gruppe von Wissenschaftlern, die astrophysikalisch arbeiten. Wissenschaftler in Ost und West benutzen einträchtig und mit viel Erfolg die dort berechneten Tabellen, welche die Durchlässigkeitseigenschaften von Sternmaterie bei verschiedenen Dichten und Temperaturen enthalten. Die ost-westliche Eintracht drückt sich schon darin aus, daß die Los-Alamos-Forscher Teile ihrer berechneten Tabellen in einer Zeitschrift der Sowjetischen Akademie der Wissenschaften veröffentlicht haben.

Brodelnde Sternmaterie

Manchmal ist in einem Stern der nach außen drängende Strahlungsstrom zu stark, die Durchlässigkeit der Sternmaterie so schlecht, daß sich die Energie im Sterninnern staut. Der Stern hilft sich dann auf andere Weise, die Energie doch nach außen zu bringen. Wir kennen den Vorgang von der Erde her. Wenn eine Herdplatte erhitzt wird, strahlt sie zwar einen Teil ihrer Energie in den Raum; es kommt aber noch eine andere Art von Energieabtransport hinzu. Die Luft über der Herdplatte erwärmt sich, dehnt sich aus, verringert also ihre Dichte und steigt deshalb auf und macht kühleren Luftmassen Platz. Die erwärmte Luft schafft Energie von der Platte zu anderen Stellen im Raum. Wir sprechen von Energietransport durch *Konvektion*. Wenn wir ein Zimmer durch einen Heizkörper erwärmen, so lassen wir die Energie durch Strahlung und durch Konvektion transportieren. Über einem offenen Feuer, über einer von der Sonnenstrahlung erhitzten Asphaltstraße steigen heiße Gasballen auf und transportieren Wärme nach oben; kühlere Gasmassen kommen von oben nach unten, um sich zu erwärmen, und steigen nach einiger Zeit gleichfalls auf. Die Konvektion spielt im Energiehaushalt der Erdatmosphäre eine große Rolle; deshalb haben sie die Meteorologen schon vor den Astrophysikern untersucht.

Es gibt viele Sterne, in denen die Materie in wallende Bewegung gerät, wenn die Strahlung nicht alles schafft und dann Konvektion den Energietransport übernehmen muß. Durch die äußeren Schichten unserer Sonne wird die Energie nicht in Form von Strahlung transportiert, sondern von erhitzten Gasballen nach außen getragen. Wir können das brodelnde Gas der Sonne schon mit kleineren Fernrohren sehen, wenn wir ihr grelles Licht mit einem starken Filter dämpfen. Die Sonnenoberfläche ist nicht gleichförmig hell, wir sehen aufsteigende heiße, helle Ballen von etwa 1000 Kilometer Durchmesser neben kühlen, dunklen, absteigenden Gasmassen. Abbildung 4-1 zeigt ein Augenblicksbild der Sonnenoberfläche mit der sich ständig ändernden fleckigen Struktur, die der Astronom *Granulation* nennt. Sie zeigt, daß die auf der Erde wohlbekannte Konvektion auch in Sternen wichtig werden kann.

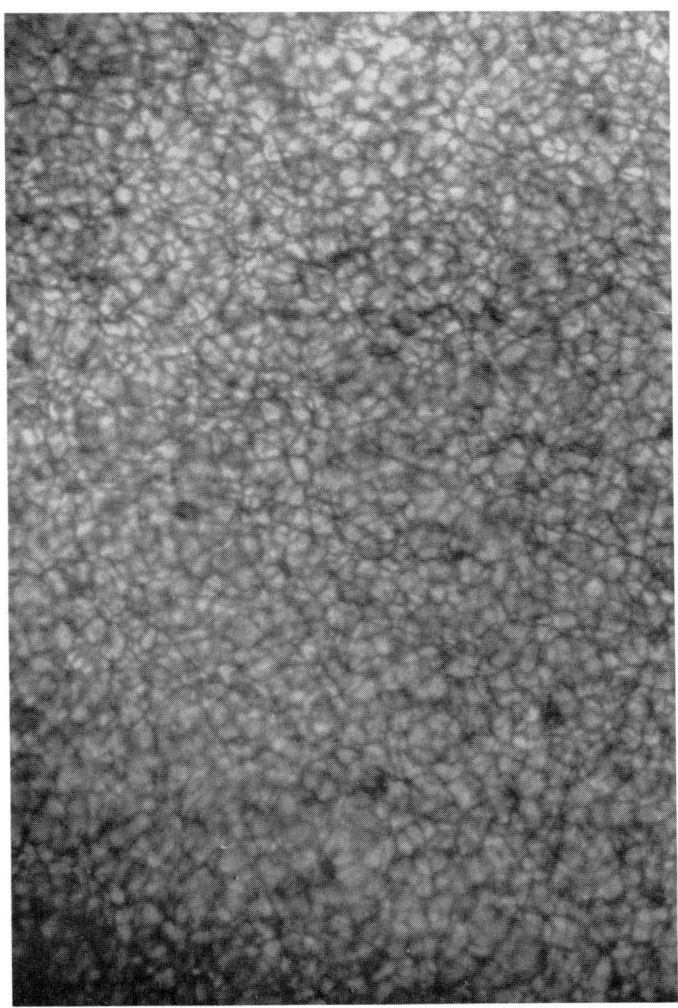

Abb. 4-1. Die Granulation der Sonnenoberfläche. Da in den äußeren Schichten der Sonne die von innen nach außen drängende Energie durch Konvektion transportiert wird, steigen an der Sonnenoberfläche heiße und damit hellere Gasballen auf, während kühlere (im Bild dunklere) Gasmassen absinken. Diese Strömungen geben der Sonnenoberfläche eine sich ständig ändernde körnige Struktur. Eine Strecke vom Durchmesser der Erde hat im Bild eine Länge von 14 mm.

(Aufnahme: D. Soltau mit dem 40-cm-Vakuumreflektor des Kiepenheuer-Instituts für Sonnenphysik [Freiburg] in Izana [Teneriffa])

Sterne im Computer

Ich habe hier nur einige Beispiele angeführt für alle die Gesetze und Materialeigenschaften, die wir kennen und die uns verstehen helfen, wie es im Innern eines Sterns aussieht. Mit all diesem Wissen – das meiste war schon vor dem Zweiten Weltkrieg bekannt – kann man versuchen, den Aufbau eines Sterns direkt am Schreibtisch zu errechnen. Der erste, der dies tat, war der Thermodynamik-Professor der Münchener Technischen Hochschule Robert Emden. Er wurde mit seinem 1907 erschienenen Buch »Gaskugeln« zum Klassiker der Theorie des Sternaufbaus. Dann folgten in England Arthur Eddington und später Thomas Cowling und Subrahmanyan Chandrasekhar. Sie haben in den zwanziger und dreißiger Jahren »Sternmodelle« konstruiert, die schon grob Aufschlüsse über das Innere der Sterne gaben.

Mit der Entwicklung moderner Computeranlagen ist es möglich geworden, das Problem neu anzugreifen und Sterne gewissermaßen im Computer zu simulieren. Was heißt das? Man mußte elektronische Rechenmaschinen die Gesetze lehren, die den Aufbau eines Sterns bestimmen. Man mußte in ihnen Informationen über die Materialeigenschaften der Sterne speichern, das heißt, man mußte den Maschinen Daten einfüttern, etwa den Druck des Sterngases bei allen in Frage kommenden Dichten und Temperaturen. Man mußte einprogrammieren, nach welchen Gesetzen sich der Wasserstoff der Sternmaterie in Helium umwandelt und wieviel Energie dabei frei wird. Man mußte den Computer lehren, wie die im Innern der Sterne freiwerdende Energie durch die Sternmaterie hindurch zur Oberfläche gelangen kann, wann Strahlung, wann Konvektion die Energie transportiert. Alle diese Einzelinformationen mußten in einem großen Rechenmaschinenprogramm zusammengefaßt werden.

Man kann heute im Computer Sterne nachkonstruieren und ihre Entwicklung theoretisch nachvollziehen. In langen Listen druckt der Rechner Temperatur, Dichte, Gasdruck und die Stärke des nach außen gehenden Energiestromes für die verschiedenen Schichten des Sterns. Eine solche Liste beschreibt den Aufbau eines Sterns zu einem bestimmten Zeitpunkt; wir sagen, der Rechner habe uns ein *Sternmodell* geliefert.

Ein Modell für die Ursonne

Denken wir uns also, wir hätten solch ein Rechenprogramm und wir hätten eine hinreichend große Rechenmaschine zur Verfügung. Wir wollen nun damit Sternmodelle konstruieren. Zuerst müssen wir festlegen, welche chemische Zusammensetzung wir der Sternmaterie geben wollen. Einigen wir uns auf die Mischung der chemischen Elemente, die wir in der Sonne beobachten und die wir in fast allen Sternen wiederfinden. Nehmen wir also an, daß im Kilogramm Sternmaterie 700 Gramm Wasserstoff und 270 Gramm Helium sind und daß sich die übrigen schwereren Elemente, vor allem Kohlenstoff und Sauerstoff, in die restlichen 30 Gramm teilen. Der Computer muß bei der nun folgenden Rechnung die Materialeigenschaften, vor allem die Strahlungsdurchlässigkeit der Sternmaterie, immer genau für diese chemische Mischung bestimmen. Er muß jetzt nur noch die Menge der Materie kennen, die wir in unseren Modellstern stecken wollen. Nehmen wir etwa so viel Masse, wie in der Sonne vereinigt ist. Mit Hilfe der im Programm zusammengefaßten Naturgesetze und der ihr bekannten Materialeigenschaften berechnet uns die Maschine ein Sternmodell. Heutzutage sind Rechenmaschinen so schnell, daß das Ergebnis dieser Aufgabe in weniger als einer Minute vorliegt. Das Sternmodell, das wir mit den Sonnendaten erhalten, kommt etwas kleiner als unsere Sonne heraus; sein Durchmesser ist nur 92 % des Sonnendurchmessers, und es strahlt weniger Energie ab, als wir erwarteten – seine Leuchtkraft macht nur 75 % der Leuchtkraft der wirklichen Sonne aus. Die Temperatur an der Oberfläche liegt mit 5620 Grad etwa um 180 Grad zu niedrig. Wir wollen uns zunächst nicht um diese Unterschiede kümmern und statt dessen das Sternmodell erst noch ein wenig genauer betrachten. Im HR-Diagramm liegt es recht gut auf der Hauptreihe, etwas unterhalb der richtigen Sonne.

In Abbildung 4-2(a) ist das Innere unseres Sonnenmodells wiedergegeben*. Die dort gewählte Art der Darstellung werden wir

---

* Obwohl viele Astrophysiker vor und nach ihm Sonnenmodelle gerechnet haben, stütze ich mich bei den Zahlwerten auf die Modelle, die Kurt von Sengbusch 1967 in seiner Göttinger Dissertation gefunden hat. Auch später, wenn ich die Entwicklungsgeschichte der Sonne beschreiben werde, liegen seine Ergebnisse zugrunde.

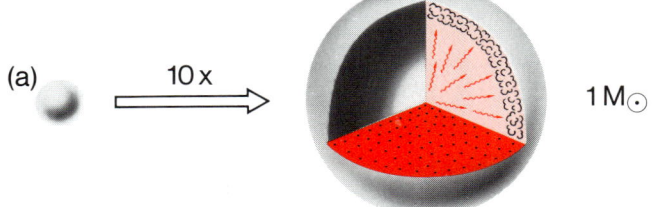

(a)   10 x $\longrightarrow$ 1 M$_\odot$

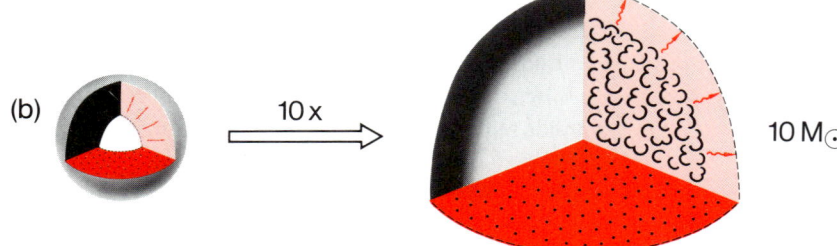

(b)   10 x $\longrightarrow$ 10 M$_\odot$

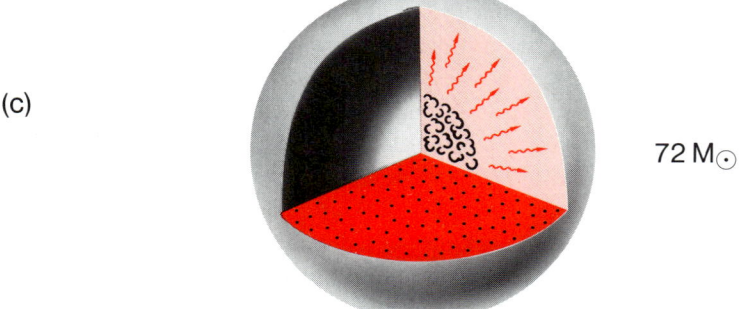

(c)   72 M$_\odot$

(d)   10 x $\longrightarrow$ 0,6 M$_\odot$

74

in diesem Buch noch öfters verwenden. Sie ist in der Bildunterschrift ausführlich erläutert.

Im Zentrum hat die Materie unseres Modells eine Dichte von 100 Gramm pro Kubikzentimeter, sie ist also etwa dreizehnmal so dicht wie festes Eisen. Der Druck beträgt 130 Milliarden Atmosphären. Die Temperatur im Zentralgebiet liegt bei 10 Millionen Grad. Bei dieser Temperatur laufen Kernreaktionen ab: Über die Proton-Proton-Kette wird Kernenergie erzeugt! Wir haben also einen Stern erhalten, der seine Leuchtkraft aus der Fusion des Wasserstoffs deckt! Die Energie wird in den Innenbereichen durch Strahlung nach außen transportiert, aber in den äußeren Schichten reicht dieser Transportmechanismus nicht aus. Konvektion muß die Energie zur Oberfläche bringen. Gasmassen steigen auf und sinken ab, genau wie man es auf der Sonnenoberfläche in der Granulation sieht.

Fassen wir zusammen: Wir haben aus Materie von der chemischen Zusammensetzung der Sonne und aus der gleichen Masse einen Stern konstruiert und erhalten ein Objekt, das im HR-Diagramm auf der Hauptreihe steht, das in seinem Innern Wasserstoff zu Helium verbrennt, das in den Außenschichten konvektiv ist wie die Sonne und in seinen sonstigen Eigenschaften der Sonne ähnelt.

Aber warum haben wir nicht genau die Sonne erhalten, woher rühren die Unterschiede? Ist noch etwas falsch in unserem Programm? Wie wir sehen werden, rührt der Unterschied zur richtigen Sonne einfach daher, daß wir unserer Sonnenmaterie eine ein-

Abb. 4-2. Der innere Aufbau von Sternmodellen verschiedener Masse. Die Masse ist wieder in Einheiten der Sonnenmasse $M_\odot$ angegeben. In den Teilbildern (a), (b), (d) sind links die Sterne jeweils im gleichen Maßstab gezeichnet. Im gleichen Maßstab ist auch das Teilbild (c) gehalten. Um den inneren Aufbau deutlicher darzustellen, sind in (a) und (d) die Sternmodelle noch einmal mit zehnfacher Vergrößerung herausgezeichnet, im Teilbild (b) wurde nur das links freigelassene Innengebiet herausvergrößert. Die drei Schnittflächen stellen chemische Zusammensetzung (unten), Energieerzeugung (links oben) und Energietransport (rechts oben) dar. Punkte in der unteren Schnittfläche zeigen die Gebiete, bei denen die chemischen Elemente noch im ursprünglichen Mischungsverhältnis sind. Es herrscht also in allen Sternmodellen noch die ursprüngliche wasserstoffreiche Mischung vor. Helle Gebiete in der linken oberen Schnittfläche zeigen an, wo Energie durch Kernreaktionen frei wird. Gewellte Pfeile im rechten oberen Sektor zeigen, wo die Energie durch Strahlung, wolkige Gebiete, wo sie durch Konvektion nach außen transportiert wird.

heitliche chemische Zusammensetzung gegeben haben. Die wirkliche Sonne strahlt ja schon seit weit mehr als drei Milliarden Jahren, und längst muß sich in ihrem Zentralgebiet neu entstandenes Helium angereichert haben. Das haben wir nicht berücksichtigt. Wir konstruierten eine Sonne und taten so, als ob ihr Zentrum die gleiche chemische Zusammensetzung hat wie ihr Äußeres. Wir konstruierten also eine Sonne, die gerade erst mit ihrem nuklearen Brennen begonnen hat, eine Sonne am Anfang ihres Lebens. Wir haben die *Ursonne* konstruiert. Ehe wir sehen, wie wir von der Ursonne zur Sonne von heute kommen, wollen wir das gleiche Rechenexperiment für Sterne anderer Masse, aber chemisch gleicher Materie machen.

Die Ur-Hauptreihe wird gefunden

Nehmen wir also Materie von der chemischen Zusammensetzung der Sonne; doch verlangen wir vom Computer, daß er uns jetzt ein Sternmodell baut, das aus zweimal soviel Masse besteht! Nach weniger als einer Minute druckt er uns die Liste für das neue Modell aus. Der Stern, den es beschreibt, lebt gleichfalls von der Fusion des Wasserstoffs. So können wir eine ganze Reihe von Massen in Auftrag geben und die zugehörigen Sternmodelle berechnen lassen. Was finden wir? Alle leben sie von der Fusion des Wasserstoffs. Während aber Sterne von etwa einer Sonnenmasse und alle masseärmeren ihre Kernenergie aus der Proton-Proton-Kette gewinnen, wird in den massereichen Sternen der Wasserstoff über den Kohlenstoffzyklus in Helium verwandelt.

Die Rechenmaschine gibt uns für jedes Sternmodell auch Leuchtkraft und Oberflächentemperatur an. Damit sind wir in der Lage, unsere Modelle wasserstoffbrennender Sterne in das HR-Diagramm einzutragen (vgl. Abb. 4-3). Und siehe da, alle liegen sie im Diagramm auf einer Linie, die von links oben nach rechts unten geht: die massereichsten oben, die masseärmsten weiter unten. Wir haben die Hauptreihe neu entdeckt, diesmal aber nicht durch Beobachtung der Sterne; wir fanden sie wieder in den Computerlisten, die wasserstoffbrennende Sterne verschiedener Masse beschreiben. Hatten wir früher aufgrund der Lebensdauer der

Abb. 4-3. Eine Serie von Sternmodellen verschiedener Masse (sie bestehen alle aus der gleichen wasserstoffreichen chemischen Mischung) bildet im HR-Diagramm eine Hauptreihe mit allen Eigenschaften der beobachteten Hauptreihe. Die Massen der einzelnen Modelle sind in Einheiten der Sonnenmasse ($M_\odot$) angegeben. Man sieht, daß die Abstrahlung der Hauptreihensterne mit zunehmender Masse stark anwächst.

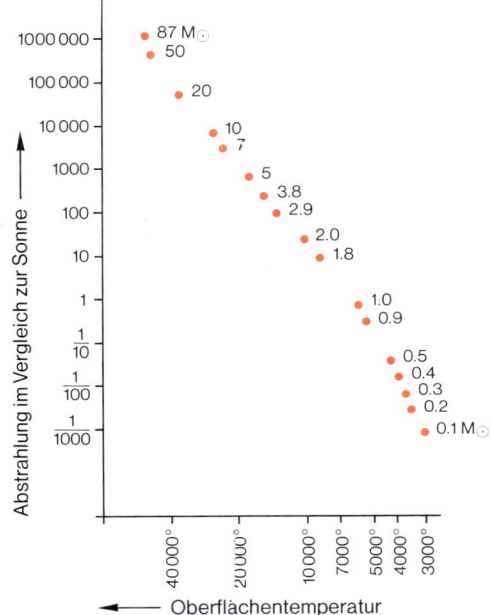

Sonne und der übrigen Hauptreihensterne nur vermutet, daß sie ihre Leuchtkraft aus der Fusion des Wasserstoffs decken, so ist diese Vermutung jetzt Gewißheit geworden. Die Hauptreihe ist der Ort im HR-Diagramm, an dem die Sterne stehen, wenn sie von der Kernenergie des Wasserstoffs leben!

Eine andere Eigenschaft der Hauptreihensterne wird von den theoretischen Sternmodellen gleichfalls wiedergegeben, wir hatten sie oben schon angedeutet: der beobachtete Zusammenhang zwischen Masse und Leuchtkraft. Konstruiert man ein Sternmodell für zehn Sonnenmassen, dann ist seine Leuchtkraft wesentlich größer als die eines Modells für eine Sonnenmasse, und diese Zunahme der Leuchtkraft mit der Masse der Sternmodelle stimmt gut mit der beobachteten Masse-Leuchtkraft-Beziehung überein, so wie sie in Abbildung 2–4 dargestellt ist.

Für alle auf diese Weise gewonnenen Sternmodelle gilt, was wir schon für die Sonne betonten. Sie geben die Sterne zur Zeit des Beginns der Fusion des Wasserstoffs wieder. Sie stellen die *Ursterne* dar. Folglich ist die aus ihnen konstruierte Hauptreihe nicht diejenige der am Himmel beobachteten Sterne, sondern die Hauptreihe der Ursterne, die *Ur-Hauptreihe*. Da sich die Sterne aber – solange sie nicht deutliche Erschöpfungszustände bekommen – nicht allzuviel ändern, unterscheidet sich die Ur-Hauptreihe nicht sehr von der beobachteten Hauptreihe.

Da die Sternmodelle in ihren von außen her beobachtbaren Erscheinungen gute Übereinstimmung mit wirklichen Sternen zeigen, kann man hoffen, daß auch das Innere durch die im Computer errechneten Modelle gut wiedergegeben wird. Die Modellrechnung gestattet uns damit, einen Blick ins tiefe Innere der Sterne zu werfen, das dem beobachtenden Astronomen verschlossen ist. Wir haben das bei der Sonne getan; wir werden zwei weitere Sterne durchleuchten, einen massereichen und einen massearmen Stern.

Das Innere des Sterns Spica

Wir nehmen als Beispiel für einen massereichen Stern ein Sternmodell, das für die zehnfache Masse der Sonne konstruiert ist. Da auch Spica aus etwa zehn Sonnenmassen Materie zusammengesetzt ist, müßte das Computermodell die Eigenschaften von Spica wiedergeben. In der Tat stimmen Oberflächentemperatur und Leuchtkraft recht gut mit den entsprechenden Größen von Spica überein. Wie sieht das Sternmodell im Innern aus? Die Zentraltemperatur beträgt 28 Millionen Grad. Die im Zentrum frei werdende Energie entstammt dem Kohlenstoffzyklus. Die Leuchtkraft wird in einer Kugel erzeugt, deren Durchmesser fünfmal kleiner ist als der Durchmesser des ganzen Sterns. Dort entsteht so viel Energie, daß Strahlung nicht alles abtransportieren kann. Konvektion muß eingreifen; die innersten 22 % der Masse des Sterns befinden sich in konvektivem Zustand (vgl. Abb. 4–2(b)). Außerhalb dieses Gebietes wird die Energie durch Strahlung transportiert. Lichtquanten drängen nach außen, immer wieder von Atomen und Elektronen auf ihrem Weg aufgehalten und abgelenkt, bis sie schließlich zur Oberfläche kommen und dort die Leuchtkraft des Sterns bestimmen. Die Dichte im Zentrum ist nicht ganz 8 Gramm pro Kubikzentimeter. Die immer noch gasförmige Sternmaterie hat also dort die Dichte von festem Eisen. Der Druck, den die Sternmasse durch ihr eigenes Gewicht auf ihr Zentrum ausübt, beträgt 35 Milliarden Atmosphären. So sieht es also im Innern der Spica aus, des hellsten Sterns in der Jungfrau.

Alle Sterne, die aus wesentlich mehr Masse zusammengesetzt sind als die Sonne, transportieren wie Spica in ihrem Zentralgebiet die Energie durch Konvektion. Das sieht man auch in dem in Abbildung 4-2(c) dargestellten Modell eines Sterns von 72 Sonnenmassen. Man beachte dort, daß Hauptreihensterne größerer Masse auch größere Durchmesser haben.

Wir hatten schon das Modell der Ursonne besprochen. Wenden wir uns jetzt einem Stern zu, der merklich weniger Masse enthält als die Sonne.

Der Rote Zwerg im Schwan

Im Sternbild Schwan – Cygnus ist der lateinische Name – steht ein Stern, der allen Astronomen geläufig ist, 61 Cygni. Er wurde berühmt, weil der uns schon von der Geschichte der Entdeckung des Siriusbegleiters her bekannte Friedrich Wilhelm Bessel zwischen 1837 und 1838 eine neue Methode der Entfernungsbestimmung an ihm zum erstenmal erprobte (vgl. Anhang B).

61 Cygni ist in Wahrheit ein Doppelsternsystem: Zwei Sterne von einer halben und von 0.6 Sonnenmassen bewegen sich in 720 Jahren einmal um ihren gemeinsamen Schwerpunkt. Wir interessieren uns hier für den massereicheren der beiden, 61 Cygni A. Er ist ein Hauptreihenstern, seine Oberflächentemperatur beträgt 4000 Grad. Er ist kleiner und merklich kühler als die Sonne und zählt daher zu den roten Sternen: Er ist ein *Roter Zwerg*.

Konstruiert man im Computer ein Sternmodell für 0.6 Sonnenmassen, so hat es ungefähr die gleichen äußeren Eigenschaften wie 61 Cygni A, es steht an der gleichen Stelle im HR-Diagramm. Wie sieht das Innere dieses Roten Zwerges aus? Wir haben das Modell in Abbildung 4–2(d) dargestellt. Die Temperatur im Zentrum beträgt nur noch 8 Millionen Grad. Alle Kernreaktionen laufen dort nach der Proton-Proton-Kette ab. Die Zentraldichte des Sterns ist mit 65 Gramm pro Kubikzentimeter geringer als die im

Zentrum der Sonne. Der Zentraldruck von 75 Milliarden Atmosphären ähnelt dem der Spica. Die Energie wird im Inneren durch Strahlung transportiert. Im äußeren Teil hat man Konvektion wie in der Sonne, jedoch in einem merklich dickeren Bereich. Dicke äußere Konvektionszonen sind typisch für rote Sterne.

Je weiter man auf der Hauptreihe nach unten geht, zu kühleren und damit röteren Zwergsternen, um so dicker wird die äußere Konvektionszone. Besteht ein Stern nur noch aus einigen Zehnteln der Masse der Sonne, so ist seine Materie durch und durch von der Oberfläche bis zum Zentrum in konvektiver Bewegung.

Eigenschaften der Ur-Hauptreihe

Nun verstehen wir im groben die Eigenschaften der Hauptreihensterne. Damit haben wir viel erreicht, denn immerhin gehören mehr als 90 % aller Sterne zu ihnen. Wir wissen jetzt: Sie alle leben von der Fusion des Wasserstoffs zu Helium. Die Eigenschaften des Wasserstoffatoms bestimmen den Energiehaushalt und damit auch die äußeren Eigenschaften der Hauptreihensterne. Da zu ihnen Farbe und Helligkeit gehören – also Eigenschaften, die wir am Nachthimmel schon mit freiem Auge an den Sternen wahrnehmen –, können wir mit gewissem Recht sagen, daß wir in den Sternen die an den Himmel projizierten Eigenschaften des Wasserstoffatoms sehen. Hätte dieses Atom andere Eigenschaften, sähen die Sterne anders aus.

Wie weit erstreckt sich die Hauptreihe? Kann die Natur aus jeder beliebig vorgegebenen Menge wasserstoffreicher Materie einen Stern bauen, der von der Fusion des Wasserstoffs lebt? Wie weit erstreckt sich die Hauptreihe nach unten zu niedrigeren Massen? Kann es Sterne geben, die aus nicht mehr Masse bestehen als ein Mensch?

Wenn man den Computer, von einer Sonnenmasse ausgehend, immer masseärmere Sterne konstruieren läßt, dann wird bei diesen Modellen die Zentraltemperatur immer niedriger. Die Proton-Proton-Kette läuft bald gar nicht mehr vollständig ab. Oft bleibt die letzte Reaktion, die Verschmelzung von zwei He^3-Kernen, aus, die Umwandlung des Wasserstoffs zu He^4 ist nicht mehr möglich. Geht man bis zu etwa acht Hundertstel Sonnenmassen hinunter, dann erhält man keine wasserstoffbrennenden Sterne mehr. Die Temperatur in ihrem Inneren würde nicht ausreichen, Wasserstoffkerne verschmelzen zu lassen. Hauptreihensterne, also Sterne, die von der Fusion des Wasserstoffs leben, gibt es also nur hinab bis zu etwas weniger als einem Zehntel der Sonnenmasse. Dort endet die Hauptreihe. Verlangt man vom Computer, daß er Modelle für masseärmere wasserstoffbrennende Sterne konstruiert, dann streikt er. Wenn ich in einem gigantischen Weltraumexperiment etwa aus einem Tausendstel der Masse der Sonne einen Stern formen wollte, dann mag alles mögliche daraus werden, etwa ein Körper, der vielleicht einem Planeten gleicht – keinesfalls wird daraus ein wasserstoffbrennender Mini-Stern.

Wie ist es nun mit dem massereichen Ende der Hauptreihe? Was wird, wenn ich beim Computer Sterne von hundert, tausend, von einer Million Sonnenmassen in Auftrag gebe? Für solche gigantischen Massen liefert der Rechner tatsächlich Sternmodelle. Aber die Sterne haben eine merkwürdige Eigenschaft: Wenn sie für einen kurzen Augenblick geringfügig zusammengedrückt würden, dann würde auch ihr Zentralgebiet merklich verdichtet, und die Temperatur stiege dann dort an. Die Wasserstoff-Fusion, die bei diesen Sternen nach dem Kohlenstoffzyklus abläuft, würde durch eine solche Erhitzung so angefacht, daß die freiwerdende Energie die zusammengedrückte Sternmaterie wieder mit Schwung nach außen treiben würde. Daraufhin aber würde sich das Zentralgebiet merklich abkühlen, die Kernenergieproduktion würde abnehmen, der Gasdruck würde sich verringern, und die Schwerkraft würde die sich nach außen bewegende Materie wieder zurückholen. Diese jetzt nach innen fallenden Massen würden das Zentralgebiet wieder zusammendrücken, und das Spiel begänne von neuem.

Genauere Rechnungen zu diesem Vorgang, wie sie unter anderen der jetzt in Heidelberg arbeitende Astronom Immo Appenzeller durchgeführt hat, zeigen, daß diese Schwingungen immer stärker würden, bis bei jeder Ausdehnung ein kleiner Teil der Außenschichten des Sterns mit solcher Geschwindigkeit in den Raum geschossen würde, daß er nicht mehr zurückfiele. Mit jeder Schwingung würde der Stern Masse verlieren, und das würde so lange weitergehen, bis unser Superstern nur noch etwa 90 Sonnenmassen übrig behält. Dann hört der Teufelskreis für ihn auf. Das Zentralgebiet erhitzt sich nicht mehr merklich beim Zusammendrükken, die Kernprozesse antworten nicht mehr mit einer so starken Überproduktion, die Schwingung verschlimmert sich nicht mehr. Der Stern ist ein anständiger Hauptreihenstern von 90 Sonnenmassen geworden, der seinen Wasserstoff ruhig vor sich hinbrennt.

Nun mag man meinen, das alles passiere ja nur, wenn – wie anfangs angenommen – jemand unseren Superstern zusammendrükken würde, dann erst beginnt ja nach unseren Überlegungen der sich immer mehr verstärkende Zyklus von Ausdehnen und Zusammenfallen. Glücklicherweise sei im Weltall niemand da, der an den Sternen herumdrückt. Man muß aber darauf zu bedenken geben, daß schon das kleinste Zusammendrücken genügt, um die Schwingungen in Gang zu setzen, die kleinste Abweichung vom Gleichgewicht. Die Welt ist immer voll von Störungen. Wenn den Stern auch niemand von außen her beeinflußt, so genügen allein die Bewegungen seiner Atome im Innern oder gar die Bewegung seiner Materie in den Bereichen, in denen die Energie durch Konvektion nach außen transportiert wird, um die Schwingungen anzufachen und ihn so lange schwingen zu lassen, bis er hinreichend viel Masse verloren hat.

So finden wir ein natürliches oberes Ende der Hauptreihe unserer Sternmodelle. Auch das stimmt ganz gut mit der Beobachtung überein. Noch niemand hat einen Stern gefunden mit wesentlich größerer Masse als der theoretisch vorhergesagten oberen Grenze.

Wir haben es mit unseren Computermodellen einigermaßen richtig getroffen. Aber sie beschreiben nur Ursterne, Sterne, die gerade erst zu leben begonnen haben. Bald hat sich der Wasserstoff in ihren Zentralgebieten verringert – bei den massereichen Sternen zuerst, nach hinreichend langer Zeit aber auch bei denen geringerer Masse. Die Sterne beginnen zu altern. Im nächsten Kapitel werden wir diesen Prozeß am Modell der Sonne studieren.

5. Die Lebensgeschichte der Sonne

Das Helium ist die Asche des Wasserstoffbrennens. Während die Ursonne von ihrer Oberfläche Strahlungsenergie in das Weltall schickt, entsteht in ihrem Innern aus Wasserstoff Helium. Im Laufe der Zeit ist immer mehr Wasserstoff verbraucht. Für das Modell der Ursonne hatten wir angenommen, daß es einheitlich aus wasserstoffreicher Materie zusammengesetzt ist. Nun aber reichert sich frisch entstandenes Helium im Zentralgebiet unseres Sonnensterns an. Das Modell, das uns der Computer geliefert hat, wird bald nicht mehr richtig sein.

Von der Ursonne zur Sonne von heute

Wenn man ein Modell für einen Hauptreihenstern konstruiert, dann findet man, wieviel Energie an jeder Stelle seines Zentralgebietes durch die Fusion von Wasserstoff erzeugt wird. Man weiß also auch, wieviel Helium dort in jeder Sekunde entsteht. Im Zentrum der Ursonne bildet sich in jedem Kilogramm Materie im Laufe eines Jahres ein Zehnmillionstel Gramm neues Helium. Wenn man also für jede Stelle im Stern ausrechnet, wieviel Helium nach einer Million Jahren entstanden ist, so kennt man die chemische Zusammensetzung eines Sonnenmodells, das unsere Sonne eine Million Jahre nach dem Beginn der Fusion des Wasserstoffs beschreibt.

Mit der im Zentralgebiet etwas veränderten chemischen Zusammensetzung muß man nun den Computer ein neues Sternmodell rechnen lassen; denn dort, wo jetzt der Heliumanteil größer geworden ist, haben sich auch die Materialeigenschaften etwas geändert. Die Durchlässigkeit gegenüber Strahlung hat sich geändert, und die Kernreaktionen haben nicht mehr ganz soviel Wasserstoff zur Verfügung wie in der Ursonne. Das damit neu berechnete Sternmodell beschreibt, wie die Sonne eine Million Jahre nach dem Einsetzen der Kernreaktionen ausgesehen hat. Es ist von der Ursonne nur wenig verschieden, denn eine Million Jahre sind ein Nichts im Vergleich zu den Milliarden Jahren, welche die Sonne mit ihrem Brennstoff auskommt. Die Oberflächentemperatur des neuen Modells ist daher noch fast dieselbe wie die der Ursonne, seine Leuchtkraft nur wenig größer. Obwohl jetzt im Zentrum weniger Wasserstoff zur Verfügung steht, ist bei dem neuen Modell die Temperatur im Sternzentrum etwas angestiegen. Das hat zur Folge, daß dort sogar etwas mehr Energie erzeugt wird als vorher.

Auch das neue Sonnenmodell sagt uns, wo Energie frei wird und wieviel Wasserstoff sich dort in jeder Sekunde umwandelt. Also können wir wiederum bestimmen, wie die chemische Zusammensetzung eine Million Jahre später sein wird. Und für diese neue Mischung der chemischen Elemente können wir die Rechenmaschine ein neues Sternmodell konstruieren lassen.

So können wir ein Modell für die Sonne an das andere reihen. Da wir für jedes Sternmodell auch die Oberflächentemperatur und die Leuchtkraft erhalten, läßt sich ein Modell nach dem anderen in das HR-Diagramm einzeichnen. Ausgehend vom Punkt der Ursonne in diesem Diagramm entsteht auf diese Weise eine Kette von Punkten, die beschreiben, wie sich die Sonne im Laufe ihrer Entwicklung durch das HR-Diagramm bewegt. So finden wir den *Entwicklungsweg* der Sonne. In Abbildung 5-1 ist er dargestellt, und an mehreren Stellen ist die Zeit angeschrieben, die seit dem Beginn der Fusion des Wasserstoffs verstrichen ist.

Der Entwicklungsweg unserer Computersonne geht über den Punkt im Diagramm, an dem die Sonne heute steht. Damit sehen wir, was wir im Abschnitt über das Modell der Ursonne schon sagten; daß nämlich der Unterschied in den Eigenschaften von Ursonne und gegenwärtiger Sonne ein Entwicklungseffekt ist. Erst wenn sich im Zentralgebiet das Helium angereichert hat, nimmt unser Sonnenmodell die Eigenschaften der Sonne von heute an. Das ermutigt uns zu glauben, daß unsere Sonnenrechnungen richtig sind. Damit erfahren wir jetzt das Alter der wirklichen Sonne. Die Kette der Sternmodelle von der Ursonne zur heutigen Sonne überbrückt einen Zeitraum von 4.5 Milliarden Jahren. So alt ist

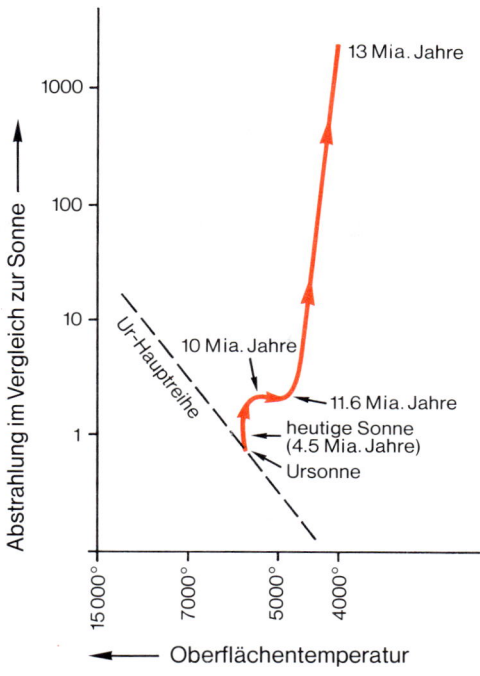

Abb. 5-1. Der Entwicklungsweg der Sonne im HR-Diagramm. Von der Ursonne geht die Entwicklung über die heutige Sonne von der Ur-Hauptreihe weg in das Gebiet der Roten Riesen. Die Altersangaben bezeichnen die Zeit, die seit dem Zünden des Wasserstoffs in der Ursonne verstrichen ist.

(Diagramm-Beschriftungen:) Abstrahlung im Vergleich zur Sonne — 1000, 100, 10, 1 — Ur-Hauptreihe — 13 Mia. Jahre — 10 Mia. Jahre — 11.6 Mia. Jahre — heutige Sonne (4.5 Mia. Jahre) — Ursonne — Oberflächentemperatur — 15 000°, 7000°, 5000°, 4000°

unsere Sonne. So lange hat es gedauert, bis sich aus der Ursonne die heutige Sonne gebildet hat. Ehe wir weitergehen und nach der Zukunft fragen, wollen wir bei der gegenwärtigen Sonne noch etwas verweilen.

Wir können die Gelegenheit benutzen, um mit Hilfe der Computersonne einen Blick in das Innere der Sonne zu werfen. In Abbildung 5-2(b) ist unser Modell der gegenwärtigen Sonne dargestellt. Wir wollen es mit dem der Ursonne von Abbildung 4-2(a) vergleichen. Sie unterscheiden sich nicht wesentlich voneinander. Beide haben eine konvektive Außenschicht, während in ihrem Innern die Energie durch Strahlung nach außen transportiert wird. Die Fusion des Wasserstoffs geht übrigens nach der Proton-Proton-Kette vor sich. Zum Unterschied von der Ursonne ist die heutige Sonne aber in ihrem Zentralgebiet schon mit neu entstandenem Helium angereichert. Während in ihren Außenschichten im Kilogramm Materie nur 270 Gramm Helium sind, findet man im Zentrum im Kilogramm schon 590 Gramm Helium; etwa 300

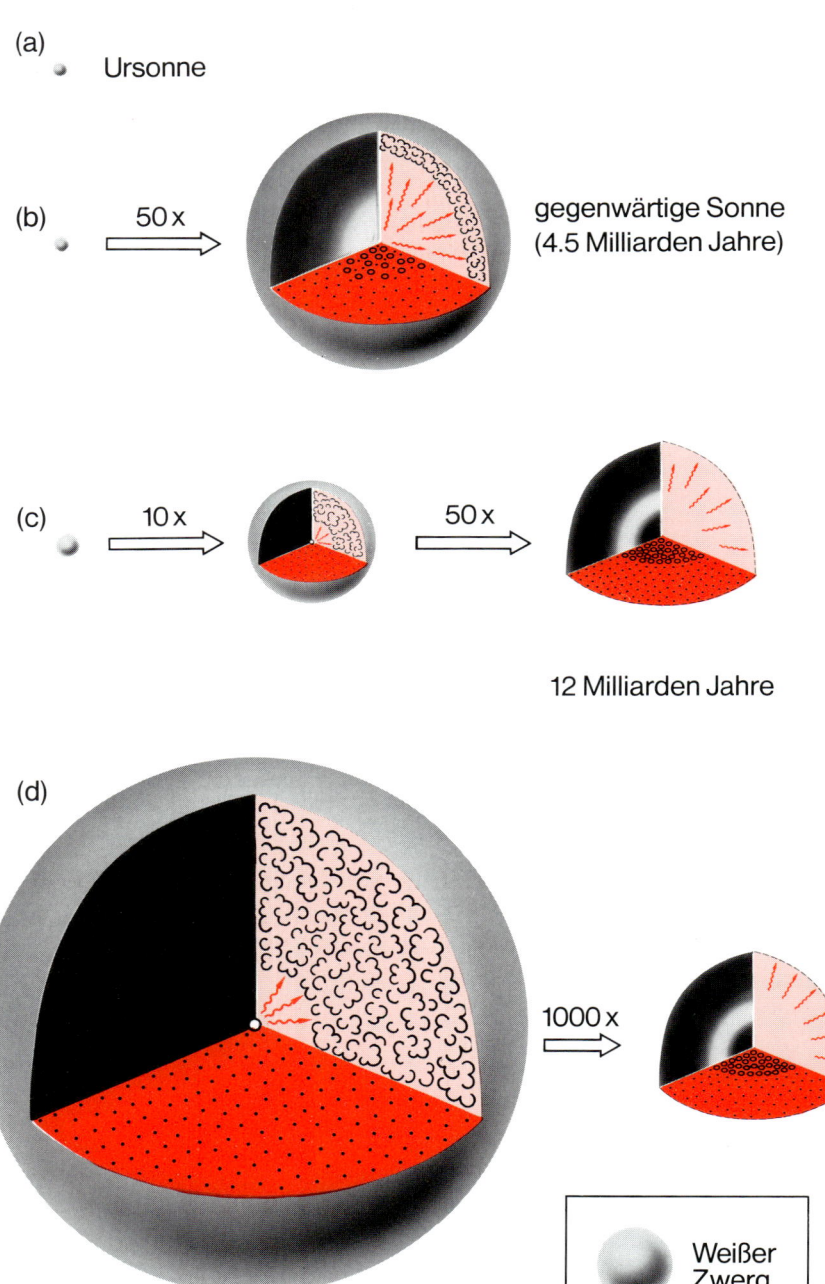

(a) Ursonne

(b) 50x gegenwärtige Sonne (4.5 Milliarden Jahre)

(c) 10x 50x 12 Milliarden Jahre

(d) 13 Milliarden Jahre 1000x

Weißer Zwerg

Gramm sind also seit dem Beginn der Fusion des Wasserstoffs neu entstanden.

In der äußeren Schicht wird die Sternmaterie ständig durchgemischt. Jedes Gramm Materie, das im Augenblick gerade an der Oberfläche schwimmt, befand sich vor einiger Zeit auch einmal am Boden dieser brodelnden Schicht, wo mit einer Million Grad die Temperatur einhundertsiebzigmal größer ist als an der Oberfläche. Daß die konvektive Zone der Oberfläche tatsächlich bis in so heiße Gebiete hinunterreicht, dafür haben wir noch einen Hinweis aus ganz anderer Richtung.

Wo ist das Deuterium der Sonne?

Das Deuterium, ein Isotop des Wasserstoffs, hat im Atomkern ein Proton und ein Neutron. In Sternen ist es nicht sehr hitzebeständig. Bereits 500 000 Grad reichen aus, um es mit den Kernen des normalen Wasserstoffs zu einem Heliumisotop verschmelzen zu lassen. Deuterium kommt in geringen Mengen in der Natur vor, zum Beispiel in der interstellaren Materie, aus der alle Sterne entstanden sind. Bei der Bildung der Sonne muß es vorhanden gewesen sein, denn Spuren von ihm lassen sich auf der Erde nachweisen. Normalerweise, etwa im Wasser der Ozeane, kommt auf 5000 gewöhnliche Wasserstoffatome ein Deuteriumatom.

In der Sonnenatmosphäre fehlt dieses Isotop. Das ist kein Wun-

Abb. 5-2. Der innere Aufbau von Sonnenmodellen in verschiedenen Phasen der Entwicklung. Die Darstellung ist die gleiche wie in Abb. 4-2. Da wir im Vergleich zur früheren Abbildung nun Gebiete haben, in denen sich Helium angereichert hat, deuten jetzt kleine Kreise neu entstandenes Helium an. Sie sind teilweise noch gemischt mit der ursprünglich wasserstoffreichen Materie, die durch Punkte gekennzeichnet ist. Später hat man dann im Zentralgebiet nur noch Helium. Links sind die Bilder der Modelle alle im einheitlichen Maßstab gezeichnet (aber nicht im gleichen wie die Bilder links in Abb. 4-2), rechts daneben sind die Innengebiete vergrößert. Der Vergrößerungsmaßstab ist jeweils angegeben. (a) Ursonne, (b) gegenwärtige Sonne. Das Modell (c) hat im Zentrum bereits eine Heliumkugel, die sich nach dem Erschöpfen des Wasserstoffs gebildet hat. Das nukleare Brennen verläuft jetzt in einer die Heliumkugel umgebenden dünnen Kugelschale. Das Modell (d) zeigt die Sonne als Roten Riesen mit dicker äußerer Konvektionszone und einem im Vergleich dazu kleinen Heliumkern, dessen Ausmaße eher an einen Weißen Zwerg erinnern. Er ist zum Vergleich rechts daneben gezeichnet im Maßstab des tausendfach herausvergrößerten Sterninnern des Teilbildes (d).

der, denn unsere Computermodelle sagen, daß es in den äußeren Schichten der Sonne kein Deuterium geben darf. Schuld daran ist die Konvektion. Jedes Deuteriumatom der Sonnenoberfläche würde durch die Auf- und Abbewegung der Materie früher oder später zum Boden der konvektiven Zone getragen werden, wo Temperaturen von einer Million Grad herrschen. Längst ehe es dort angekommen ist, hat es sich mit Hilfe eines Wasserstoffkerns in Helium verwandelt. Im Laufe der Geschichte der Sonne muß deshalb längst alles Deuterium zerstört worden sein. Selbst wenn heute von irgendwoher aus dem Weltall Deuterium auf die Sonne einfallen würde, nach zwei bis drei Jahren wäre es nach unten getragen und vernichtet worden.

Das Lithiumproblem

Unsere Computermodelle können nicht alles erklären. Wenn man die chemische Zusammensetzung der Sonnenoberfläche studiert, dann fällt auf, daß – im Vergleich zu dem, was wir von der Erde her gewohnt sind – noch ein anderes Element recht rar ist: das Element *Lithium*. Dieser zu den leichteren Elementen zählende Stoff – drei Protonen und vier Neutronen bilden normalerweise den Atomkern – ist auf der Sonne sehr selten. Im Vergleich zum Vorkommen auf der Erde, aber auch im Vergleich zu der Materie, die in Form von Meteoriten aus dem Weltall kommend auf die Erde stürzt, enthält das Kilogramm Sonnenmaterie hundertmal weniger Lithium. Kann auch dieses Element bei den hohen Temperaturen am Boden der Konvektionsschicht zerstört worden sein?

Tatsächlich kann Lithium einen Wasserstoffkern aufnehmen und sich dabei in zwei Heliumatome verwandeln, wie in Abbildung 5-3 dargestellt ist. Aber die eine Million Grad der Schichten, in die die Lithiumatome der Sonnenoberfläche hineingemischt werden, reichen nicht aus; erst weiter innen, bei der dreifachen Temperatur, wird Lithium zerstört. Da alle Computermodelle von der Ursonne bis zur Gegenwart keine weiter nach innen reichenden Konvektionszonen zeigen, können unsere Rechnungen den Lithiummangel der Sonne nicht erklären. Fehlte das Lithium von Anfang an? Das ist unwahrscheinlich. Man glaubt, daß Sonne,

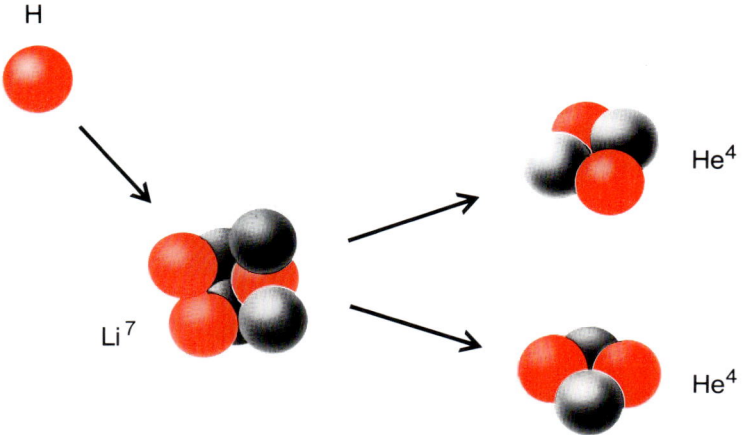

Abb. 5-3. Bei Temperaturen von drei Millionen Grad wandeln sich im Sterninnern Lithiumatome mit Hilfe von Wasserstoffkernen in Helium um.

Planeten und Meteoriten aus der gleichen Art Materie entstanden sind, also ursprünglich gleiche chemische Zusammensetzung hatten. Wir werden noch darauf zurückkommen, wenn wir von der Entstehung der Sterne sprechen. Wo also ist das Lithium der Sonne geblieben? Was rettet uns aus dem Dilemma?

Der Ausweg aus der Schwierigkeit liegt vor der Ursonne: in der Zeit nach der Entstehung des Sterns und vor dem Zünden des Wasserstoffs. Damals reichte die Konvektionszone der Sonne viel tiefer in heiße Gebiete des Sonneninnern hinein, in Gebiete von Temperaturen von mindestens 3 Millionen Grad, und während dieser Zeit wurde ein Großteil des Lithiums der äußeren Schichten der Sonne nach innen gemischt und zerstört. Wir werden in Kapitel 12 darüber berichten. Dazu müssen wir erst wissen, was vor der Ursonne war. Jetzt sind wir noch dabei, die Alterungsprozesse der Sonne zu studieren, ihre Jugendjahre heben wir uns für später auf.

Das Schicksal sonnenähnlicher Sterne nach dem Erschöpfen ihres Wasserstoffvorrates, so wie es im Entwicklungsweg der Abbildung 5-1 wiedergegeben ist, wurde erst in den fünfziger Jahren geklärt. Zum erstenmal wurden damals in größerem Stil elektronische Rechenmaschinen zur Berechnung der Entwicklung der Sterne eingesetzt. Ehe ich auf die Ergebnisse komme, möchte ich einige historische, zum Teil auch persönliche Dinge berichten.

Das Jahr 1955, der Vorstoß ins Reich der Roten Riesen

In diesem Jahr kam eine Arbeit von zwei großen Astrophysikern ihrer Zeit heraus. Sie war so umfangreich, daß sie nicht in den normalen Heften »Astrophysical Journal« gedruckt werden konnte, sondern in der Reihe der dazu parallel erscheinenden Ergänzungshefte. Fred Hoyle war der eine Autor, Martin Schwarzschild der andere. Hoyle hatte inzwischen Eddingtons Cambridger Lehrstuhl inne, hatte eine große Anzahl wichtiger Arbeiten geschrieben, darunter eine über die Entstehung der chemischen Elemente in Sternen. Daneben schrieb er, wenn ihm Zeit blieb, auch noch Science-Fiction-Romane. Seine »Schwarze Wolke« ist in mehrere Sprachen übersetzt und ging sogar einmal als Hörspiel über die deutschen Rundfunksender. Martin Schwarzschild war der andere Autor. Als sein Vater starb, der Astronom Karl Schwarzschild – von ihm wird später die Rede sein –, war er erst vier Jahre alt. Schon als Kind interessierte er sich für Astronomie, und – wie er später sagte – lange Zeit stand nur noch der Wunsch, Milchmann zu werden, einer Astronomielaufbahn im Wege. Daß er dann doch Astronom wurde, kommentierte er später mit der Feststellung, daß er wohl doch nicht genug Originalität mitgebracht hätte, um einen anderen Beruf als den des Vaters zu wählen. Er promovierte 1935 in Göttingen. Man sagt, daß die Schwarzschilds und die Rothschilds aus derselben Gasse des Frankfurter Ghettos kommen. So war es für den jungen Astronomen lebenswichtig, das Deutschland des Dritten Reiches so schnell wie möglich zu verlassen. Tatsächlich wählte sein in Deutschland zurückgebliebener Bruder später den Freitod. Über Norwegen ging Martin Schwarzschild in die USA, und nach dem Krieg wurde er Professor in Princeton.

In Schwarzschilds Princetoner Schule wurden nach dem Krieg Hauptreihen-Sternmodelle konstruiert, und man versuchte, das Verhalten der Sterne zu studieren, wenn ihr Wasserstoff sich im

Zentrum erschöpft. Den großen Durchbruch brachte dann die 1955 fertiggestellte Arbeit, in der zum erstenmal vorgerechnet wurde, wie Sterne, von der Hauptreihe ausgehend, zu Roten Riesen werden.

Damals begann man, Computer in größerem Maße in der Astrophysik einzusetzen. Hoyle und Schwarzschild hatten sie benutzt, um die Entwicklung von Sternen zu simulieren. Wenig später hatte ich Gelegenheit, ihren Fußstapfen zu folgen.

Im Herbst 1957 saßen Stefan Temesvary (1915–1984) und ich nächtelang in der Böttingerstraße in Göttingen an der G2. So hieß eine von Heinz Billing und seinen Mitarbeitern am Max-Planck-Institut für Physik im Eigenbau hergestellte Rechenmaschine. Zu jener Zeit konnte man Computer noch nicht von der Stange kaufen; sie wurden in den Instituten selbst konstruiert. Heute können programmierbare Tischrechner oft genauso viel wie jene Maschine, die damals ein ganzes Zimmer füllte und mit ihren Röhren auch heizte. Ludwig Biermann (1907–1986), damals Leiter der Abteilung Astrophysik des Instituts, hatte uns darauf angesetzt, mit dieser Maschine die Rechnungen von Hoyle und Schwarzschild nachzuvollziehen, mit einem verbesserten Rechenverfahren, das wir uns ausgedacht hatten.

Vergleicht man die Art, wie wir damals arbeiteten, mit heutigen Methoden, so wird einem bewußt, wie schnell der Fortschritt war. Um Sternmodelle zu erhalten, mußte man, mit irgendwelchen Probewerten für Leuchtkraft und Oberflächentemperatur beginnend, Schritt für Schritt nach innen rechnen, bis man in die Nähe des Sternzentrums kam und merkte, daß dort das Modell unsinnig wurde, oder in der Sprache der Mathematik ausgedrückt: daß dort die inneren Randbedingungen nicht erfüllt werden konnten. Dann mußte man die ganze Rechnung mit neuen, verbesserten Werten für Leuchtkraft und Oberflächentemperatur wiederholen, in der Hoffnung, daß man die inneren Bedingungen nun besser erfüllte. So bedurfte es zahlreicher »Integrationen« von der Oberfläche des Sterns zum Zentrum, bis man ein vernünftiges Modell hatte. Es war immer eine Reise durch den Stern, die wir bei solch einer Rechnung erlebten. Sie dauerte fünf Stunden, und man hoffte, daß die Rechenmaschine fünf Stunden lang fehlerlos arbeitete, sonst mußte man von vorne beginnen. Heute rechnet der Computer desselben Instituts, das inzwischen nach München übersiedelt ist, ein ganzes Sternmodell in wenigen Sekunden. Daß dies möglich wurde, ist nicht allein das Verdienst der Rechenmaschinen, es ist auch das Verdienst eines Mannes und seiner Mitarbeiter in Berkeley.

Aber davon berichte ich im nächsten Kapitel. Jetzt wollen wir das Erschöpfen des Wasserstoffvorrats sonnenähnlicher Sterne behandeln. Es ist das Schicksal unserer Sonne, und – wie wir sehen werden – es beeinflußt auch unsere eigene Zukunft auf diesem Planeten.

Die Zukunft der Sonne

Wie geht es nun weiter? Was wird geschehen, wenn immer mehr Wasserstoff verwandelt wird und wenn immer mehr Helium im Zentrum der Sonne entstanden ist? Die Modellrechnungen zeigen, daß vorerst, das heißt in den nächsten 5 Milliarden Jahren, nicht allzuviel passiert. Langsam bewegt sich die Sonne – wie man aus der Abbildung 5-1 entnimmt – auf ihrem Entwicklungsweg im HR-Diagramm nach oben, das heißt zu etwas höheren Leuchtkräften, wird an ihrer Oberfläche erst noch ein wenig heißer, dann aber geringfügig kühler. Aber viele Änderungen sind nicht zu erwarten.

10 Milliarden Jahre nach der Ursonne ist die Leuchtkraft etwa doppelt so groß wie heute. Längst ist die Menschheit – wenn es sie noch gibt – in klimatische Schwierigkeiten gekommen, aber es wird noch schlimmer kommen. Der Sonnenball ist vorerst etwa doppelt so groß wie heute.

Im Sonneninnern sind inzwischen wesentliche Umstellungen vonstatten gegangen. Im Zentrum ist aller Wasserstoff verbraucht; eine Kugel aus Helium füllt das Zentralgebiet aus (vgl. Abb. 5-2(c), dort ist ein Modell zum Alter von bereits 12 Milliarden Jahren gezeichnet). In ihr kann vorerst kein nukleares Brennen stattfinden, da aller Wasserstoff verbraucht und die Temperatur für die Fusion des Heliums (vgl. Abb. 3-4) zu niedrig ist. Nur an der Oberfläche dieser Heliumkugel, dort, wo das Helium an wasserstoffhaltige Materie angrenzt, läuft noch die Fusion des

Wasserstoffs ab. Wasserstoff wird verbrannt und der dabei an Masse immer mehr gewinnenden Heliumkugel einverleibt. Hatte unsere Sonne bisher ein wasserstoffbrennendes Zentralgebiet, so hat sie jetzt eine wasserstoffbrennende Schale, die sich immer weiter in das noch wasserstofffreie Äußere hinausfrißt. Je weiter die Zeit fortschreitet, um so massereicher wird die Heliumkugel im Zentrum.

Im HR-Diagramm wandert der Stern nach rechts oben in das Gebiet der Roten Riesen, wie wir aus Abbildung 5-1 entnehmen können. Der Sonnenball wird immer größer, gleichzeitig etwas kühler. Nach 13 Milliarden Jahren ist die Sonne etwa hundertmal größer als heute, die Leuchtkraft 2000mal stärker. Die Oberflächentemperatur ist dabei merklich geringer geworden, 4000 Grad nur noch, 1800 Grad niedriger als heute.

Aber das rettet uns auch nicht mehr. Längst sind die Ozeane der Erde verdampft, Blei schmilzt im Sonnenlicht. Die Erde ist zum heißen Ofen geworden, der kein Leben mehr tragen kann. Ein riesiger roter Sonnenball, der mehr als die Hälfte des Taghimmels einnimmt, scheint auf die von allem Leben verlassene Erdoberfläche. Spätestens an dieser Stelle möchte man gerne wissen, ob das, was uns der Computer vorgerechnet hat, wirklich wahr ist.

Unsere Beobachtungen haben die gegenwärtige Sonne in ihren wesentlichen Eigenschaften richtig beschrieben. Darf man daraus schließen, daß auch die Zukunft mit all ihren fürchterlichen Folgen richtig vorhergesagt ist? Wir haben einen direkten Beweis dafür. Wenn man sich das HR-Diagramm eines Kugelsternhaufens ansieht, so wie wir es in der Abbildung 2-9 gesehen haben, dann erkennt man, daß dort die Hauptreihe bis hinab zu etwa 3 Sonnenleuchtkräften, das entspricht 1.3 Sonnenmassen, geleert ist. Die helleren Hauptreihensterne dieses Sternhaufens haben also ihren Wasserstoff im Zentrum schon erschöpft. Sterne von etwa 1.3 Sonnenmassen und mehr befinden sich auf einem Ast, der von der Hauptreihe nach rechts oben ins Gebiet der Roten Riesen geht. Das sind Sterne, die sich ganz ähnlich entwickelt haben, wie unsere Rechnung für die Sonne vorhersagt; sie unterscheiden sich in ihrer Masse ja auch nur wenig von ihr.

Wir haben deshalb in Abbildung 5-4 in das HR-Diagramm dieses Kugelsternhaufens einen Entwicklungsweg für einen sonnen-

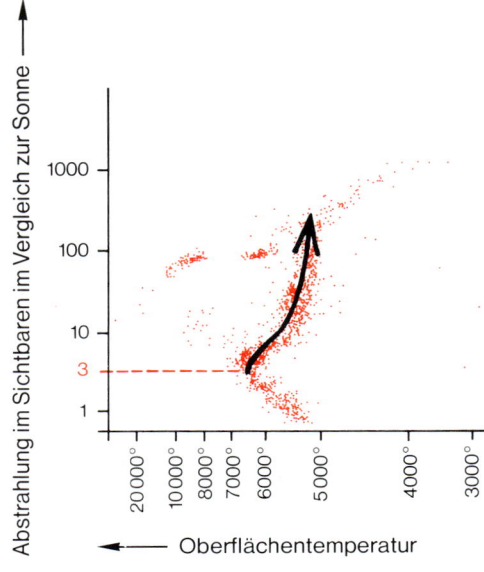

Abb. 5-4. Das bereits in Abb. 2-9 wiedergegebene HR-Diagramm eines Kugelsternhaufens, jetzt zusammen mit einem Entwicklungsweg (schwarz), der andeutet, wie die Sterne von der Hauptreihe in das Gebiet der Roten Riesen wandern. Wegen der etwas anderen Masse der Sterne, die die Hauptreihe verlassen haben (Sterne von der Masse der Sonne stehen in diesem Sternhaufen ja noch auf der Hauptreihe), der etwas anderen chemischen Zusammensetzung der Sterne im Kugelsternhaufen und wegen des Unterschiedes von Gesamtabstrahlung und Abstrahlung im sichtbaren Bereich ist der hier eingezeichnete Entwicklungsweg quantitativ nicht mit dem in Abb. 5-1 für die Sonne angegebenen Weg vergleichbar; man erkennt aber qualitativ, daß die Sterne in diesem Kugelsternhaufen in einem Stadium sind, das unserer Sonne noch bevorsteht.

ähnlichen Stern schwarz eingezeichnet. Daß sich die Sterne im Kugelhaufen so entwickeln, wie wir es von der Sonne in der Zukunft erwarten, ist offensichtlich. Wir haben dort Sterne vor uns, die gerade jetzt im Diagramm steil nach rechts oben gehen, so wie wir es von der Sonne in 8 Milliarden Jahren erwarten. Diese Sterne sind der Sonne voraus, sie zeigen uns schon heute, wie es unserer Sonne ergehen wird. Und wenn um manchen dieser Sterne Planeten kreisen, die vielleicht einmal Leben trugen, dann ist dort dieses Leben längst erloschen, alle Spuren davon sind längst verbrannt im Hitzestrom, den diese Sterne aussenden. So bestätigt uns die Beobachtung, daß unsere Voraussagen für die Sonne leider richtig sind.

Neutrinos von der Sonne

Wir haben eine Computersonne erhalten mit den Eigenschaften, wie man sie beobachtet; die HR-Diagramme der Kugelsternhaufen zeigen uns, daß unsere Prognose für die Zukunft der Sonne stimmt, so unangenehm sie für die Menschheit auch ist. Für die Astrophysiker scheint die Welt in Ordnung zu sein. Aber es gibt leider einen Schönheitsfehler, denn immer wieder müssen sie sich von den Kernphysikern sagen lassen, daß möglicherweise doch noch nicht alles richtig ist in ihren Vorstellungen vom Leben der Sterne, ja, daß ihre Computermodelle vielleicht ganz falsch sind.

Den Grund für solche Zweifel liefert ein unscheinbares Elementarteilchen, das bei der Fusion des Wasserstoffs zu Helium so nebenher mit entsteht und das für die Sonne eigentlich bedeutungslos ist. Und die Zweifel selbst liefert ein Experiment, das in einer aufgelassenen Goldmine in South Dacota in den USA durchgeführt wird.

Das Teilchen ist das Neutrino; es ist elektrisch neutral und hat praktisch keine Masse. Es bewegt sich mit Lichtgeschwindigkeit. Wir hatten bei der Beschreibung der Proton-Proton-Kette gesehen, daß jedesmal, wenn zwei Wasserstoffkerne verschmelzen, ein Positron und ein Neutrino entstehen (vgl. Abb. 3-3 oben). Das Positron vereinigt sich sehr schnell mit einem Elektron, und es entsteht ein Lichtquant. Anders das Neutrino. Es reagiert nicht mit anderen Teilchen und fliegt deshalb, von nichts abgelenkt, geradlinig von dem Ort seiner Entstehung mit Lichtgeschwindigkeit weg. Die umgebende Sonnenmaterie kann das Neutrino nicht beeinflussen. Für das einmal entstandene Teilchen existiert die Materie der Sonne gar nicht. Um sich vor einem auf uns zukommenden Neutrino zu schützen, müßte man sich hinter einer Wand verbergen, deren Dicke in Kilometern ausgedrückt eine fünfzehnstellige Zahl ist. Glücklicherweise brauchen wir uns vor den Neutrinos nicht zu schützen, denn sie durchdringen uns, ohne auch nur einem einzigen Atom unseres Körpers etwas anzutun.

So fliegen die im Zentrum der Sonne entstehenden Neutrinos geradlinig in den Raum und treffen auch auf die Erdoberfläche. Dabei ist es gleichgültig, ob es Tag ist oder Nacht. Tagsüber kommen sie von oben, und nachts kommen sie, die Erdkugel ungehindert durchdringend, von unten her. Gäbe es ein Neutrinoteleskop, das Neutrinos sichtbar machen kann, dann könnte man im Zentrum der Sonnenscheibe einen kleinen, hellen Fleck sehen, das Zentralgebiet, in dem die Proton-Proton-Reaktion abläuft und in der die Neutrinos entstehen. Dieses Teleskop würde den hellen

Fleck auch nachts noch zeigen, wenn die Sonne längst untergegangen ist, wenn man nur das Fernrohr unter dem Horizont weiter auf die Sonne richten würde, denn für dieses Teleskop wäre die Erde durchsichtig.

Aber es gibt keine Neutrinoteleskope, denn um ein Teleskop zu bauen, müßte man in der Lage sein, die Neutrinos mit Linsen oder Spiegeln abzulenken, so wie man das Licht im Fotoapparat oder die Elektronen im Elektronenmikroskop ablenkt. Die Neutrinos aber fliegen stets geradlinig.

Es gibt allerdings einige spezielle Atomsorten, die den vorbeifliegenden Neutrinos doch einen gewissen, wenn auch sehr kleinen Widerstand entgegensetzen. Das berühmteste ist ein Isotop des Elements Chlor, nämlich Cl^{37}. Wenn überhaupt Atome Neutrinos aufhalten können, dann noch am ehesten die Chloratome. Das geschieht fast nie, wenn es aber doch einmal passiert, dann verschluckt das Chloratom das ankommende Neutrino, gibt dafür ein Elektron aus seinem Kern ab, und es entsteht ein Atomkern des Elements Argon (vgl. Abb. 5-5). Das so entstandene Argonatom ist nicht das normale Atom dieses Edelgases, sondern ein Isotop, das sich nach etwa 35 Tagen zurückverwandelt. Darauf beruht das berühmte Sonnenneutrino-Experiment von Raymond Davis, berühmt unter anderem auch deswegen, weil es die Astro-

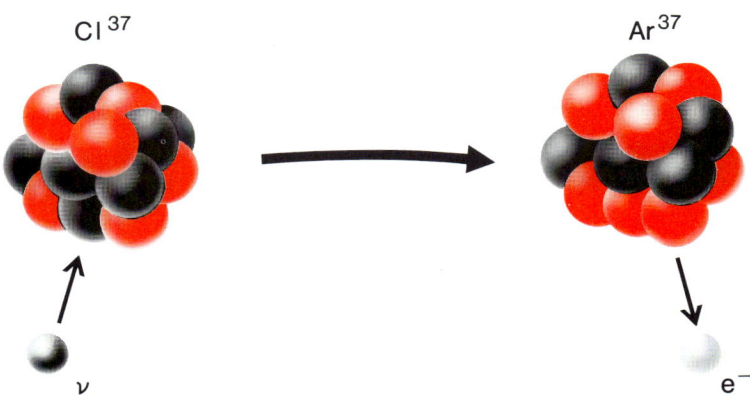

Abb. 5-5. Ein Neutrino kann ein Chloratom in ein Argonatom umwandeln. Dabei wird ein Elektron frei.

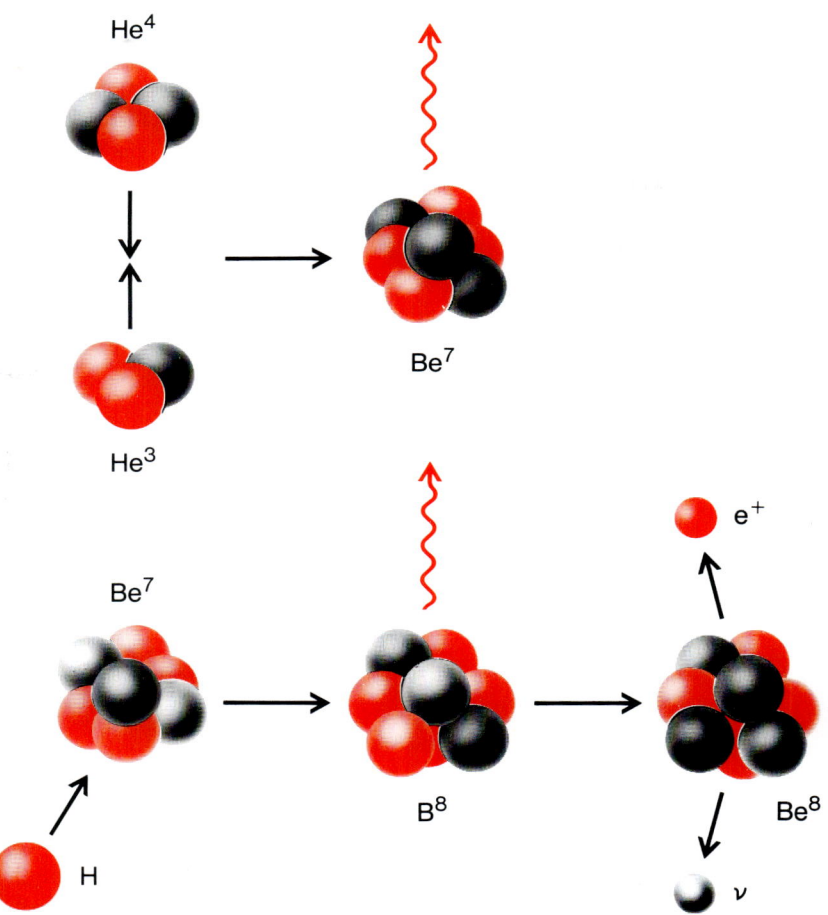

Abb. 5-6. In einer Nebenkette der Proton-Proton-Reaktion (vgl. Abb. 3-3) entsteht das radioaktive Isotop Be⁸, das ein Positron und ein energiereiches Neutrino aussendet. Rote, gewellte Pfeile deuten wieder die Aussendung von Lichtquanten an.

physiker so sehr in Verlegenheit bringt. Aber ehe wir es beschreiben, muß ich noch auf eine weitere Schwierigkeit hinweisen.

Das Chloratom spricht nur auf energiereiche Neutrinos an, und die von der Proton-Proton-Reaktion herrührenden Neutrinos haben nur wenig Energie. Sie können an den Chloratomen gar nichts ausrichten. Damit könnten wir unsere Überlegungen über die Sonnenneutrinos eigentlich abtun, gäbe es nicht in der Sonne noch eine Quelle für energiereiche Neutrinos. Im Zusammenhang mit der Proton-Proton-Kette läuft eine Reihe von Nebenreaktionen ab, die für die Energieerzeugung der Sonne belanglos sind und die wir deshalb gar nicht erwähnt haben. Unter diesen Reaktionen ist eine, die immer häufiger stattfindet, je mehr Helium sich bereits gebildet hat. Sie ist in Abbildung 5-6 dargestellt. Ein normales Heliumatom der Massenzahl 4 stößt mit einem Heliumisotop der Massenzahl 3 zusammen, und es entsteht Beryllium der Massenzahl 7. Trifft auf dieses Atom, bevor es selber radioaktiv zerfällt, ein Wasserstoffkern, so entsteht ein Borisotop der Massenzahl 8. Dieses Boratom ist ebenfalls radioaktiv, und es wandelt sich nach einiger Zeit in ein Berylliumatom zurück; bei dieser Umwandlung stößt es ein Positron und ein hochenergetisches Neutrino ab.

Die so entstehenden Neutrinos sind gerade richtig für die Chlorreaktion! Auch sie durchdringen die Materie praktisch ungehindert, selbst große Massen Chlor, aber die Chloratome reagieren doch von Zeit zu Zeit auf die vorbeifliegenden Neutrinos, wenn auch sehr selten. Darauf basiert das schon erwähnte Experiment.

Raymond Davis' Neutrinoexperiment

Es ist möglich, einen Detektor für Sonnenneutrinos zu bauen. Leider sieht er nur die Neutrinos, die von einer astrophysikalisch unwichtigen Reaktion, der Beryllium-Bor-Nebenkette, kommen. Gegenüber den Neutrinos, die bei der für die Sonne – und damit auch für uns – lebenswichtigen Proton-Proton-Reaktion entstehen, ist er blind. Aber wenn unsere Sonnenmodelle stimmen, müßte man die energiereichen Borneutrinos nachweisen können.

Davis hat sich folgendes Experiment ausgedacht. In einem Tank – um Störreaktionen zu vermeiden, 1500 Meter unter der Erde und von einem dicken Wassermantel umgeben – lagern 390 000 Liter Perchloräthylen. Das ist eine Flüssigkeit, die man hauptsächlich in der Reinigungsindustrie verwendet und die dem bei uns bekannteren Tetrachlorkohlenstoff verwandt ist. Jedes Molekül dieses Reinigungsmittels enthält vier Chloratome, von denen im Mittel eines das neutrinoempfindliche Isotop Cl^{37} ist. Diese Flüssigkeit bietet die billigste und bequemste Möglichkeit, viele Chloratome auf engem Raum zu konzentrieren. Die Atome werden nun in jedem Augenblick von den von der Sonne kommenden Neutrinos bestrahlt. Fast immer passiert gar nichts. Die zahlreichen, von der Proton-Proton-Reaktion stammenden energiearmen Neutrinos gehen ungehindert durch den Tank. Irgendwelche Aussicht, gefangen zu werden, haben nur die energiereichen, vom Zerfall des Bor herrührenden. Wenn man die Zahl der energiereichen Neutrinos aufgrund der Sonnenmodelle der Astrophysiker abschätzt, dann müßte im Tank im Mittel pro Tag ein Chloratom von einem Sonnenneutrino in ein Argonatom umgewandelt werden.

Wartet man mehrere Tage, dann bilden sich mehrere Argonatome. Aber das Argon zerfällt nach etwa 35 Tagen wieder, bildet sich zurück in Chlor. Wenn man also die Flüssigkeit längere Zeit dem Strom der alles durchdringenden Sonnenneutrinos aussetzt, dann wird sich bald eine Art Gleichgewicht einstellen: Es entstehen und zerfallen im Mittel gleich viele Argonatome. Leider ist die Konzentration der Argonatome, die sich dabei ergibt, sehr gering. Im ganzen Tank sollten, wenn unser Sonnenmodell richtig ist, nur etwa 35 Argonatome sein. Diese muß man nun suchen und zählen.

Die Aufgabe, 35 Argonatome in 610 Tonnen einer Flüssigkeit zu finden, stellt das Problem von der Nadel, die man im Heuhaufen suchen muß, weit in den Schatten. Allein in einem Kubikzentimeter sind so viele Chloratome, daß man eine 22stellige Zahl braucht, um diese Menge zu beschreiben, und im Davis'schen Tank hat man 390 000 Liter, das sind 390 Millionen solcher Kubikzentimeter! Im ganzen Tank soll man nun nach 35 Argonatomen suchen! Aber tatsächlich ist diese Aufgabe lösbar. Man wäscht die Argonatome mit Hilfe von Helium heraus, das man durch die Flüssigkeit bläst. Testversuche haben gezeigt, daß man 95 % aller Argonatome auf diese Weise aus dem Tank herausholen kann. Da die von den Sonnenneutrinos herrührenden Argonatome radioaktiv sind, lassen sie sich, einmal aus dem Tank herausgenommen, leicht einzeln in Zählrohren messen, wenn sie zerfallen.

In der von Argonatomen gereinigten Flüssigkeit bilden sich wieder neue Argonatome, die nach einiger Zeit von neuem herausgewaschen und gezählt werden können. So stellt der Perchloräthylentank einen unerschöpflichen Detektor dar, in dem ständig radioaktive Argonatome entstehen.

Man erwartet im Tank im Mittel eine Reaktion pro Tag. Leider zeigen die seit Jahren durchgeführten Messungen, daß im Mittel nur alle vier Tage eine Reaktion stattfindet. Daraus müssen wir schließen, daß von der Sonne in jeder Sekunde nur ein Viertel der erwarteten energiereichen Neutrinos kommt.

Die Astrophysiker haben ihre Sternmodelle wieder und wieder gerechnet, und Davis hat immer wieder nach möglichen Fehlerquellen in seinem Experiment gesucht. Der Widerspruch bleibt. Was ist falsch an unseren Sonnenrechnungen? Was ist falsch am Experiment in der Goldmine?

Es ist schwer vorstellbar, daß alles falsch ist, was wir im Computer gerechnet haben. Die Computermodelle für die Sonne stimmen in vielem mit der wirklichen Sonne überein – wir haben das bereits gesehen. Tatsächlich verringern schon kleine Korrekturen an den gerechneten Modellen den Fluß energiereicher Neutrinos aus der Sonne, so daß man dann keinen Widerspruch mehr zum Experiment hätte. Schon eine geringfügige Erniedrigung der Zentraltemperatur unserer Sonnenmodelle würde ausreichen. Das Fatale daran ist nur, daß wir keinen Grund sehen, warum die Sonnenmodelle im Zentrum niedrigere Temperaturen haben sollten als die vom Computer gerechneten.

Ein Ausweg aus der Schwierigkeit wäre es, wenn Neutrinos nicht beliebig lange leben würden. Allzuviel wissen die dafür zuständigen Elementarteilchenphysiker nicht von den Neutrinos. Würden diese Teilchen, wie manche anderen, nach kurzer Zeit zerfallen, würden sich viele von ihnen auf dem acht Minuten währenden Weg von der Sonne zur Erde in andere Teilchen auflösen, dann wäre es kein Wunder, wenn das Chlorexperiment weniger Neutrinos zählt, als man erwartet. Doch die Physiker sind fest davon überzeugt, daß Neutrinos nicht von selbst zerfallen, und so scheint dieser Ausweg versperrt.

Ich persönlich glaube nicht, daß etwas wesentlich falsch ist in unseren Computermodellen. Wohl aber könnte es sein, daß die berechneten Reaktionsraten der Beryllium-Bor-Kette falsch sind. Was wäre, wenn die beiden Heliumkerne, das normale Helium und das leichtere Heliumisotop, die am Anfang dieser Kette stehen (vgl. Abb. 5-6), viel seltener miteinander reagieren, als unsere Kernphysiker glauben? Sähe dann unsere Sonne anders aus? Nein, denn die die Sonnenenergie liefernde Proton-Proton-Kette wäre davon ja nicht beeinflußt. Nichts wäre in der Sonne anders, nur der Strom an energiereichen Neutrinos wäre verringert, und das würde mit dem Chlorexperiment übereinstimmen. So glaube ich nicht, daß wir unsere Vorstellungen vom inneren Aufbau unserer Sonne wesentlich revidieren müssen, trotz des Chlorexperiments.

Das Galliumexperiment

Es gibt neben dem Chlor noch andere Atome, die auf Neutrinos ansprechen. Eines davon ist ein Isotop des Elements Gallium. Seine Massenzahl beträgt 71, und es wandelt sich bei Aufnahme eines Neutrinos in das Element Germanium um. Der wesentliche Unterschied zum Chlorexperiment liegt darin, daß bei einem Galliumexperiment auch die Neutrinos niedriger Energie gezählt werden. Ein Galliumdetektor zählt die Neutrinos der Proton-Proton-Kette, also wirklich diejenigen, die bei der Erzeugung der Sonnenenergie frei werden, nicht die Neutrinos einer unwichtigen Nebenreaktion.

Warum also macht man nicht gleich das Galliumexperiment? Die Schwierigkeit liegt zum ersten in der Aufgabe, alle bei der Neutrinoreaktion entstehenden Germaniumatome zu zählen. Geeignete Detektoren müssen erst entwickelt werden. Zum anderen aber gerät man wieder in die Klemme wie bei allen Neutrinoexperimenten. Die Neutrinos lassen sich nur ganz selten von einem Atomkern einfangen. Um vom Strom der Sonnenneutrinos täglich wenigstens ein Galliumatom in ein Germaniumatom umwandeln zu lassen, muß man 37 Tonnen Gallium im Tank haben. Das ist eine Menge, die nicht mehr klein ist im Vergleich zu dem insgesamt in der Welt vorhandenen Vorrat reinen Galliums. Das Gallium fällt als Nebenprodukt bei der Aluminiumherstellung an, eine Tonne kostet zur Zeit nicht ganz eine Millionen DM. Natürlich braucht man sich das Gallium für das Experiment nur zu leihen, kann es nachher zurückgeben, aber ob das wesentlich billiger wird, ist fraglich. Es ist sicher, daß jede Großmacht einen Vorrat an Gallium hortet, um für einen Kriegsfall genügend davon zur Verfügung zu haben – die elektronische Industrie braucht Gallium. Vorhanden ist es also.

Während ich diesen Abschnitt schreibe, wird am Max-Planck-Institut für Kernphysik in Heidelberg an Germanium-Detektoren gearbeitet und werden in den USA, in Israel und in der Bundesrepublik Verhandlungen geführt, um Mittel für ein Vorexperiment – vorläufig nur mit einer Tonne Gallium – freizumachen. Das große Experiment wird wohl früher oder später auch durchgeführt werden. Ob es unsere Vorstellungen vom inneren Aufbau der Sonne bestätigen wird? Oder werden wir Astrophysiker erfahren, daß alles, was wir über die Energieerzeugung in der Sonne zu wissen glauben, nichts wert ist?

Der Leser mag sich an dieser Stelle vielleicht wundern, daß wir von der gegenwärtigen Sonne gesprochen haben, einige Eigenschaften unserer Sonne aber völig ignorierten. Da war nicht die Rede von *Sonnenflecken* und ihrem elfjährigem Zyklus, von *Protuberanzen* und von den *Strahlungsausbrüchen*, von denen man von Zeit zu Zeit in der Presse liest. Der Grund für diese Unterlassung liegt darin, daß wir uns nur auf die Haupteigenschaften der Sonne konzentriert haben. Zu ihnen kommen noch die aufgezählten Detailerscheinungen der äußersten Schichten der Sonne. Sie sind so etwas wie das Wetter bei uns. Will man die Geschichte des Erdkörpers verstehen, so muß man sich nicht unbedingt um Blitz und Donner kümmern.

6. Die Lebensgeschichte massereicher Sterne

Das bis heute noch nicht erklärte Chlor-Neutrino-Experiment nagt nicht allzusehr am Selbstbewußtsein der Astrophysiker, denn es gibt noch weitere Beispiele dafür, daß die Computerrechnungen sonst gut mit dem übereinstimmen, was man am Himmel beobachtet. Davon soll in diesem Kapitel die Rede sein. In ihm behandeln wir die Entwicklung von Sternen, die aus wesentlich mehr Masse zusammengesetzt sind als die Sonne. Da massereichere Sterne ihren nuklearen Energievorrat schneller verbrauchen, findet man sie am Himmel schon in recht fortgeschrittenen Stadien der Erschöpfung. An ihnen kann der Astrophysiker prüfen, ob das, was ihm der Computer über diese Entwicklungsphasen vorrechnet, etwas mit den wirklichen Vorgängen im Weltall zu tun hat.

Aber es war ein schwieriger Weg, bis man Sterne im Computer bis in fortgeschrittene Entwicklungsphasen verfolgen konnte. Es war keineswegs so, daß man mit den großen Rechenmaschinen, die nach dem Kriege kamen, auch automatisch alles besser und genauer rechnen konnte. Für die Fragen nach der zeitlichen Entwicklung der Sterne mußten erst neue Rechenverfahren entwickelt werden.

Es mag dem Außenstehenden verwunderlich erscheinen, daß genügend große Computer allein nicht ausreichen, um eine bestimmte Rechenaufgabe zu lösen, daß es dazu oft neuer Rechenverfahren bedarf. Im allgemeinen leuchtet es ein, daß die beobachtenden Astronomen weiterkommen, wenn man ein neues Teleskop, einen neuen astronomischen Satelliten einsetzt. Daß durch die Erfindung neuer mathematischer Methoden gleichwertige Fortschritte erzielt werden können, erscheint weniger selbstverständlich. Denn von mathematischen Methoden lassen sich keine Modelle in Holz oder Pappe herstellen. Von ihnen kann man keine Farbdias machen, sie werden nicht eingeweiht in Gegenwart des zuständigen Ministers.

Louis Henyey und die Henyey-Methode

Nach der Arbeit von Hoyle und Schwarzschild von 1955 stagnierte die Theorie der Entwicklung sonnenähnlicher Sterne, also solcher, die eine Masse ähnlich der unserer Sonne haben. Im Gebiet der Roten Riesen zeigten die Modelle in ihren Zentren Temperaturen von hundert Millionen Grad. Da sollte nun die Fusion des Heliums beginnen. Aber sobald in den Modellen die ersten Kernreaktionen dieser neuen Energiequelle einsetzten, versagte das Verfahren. Man wußte schon, daß bei diesen Sternen das Heliumbrennen ziemlich schnell und heftig anlaufen würde. Das hatte Leon Mestel in seiner Cambridger Dissertation schon 1952 gezeigt, man hatte aber nicht geahnt, daß sich die Computer grundsätzlich weigern würden, mit den bisherigen Methoden überhaupt Modelle zu liefern.

Und bei den massereichen Sternen war es noch schlimmer. Da gelang es zwar, durchzurechnen, wie der Wasserstoff in den konvektiven Zentralgebieten immer mehr verbraucht wurde; sobald sich aber echte Erschöpfungseffekte bemerkbar machten, »scheuten« auch hier die Computer. Man konnte die Sternmodelle nicht einmal ins Gebiet der Roten Riesen verfolgen, was Hoyle und Schwarzschild bei den sonnenähnlichen Sternen gelungen war. Nichts ging mehr Ende der fünfziger Jahre.

Gleichzeitig brachte die Computerindustrie immer leistungsfähigere Modelle auf den Markt, doch wir konnten wenig damit anfangen. Hoyle versuchte mit seinen Mitarbeitern die Entwicklung massereicherer Sterne rechnerisch zu verfolgen – ohne großen Erfolg. Schwarzschild versuchte vergeblich, mit Gewalt durch die Phase des Heliumbrennens sonnenähnlicher Sterne hindurchzukommen. Zu dieser Zeit arbeitete in Japan eine Gruppe um den Physiker Chushiro Hayashi, die mit stark vereinfachten Modellen, mit Tischrechnern, gewissermaßen in Handarbeit, herauszufinden versuchte, welches Schicksal einen massereichen Stern erwartet, wenn er seinen Wasserstoff im Zentrum erschöpft hat. Später sollte sich herausstellen, daß die Arbeiten der Japaner der Wahrheit am nächsten gekommen waren. Aber dazu bedurfte es erst einer Erfindung: der Erfindung einer neuen Rechenmethode.

Auf der Rückseite des Mondes liegt der Krater Henyey. Die Internationale Astronomische Union gab ihm 1970 diesen Namen, um Louis Henyey zu ehren, der zu Beginn desselben Jahres verstorben war. Henyey hat auf verschiedenen Gebieten der Astrophysik gearbeitet. Den größten Einfluß hat er sicherlich durch die Erfindung der Rechenmethode genommen, die heute allgemein als die *Henyey-Methode* bezeichnet wird.

Im August 1961 veranstaltete die Internationale Astronomische Union ihre Generalversammlung in Berkeley in Kalifornien. Es war die erste Veranstaltung dieser Art, an der ich teilnehmen durfte. Wenige Tage zuvor war in Berlin die Mauer gebaut worden, und ein junger Astronom aus Jena – gerade in Westberlin bei Verwandten – stand vor der Frage, ob er in den Osten zurückgehen oder auf der westlichen Seite der Mauer bleiben sollte. Der Jenenser Astronom Alfred Weigert blieb im Westen, und er sollte in der Frage, um die es in diesem Buch geht, sehr bald eine wichtige Rolle spielen.

Aber zurück zur Konferenz in Berkeley. Es gab zahlreiche Fachvorträge über Spezialthemen. Einen hielt Louis Henyey, der zum Astronomie-Department der Universität in Berkeley gehörte. Der Vortrag handelte von einer neuen Methode zur Berechnung von Sternmodellen. Man munkelte schon eine Weile, Henyey habe ein neues Verfahren entwickelt. Einige Jahre früher war von der Gruppe um ihn schon einmal eine Veröffentlichung dazu herausgekommen. Aber was dort als neue Methode beschrieben war, erschien recht unverständlich, und niemandem – wahrscheinlich auch Henyey selbst nicht – war es gelungen, damit brauchbare Ergebnisse zu erhalten. Nun aber, hieß es, sei die Methode wesentlich vereinfacht und verbessert worden.

Henyey zählte nicht zu den Leuten, die viel und schnell publizieren. Deshalb traf sich an jenem Nachmittag alles, was am Fortschritt der Theorie der Sternentwicklung interessiert war, und hörte sein Referat. Ich verstand nichts, schrieb aber eifrig mit. Als ich nach der Tagung für ein halbes Jahr bei Martin Schwarzschild in Princeton arbeiten konnte, war ich Zeuge, wie aus seinen Aufzeichnungen das ganze von Henyey beschriebene Verfahren rekonstruierte. Darauf ging ich an meine Notizen, und in wenigen Tagen verstand auch ich, wie die Henyey-Methode funktioniert. Schwarzschild wandte sie sofort auf das ihn die ganze Zeit quälende Problem des Heliumbrennens sonnenähnlicher Sterne an. Innerhalb kurzer Zeit war er durch diese rasche, fast explosive Phase der Entwicklung hindurchgekommen. Die Henyey-Methode hatte es ihm ermöglicht, einen Stern durch eine Entwicklungsphase hindurch zu verfolgen, zu der man vorher keinen Zugang hatte!

Im Herbst 1962 kehrte ich – nach einem Aufenthalt in Pasadena – nach München zurück, meine Ausarbeitungen über die Henyey-Methode in der Tasche.

Alfred Weigert war inzwischen an unserem – inzwischen nach München übersiedelten – Max-Planck-Institut gelandet. Er und eine junge Versicherungsmathematikerin, Emmi Hofmeister, waren bereit, mit mir Sternmodelle nach der Henyey-Methode zu konstruieren. Die Computermöglichkeiten waren an dem, inzwischen aus der alten Abteilung Astrophysik des Instituts für Physik hervorgegangenen, Institut für Astrophysik von Anfang an vorbildlich, und so war der Weg frei. Wir wollten massereichere Sterne von der Hauptreihe weg ins Gebiet der Roten Riesen verfolgen, Sterne also, bei denen die konventionellen Methoden sofort versagten, wenn sie sich auch nur anschickten, die Hauptreihe zu verlassen.

Im März 1963 hatte unser Stern – wir hatten uns einen von der siebenfachen Masse der Sonne gewählt – die Hauptreihe nicht nur verlassen, er hatte sich längst zum Roten Überriesen aufgebläht und mit der Fusion des Heliums zu Kohlenstoff begonnen. Wir schickten ein Telegramm an Henyey nach Berkeley: »The Henyey-Method is working in Munich. Thank you!«

In diesen Wochen entstand die Geschichte eines Sterns von sieben Sonnenmassen.

Die Geschichte eines Sterns von sieben Sonnenmassen

Warum gerade die siebenfache Masse der Sonne? Der Grund, weshalb wir damals gerade solch einen Stern für unsere Rechnungen nahmen, liegt darin, daß wir mit einiger Sicherheit erwarten konnten, daß er in seiner späteren Entwicklung durch ein Stadium hindurchgeht, in dem er alle Eigenschaften eines bestimmten Typs veränderlicher Sterne hat: der sogenannten *Delta-Cephei-Sterne.* Vorher hatte noch niemand verfolgen können, wie aus einem gewöhnlichen Hauptreihenstern im Laufe seiner Entwicklung ein Delta-Cephei-Stern wird. Nun, mit der kraftvollen Henyey-Methode in der Hand, bestand Hoffnung, dieses Ziel zu erreichen, und tatsächlich führte seine Entwicklung unseren Stern sogar mehrmals durch dieses Veränderlichenstadium. Wir kommen noch darauf zurück. Aber ich will der Reihe nach beschreiben, wie sich ein Stern von sieben Sonnenmassen verhält.

Wir beginnen mit dem Anfang des Hauptreihenstadiums. Noch ist der Stern in seinem Innern gleichmäßig aus wasserstoffreicher Materie aufgebaut und hat alle Eigenschaften eines Hauptreihensterns. Was nun weiter mit ihm geschieht, ist in den Abbildungen 6-1 und 6-2 dargestellt. Die Einzelbilder von Abbildung 6-1 geben den inneren Aufbau für verschiedene Stadien der Entwicklung wieder, mit dem chemisch homogenen Anfangsmodell in 6-1(a) beginnend. Der Entwicklungsweg des Sterns ist in das HR-Diagramm der Abbildung 6-2 eingezeichnet, zusammen mit Entwicklungswegen von Sternen anderer Masse. Er beginnt auf der Hauptreihe und führt – wie erwartet – in das Gebiet Roter Überriesen. Wie wir schon früher sahen, reicht der Wasserstoffvorrat eines Sterns lange Zeit aus. Aus Abbildung 2-11 kann man grob ablesen, daß ein Stern von der siebenfachen Sonnenmasse mehrere zehn Millionen Jahre von seinem Wasserstoff leben kann. Erst im Laufe solcher Zeiträume reichert sich das Helium im konvektiven Kern merklich an. Dabei ändert sich die gesamte Struktur des Sterns nur geringfügig. Sein Radius wird etwas größer, seine Oberflächentemperatur sinkt zuerst und steigt dann wieder an, die Leuchtkraft nimmt etwas zu. Der Stern bewegt sich dementsprechend im HR-Diagramm (in Abbildung 6-2) erst langsam nach rechts und dann wieder nach links. Während dieser ganzen Zeit hält er sich auf dem Streifen der Hauptreihe auf. Etwa 26 Millionen Jahre nach dem Zünden des Wasserstoffs hat sich im Kern der nukleare Energievorrat erschöpft. Nun finden im Innern des Sterns wesentliche Veränderungen statt.

Die Energieerzeugung im Zentralgebiet reicht nicht mehr aus,

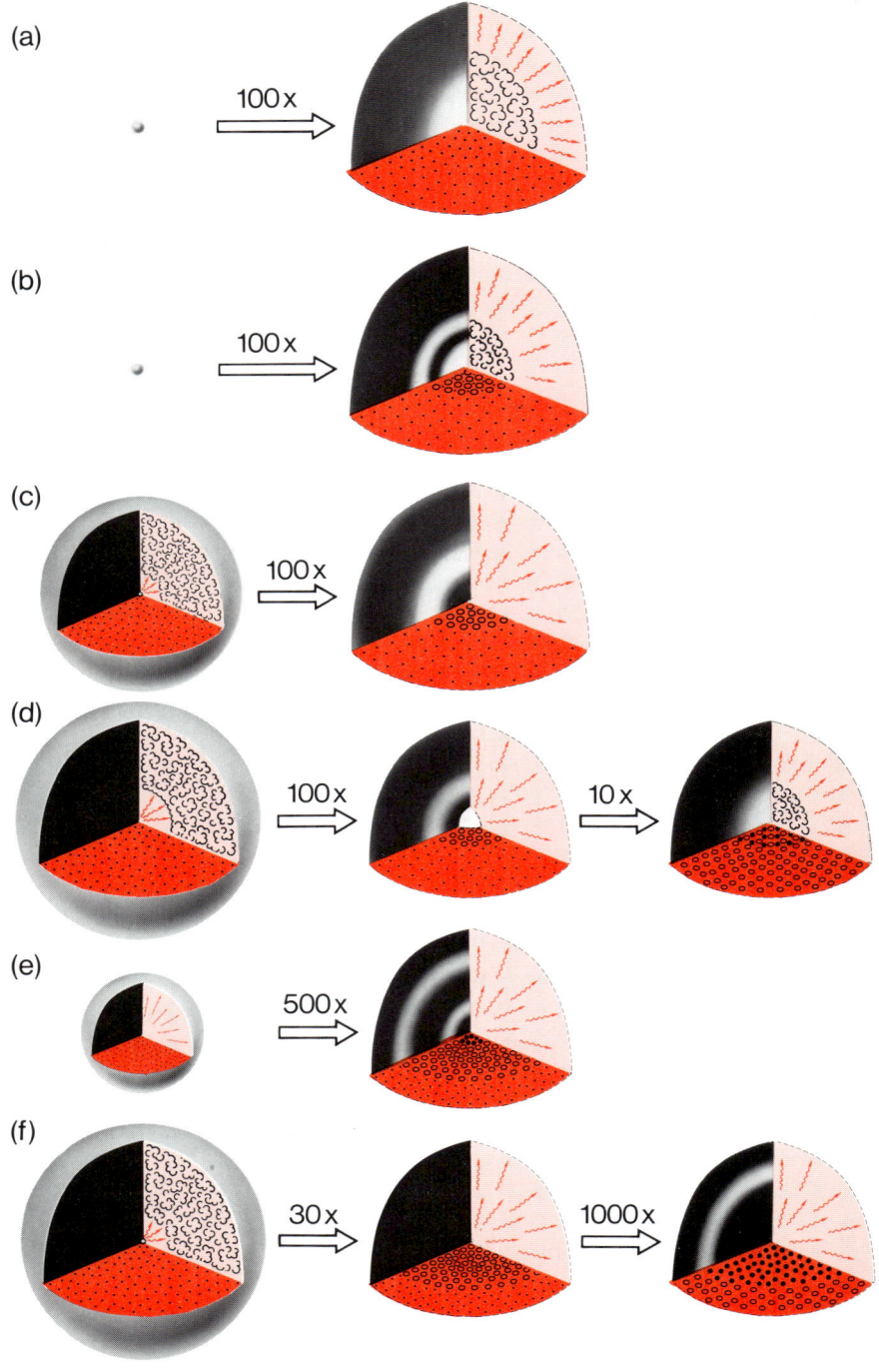

(a)

100 x

(b)

100 x

(c)

100 x

(d)

100 x   10 x

(e)

500 x

(f)

30 x   1000 x

Abb. 6-2. Entwicklungswege für Sterne verschiedener Masse. Die an die Wege angeschriebenen Zahlen geben die jeweilige Masse in Einheiten der Sonnenmasse wieder. Während der Weg für eine Sonnenmasse – wir kennen ihn schon von Abb. 5-1 – in das Gebiet der Roten Riesen führt, gehen die Entwicklungswege massereicherer Sterne zu noch größeren roten Sternen in das Gebiet der Überriesen. Die an den rot gezeichneten Entwicklungsweg des Sterns von sieben Sonnenmassen angeschriebenen Buchstaben beziehen sich auf die Modelle, die in den Teilbildern der Abb. 6-1 dargestellt sind. Die beiden parallelen, gestrichelten Geraden grenzen den Streifen ein, in dem man die Delta-Cephei-Sterne findet.

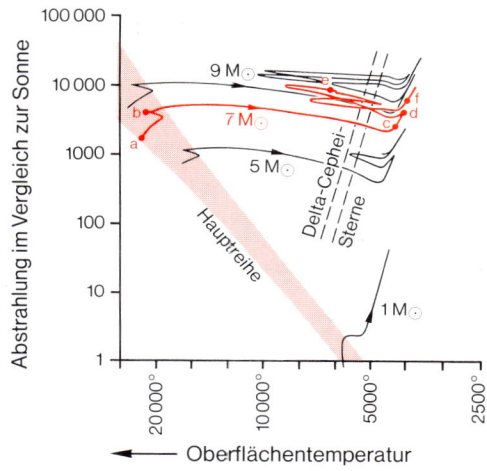

Abb. 6-1. Der innere Aufbau eines Sterns von sieben Sonnenmassen zu verschiedenen Zeitpunkten seiner Entwicklung. Links ist der Stern jeweils im gleichen Maßstab gezeichnet. Sein Inneres ist rechts vergrößert dargestellt. Bei späteren Phasen der Entwicklung war es nötig, das Innengebiet durch zweimalige Vergrößerung sichtbar zu machen. Die Symbole sind die gleichen wie in den Abbildungen 4-2 und 5-2. Nach dem Zünden des Heliums entsteht Kohlenstoff; er ist durch schwarz ausgefüllte kleine Kreise dargestellt. (a) Das Ur-Hauptreihenmodell mit konvektivem Zentralgebiet. (b) Der Stern 26 Millionen Jahre später. Sein Durchmesser hat sich noch nicht verändert, im Zentralgebiet beginnt aber bereits die Umstellung vom zentralen Brennen zum Schalenbrennen, wie man an der linken oberen Schnittfläche erkennt. (c) 26.5 Millionen Jahre nach dem Zünden des Wasserstoffs ist jetzt im Zentrum eine Heliumkugel entstanden. Die Fusion des Wasserstoffs findet nun in einer Schale statt. Der Radius des Sterns ist größer geworden. Der Stern hat eine dicke äußere konvektive Zone, wie die rechte obere Schnittfläche des linken Teilbildes erkennen läßt. (d) 100 000 Jahre später hat das Helium bereits gezündet. Jetzt lebt der Stern von der äußeren, wasserstoffbrennenden Schale und von der Fusion des Heliums im Zentrum. Der Stern ist noch größer geworden. (e) 34 Millionen Jahre nach dem Zünden des Wasserstoffs ist im Zentrum auch das Helium erschöpft. Der Stern lebt jetzt von zwei Schalenquellen; in der äußeren brennt Wasserstoff, in der inneren Helium. Der Stern ist vorübergehend kleiner geworden und hat seine äußere konvektive Zone verloren. (f) Zwei Millionen Jahre später ist der Stern wieder Roter Überriese. Seine wasserstoffbrennende Schale ist vorübergehend ausgegangen. Im Augenblick lebt der Stern allein von der Fusion des Heliums. Seine chemische Struktur ist nun schon recht kompliziert geworden. Außen hat man noch die ursprüngliche wasserstoffreiche Materie, darunter liegt eine dicke Heliumschicht, die eine winzige Zentralkugel aus Kohlenstoff umgibt.

um die Leuchtkraft zu decken. Deshalb beginnt der Wasserstoff etwas weiter außen zu brennen, in einem schalenförmigen Bereich um den ausgebrannten Kern herum; wie in der Entwicklungsgeschichte der Sonne bildet sich eine Schalenquelle (vgl. Abb. 6-1(b)). Weiter außen ist noch die ursprüngliche wasserstoffreiche Materie. Im Innern der Schalenquelle ist bald nur noch Helium. Der Stern besitzt jetzt einen Heliumkern, an dessen Oberfläche sich Wasserstoff in Helium verwandelt.

Die nun folgende Entwicklung geht schnell. Der Heliumkern innerhalb der Schalenquelle zieht sich zusammen und erhitzt sich, während die äußere Hülle des Sterns sich ausdehnt und dabei immer kühler wird. Die Oberflächentemperatur nimmt stark ab, die Leuchtkraft bleibt dagegen etwa gleich. Der Stern bewegt sich horizontal im HR-Diagramm nach rechts. Er wird ein Roter Überriese (vgl. Abb. 6-1(c) und Abb. 6-2). Dieser Übergang geschieht in nur 500 000 Jahren. In dieser relativ kurzen Zeit durchläuft der Stern das gesamte HR-Diagramm von links nach rechts.

Im Gebiet der Roten Überriesen tritt nun eine neue Erscheinung auf. Bei der Abkühlung sind die Außenschichten für Strahlung undurchlässiger geworden. Daher übernimmt hier die Konvektion den Energietransport. So hat der Stern jetzt eine dicke äußere Konvektionszone, die von der Oberfläche bis tief ins Innere reicht. Vorübergehend sind 70% der gesamten Sternmasse in diesem äußeren konvektiven Bereich. Die Zone sich auf und ab bewegender Materie reicht aber nicht so tief, daß sie das neu entstandene Helium vom Zentralgebiet nach außen mischen könnte. Das Helium bleibt unberührt in der Umgebung des Mittelpunktes liegen.

Aber auch das Innere tritt in eine neue Phase der Entwicklung. Während sich das Außengebiet ausdehnte, hat sich der ausgebrannte Heliumkern stark zusammengezogen. Dabei stieg die Dichte im Zentrum so stark an, daß ein Kubikzentimeter nunmehr 6 Kilogramm wiegt. Die so komprimierte Materie erhitzte sich dabei gleichzeitig immer mehr. Schließlich wird die Temperatur von 100 Millionen Grad erreicht. Wie wir schon wissen, kann sich dann Helium in Kohlenstoff verwandeln. 26.5 Millionen Jahre, nachdem unser Stern auf der Hauptreihe mit der Fusion des Wasserstoffs begonnen hat, erschließt er sich eine neue Energiequelle:

die Fusion des Heliums zu Kohlenstoff (vgl. Abb. 3-4). Wie schon vorher das Wasserstoffbrennen, so ist nun auch das Heliumbrennen stark auf die allerinnersten, zentrumsnahen Teile des Sterns konzentriert. Hier entsteht wieder ein, wenn auch vergleichsweise kleiner, konvektiver Kern. Der Stern deckt nun seine Leuchtkraft aus zwei Energiequellen: aus der Schalenquelle, in der sich Wasserstoff in Helium verwandelt, und aus den Kernreaktionen im Zentrum, wo Helium in Kohlenstoff übergeht (vgl. Abb. 6-1(d)).

Die Entwicklung unseres Modellsterns wird nun recht kompliziert. Das innerste Gebiet reichert sich mit Kohlenstoff an, und im Laufe der Zeit erschöpft sich der Heliumvorrat dort. Sechs Millionen Jahre nach dem Zünden ist das Helium im Zentrum verbraucht. Wie früher, so bildet sich auch jetzt eine Schalenquelle aus, in der Helium in Kohlenstoff umgewandelt wird. Die chemische Struktur des Sterns ist nun nicht mehr so einfach: Außen haben wir nach wie vor die ursprüngliche wasserstoffreiche Mischung, wie sie der Stern bei seiner Geburt mitbekommen hat, darunter eine Schicht aus Helium und darin eingebettet eine Kugel aus Kohlenstoff. An den beiden Grenzflächen, also einerseits dort, wo die ursprüngliche Mischung in Helium übergeht, und andererseits weiter innen, wo Kohlenstoff an Helium grenzt, finden Kernreaktionen statt. Der Stern hat nunmehr zwei Schalenquellen (Abbildung 6-1(e)). Im HR-Diagramm bewegt er sich mehrfach hin und her, bleibt aber doch den größten Teil der Zeit im Gebiet der Roten Riesen. Bald erlischt die äußere Schalenquelle. Der Stern lebt dann allein von der Fusion des Heliums (Abb. 6-1(f)). Die Vorgänge, die nun folgen, werden noch komplizierter. Früher oder später erreicht das Zentralgebiet die Temperatur, bei der sich Kohlenstoff in andere Elemente umwandelt, und das nukleare Brennen geht weiter.

Dies ist die Geschichte eines Sterns von sieben Sonnenmassen, wie wir sie 1963 gerechnet hatten. Inzwischen sind von vielen Autoren für andere Massen ähnliche Entwicklungsrechnungen durchgeführt worden. Pierre Demarque und Icko Iben in den USA und Bohdan Paczynski in Polen haben neben anderen viele Entwicklungswege gerechnet und mit der Beobachtung verglichen. Im großen und ganzen kann man sagen, daß sich Sterne im Gebiet zwischen zwei und etwa 60 Sonnenmassen ähnlich verhalten wie der hier vorgeführte Stern von sieben Sonnenmassen. Masseärmere Sterne entwickeln sich ähnlich wie die Sonne.

Entwicklungswege und Sternhaufendiagramme

Es ist heute noch unklar, wie das weitere Leben der Sterne abläuft. Der bis jetzt besprochene Teil der Entwicklung reicht jedoch bereits aus, um Vergleiche mit der Beobachtung anstellen zu können und zu prüfen, ob das, was uns der Computer über die Entwicklungsvorgänge im Innern eines Sterns lehrt, auch wirklich mit dem in Einklang steht, was man am Himmel beobachtet. Wie wir ja schon sahen, ist es leider nicht möglich, durch zeitlich aufeinanderfolgende Beobachtungen direkt zu kontrollieren, ob sich die Sterne in ihren Eigenschaften, etwa in Leuchtkraft und Oberflächentemperatur, wirklich so ändern, daß sie im HR-Diagramm von der Hauptreihe längs der theoretischen Entwicklungswege ins Gebiet der Roten Riesen wandern. Zur Prüfung der Theorie muß man daher andere, indirekte Vergleiche mit der Beobachtung vornehmen. Sehen wir uns in Abbildung 6-2 noch einmal die Entwicklungswege für eine und für sieben Sonnenmassen an. Beide führen von der Hauptreihe ins Gebiet der Roten Riesen und Überriesen. Nehmen wir an, beide Sterne hätten gleichzeitig mit der Fusion des Wasserstoffs begonnen. Dann bewegt sich der massereichere nach einigen Millionen Jahren bereits nach rechts, während der masseärmere noch jahrmilliardenlang auf der Hauptreihe bleibt.

Wenn wir Sternhaufen beobachten, dann sehen wir Sterne verschiedener Masse. Die massereicheren sind in einem entwickelteren Zustand als die masseärmeren, obwohl sie alle gleich alt sind. Um diesen Effekt zu veranschaulichen, haben sich Alfred Weigert und ich in den sechziger Jahren eine Methode ausgedacht, die den unterschiedlichen zeitlichen Ablauf der Entwicklung in einem Sternhaufen veranschaulicht. Wir dachten uns einen künstlichen Sternhaufen, bestehend aus 190 Sternen mit Massen von 23 Sonnenmassen bis hinab zur halben Masse der Sonne. Die Häufigkeitsverteilung dieser Sterne über die verschiedenen Massen wurde so angenommen, daß sie der Verteilung in einem wirklichen

Sternhaufen in etwa gleichkommt. So haben nur sechs Sterne mehr als zehn Sonnenmassen, dagegen liegen 42 Sterne zwischen einer und zwei Sonnenmassen. Für jeden dieser Sterne kann man die Entwicklung berechnen.

Beginnen wir nun mit dem Zeitpunkt, zu dem alle Sterne Hauptreihensterne sind, und zeichnen wir das HR-Diagramm dieses gedachten Sternhaufens. Man erhält eine ganz normale Hauptreihe (Abb. 6-3(a)). Schon drei Millionen Jahre später macht sich bei dem hellsten Hauptreihenstern – er ist natürlich auch der massereichste – die Erschöpfung des Wasserstoffs im Zentrum bemerkbar: Der Stern verläßt die Hauptreihe. 30 Millionen Jahre nach dem Zünden des Wasserstoffs sind die massereicheren Sterne bereits deutlich nach rechts gewandert (Abb. 6-3(b)). Einige Mitglieder unseres künstlichen Sternhaufens, nämlich die massereichsten, haben schon alle heutzutage bekannten Phasen der Sternentwicklung durchlaufen und befinden sich nun in einem Zustand der Entwicklung, der der Theorie noch nicht zugänglich ist. Solche Sterne sind hier und in den folgenden Diagrammen dieser Abbildung ganz weggelassen worden.

Das HR-Diagramm, das zum Alter von 30 Millionen Jahren gehört, zeigt nun wieder mehrere Charakteristika beobachteter HR-Diagramme. Die Hauptreihe ist nur bis zu einer bestimmten Leuchtkraft hinauf besetzt, rechts stehen Rote Überriesen. Abbildung 6-3(c) zeigt den künstlichen Sternhaufen 66 Millionen Jahre nach dem Zünden des Wasserstoffs. Die Hauptreihe ist von oben her noch weiter entvölkert; wieder sind einige Sterne, diesmal mit etwas kleinerer Masse, im Gebiet der Roten Riesen.

Das HR-Diagramm unseres künstlichen Sternhaufens im reifen Alter von 4.2 Milliarden Jahren ist in Abbildung 6-3(d) wiedergegeben. Das Aussehen hat sich jetzt gegenüber den vorigen Diagrammen ganz wesentlich geändert. Der untere Teil der Hauptreihe, davon rechts abbiegend ein Knie und daran anschließend ein steil aufsteigender Ast sind durchgehend besetzt. Die Veränderung gegenüber den früheren Diagrammen kommt dadurch zustande, daß bei den massearmen Sternen die Entwicklungswege anders verlaufen; wir haben ja jetzt sonnenähnliche Sterne, die ins Gebiet der Roten Riesen wandern. Die charakteristische Struktur dieses Diagramms findet man bei sehr alten Sternhaufen wieder,

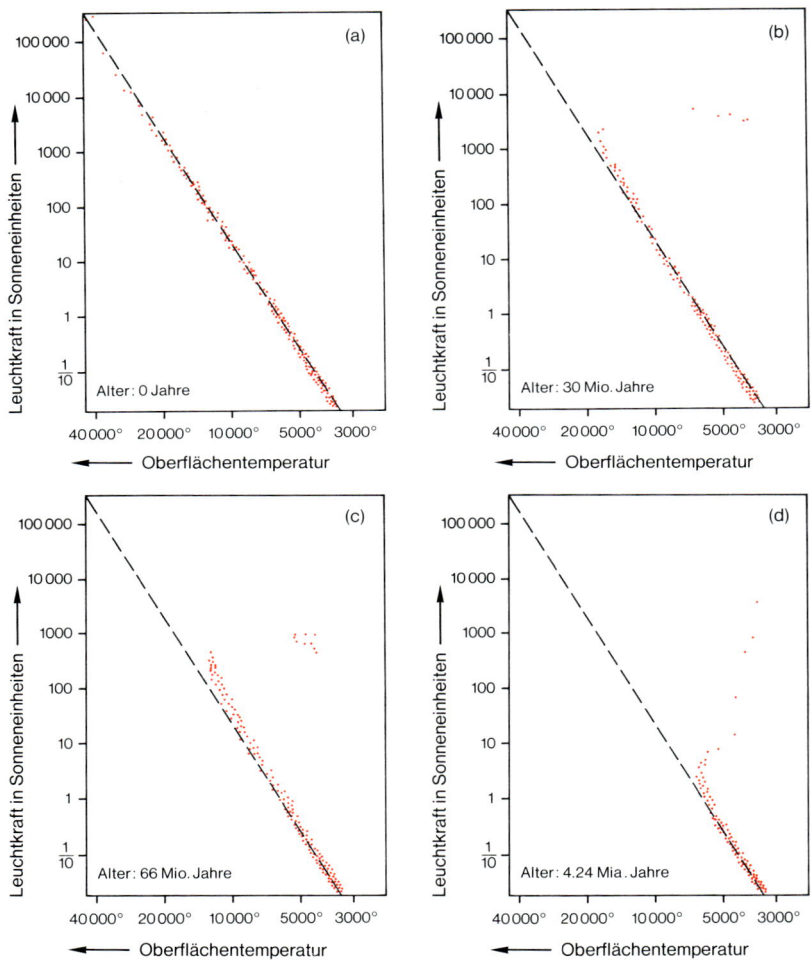

Abb. 6-3. Vier HR-Diagramme eines gedachten Sternhaufens bei verschiedenen Altersstufen. Jeder Punkt entspricht einem Stern bestimmter Masse. Er bewegt sich im Laufe der Zeit so, wie es seinem vom Computer gerechneten Entwicklungsweg entspricht. Für vier Zeitpunkte ist gezeichnet, wo sich die Punkte gerade befinden.

wie der Vergleich des Diagramms unseres künstlichen Sternhaufens mit dem HR-Diagramm des Kugelsternhaufens von Abbildung 2-9 zeigt. Dabei werden die gegenwärtigen Grenzen der Theorie offensichtlich. Der Beobachter findet zwar genau wie der Theoretiker, daß der untere Teil der Hauptreihe mit Sternen besetzt ist und daß sich dann die Sterne längs einer nach rechts, später nach oben abbiegenden Kurve ansammeln; er findet aber darüber hinaus viele Sterne in einem nahezu horizontalen Streifen, deren Helligkeit im sichtbaren Licht die Sonne um das Hundertfache übertrifft. Dieser sogenannte *horizontale Ast* in den HR-Diagrammen der Kugelhaufen fehlt im HR-Diagramm unseres künstlichen, gedachten Sternhaufens. Offensichtlich beobachtet man in den wirklichen Sternhaufen Sterne in einer Entwicklungsphase, die bisher von der Theorie noch nicht erfaßt worden ist. Wir haben ja – wie schon erwähnt – Sterne, die die bekannte Entwicklung durchlaufen haben, im Diagramm des künstlichen Sternhaufens weggelassen. Nun fehlen sie.

Wir haben wesentliche Eigenschaften der Diagramme von beobachteten Sternhaufen erklärt. Wir wissen jetzt genau, warum nur der untere Teil der Hauptreihe besetzt ist, warum weiter oben die Sterne nach rechts abbiegen zu den Roten Riesen. Wir glauben, daß wir mit unseren Computermodellen die wirklichen Vorgänge in den Sternen erfaßt haben. Dafür gibt es noch einen anderen Hinweis.

Pulsierende Sterne

Kehren wir zum Entwicklungsweg eines Sterns von sieben Sonnenmassen zurück. Bisher sind wir noch nicht darauf eingegangen, daß unser Stern mehrfach einen besonders interessanten Streifen im HR-Diagramm gekreuzt hat, der in der Abbildung 6-2 durch zwei gestrichelte parallele Geraden eingegrenzt ist. Das ist der Streifen, in dem alle Veränderlichen vom Typ Delta-Cephei liegen.

Der Stern Delta-Cephei ist einer der hellen Sterne im Sternbild Cepheus. Im Jahre 1784 bemerkte John Goodricke – wir werden später noch einmal auf eine wichtige Entdeckung dieses jung verstorbenen taubstummen Engländers zurückkommen –, daß dieser Stern nicht immer die gleiche Helligkeit besitzt. Bald fand man, daß er im Rhythmus einer fünftägigen Periode heller wird und wieder schwächer (vgl. Abb. 6-4). Im Maximum ist er etwa zweieinhalbmal so hell wie im Minimum. Inzwischen hat man viele die-

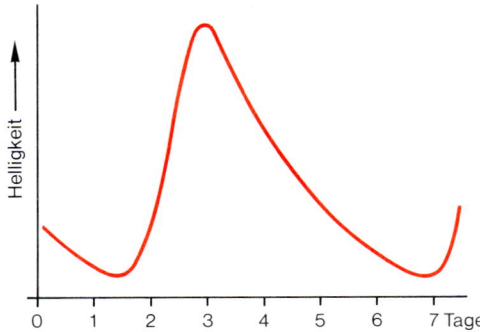

Abb. 6-4. Die Lichtkurve des Sterns Delta Cephei. Im Rhythmus einer Periode von 5.4 Tagen steigt die Helligkeit des Sterns zu einem Maximum an, um danach wieder schwächer zu werden.

ser Sterne kennengelernt. Die Perioden ihres Lichtwechsels liegen zwischen einem und 40 Tagen, ihre Oberflächentemperatur liegt etwa bei 5300 Grad, und ihre Leuchtkräfte lassen erkennen, daß sie keine Hauptreihensterne sind, sondern entwickelte Sterne: Rote Überriesen.

Unser Entwicklungsweg führt den Stern von sieben Sonnenmassen mehrfach durch dieses Stadium. Das erstemal kreuzt er von links nach rechts den Delta-Cephei-Streifen. Einige tausend Jahre braucht der Stern, um ihn zu durchlaufen. Das zweitemal geht er von rechts nach links, und er braucht 350000 Jahre dazu. Längst hat in seinem Innern das Helium gezündet, er bewegt sich langsam, gesteuert durch das nukleare Brennen des Heliums. Was geschieht mit einem Stern, dessen Entwicklungsweg den Delta-Cephei-Streifen durchkreuzt? Warum ist die Leuchtkraft der Sterne, die im Streifen stehen, veränderlich? Was bestimmt die Periode dieser Veränderungen? Man weiß heute, daß sich nicht nur die Leuchtkraft ändert; der Stern bläht sich auf und fällt wieder in sich zusammen – im Rhythmus des Lichtwechsels. Der Stern pulsiert. Warum pulsieren Sterne, wenn sie in einem bestimmten Streifen des HR-Diagramms stehen?

Eigentlich stand die Antwort schon 1926 in Eddingtons Buch über den inneren Aufbau der Sterne. Aber als Sir Arthur S. Eddington 1944 starb, wußte er nicht, wie nahe er zwanzig Jahre vorher der Lösung des Problems gewesen war. 1952 brachte der sowjetische Mathematiker Sergej Zhevakin, an Eddington anknüpfend, das Problem ein gutes Stück weiter. Seine Arbeit wurde jedoch anfangs wenig beachtet. Erst in den Jahren 1960/61 zeigten

John Cox in Boulder/Colorado und Norman Baker, der jetzt an der Columbia-Universität in New York lehrt, mit mir in München durch genauere Rechnungen, daß die Eddington-Zhevakinsche Theorie die Pulsation der Delta-Cephei-Sterne erklärt. Zwar ist man auch heute noch weit davon entfernt, alle Eigenschaften dieser veränderlichen Sterne im Detail zu verstehen, aber im großen und ganzen wissen wir, warum sie pulsieren. Ich will das mit Hilfe eines einfachen Modells anschaulich machen. Natürlich lassen sich damit nur die wesentlichen Effekte verdeutlichen.

Das Topfmodell eines Delta-Cephei-Sterns

Ein Stern wird durch seine eigene Gravitation zusammengehalten. Bei einem normalen Stern sind Gravitation und Gasdruck gerade im Gleichgewicht. Diese Gleichgewichtseigenschaft eines Sterns, von der wir schon öfters sprachen, läßt sich durch ein einfaches Modell anschaulich machen. In Abbildung 6-5(a) schließt ein beweglicher schwerer Kolben einen Topf nach oben gut ab. Im Topf sei Gas, das vom Kolben zusammengedrückt und am Entweichen gehindert wird. Obwohl die Schwerkraft den Kolben nach unten zu ziehen versucht, kann er doch nicht bis auf den Boden sinken. Er bleibt in einer bestimmten Höhe über dem Topfboden in Ruhe. Denn wenn sich der Kolben weiter nach unten bewegen würde, dann würde er das Gas zu stark komprimieren; der Gasdruck würde dadurch größer werden und den Kolben zurück in die Ruhelage drücken. Wenn der Kolben ruht, stehen die an ihm wirkende Schwerkraft und der dagegenwirkende Gasdruck gerade im Gleichgewicht. Dieser Zustand entspricht dem Gleichgewicht zwischen Schwerkraft und Gasdruck an jeder Stelle im Innern eines Sterns.

Wenn man nun den Kolben mit Gewalt etwas aus der Ruhelage hinaus nach unten drückt und ihn dann losläßt, so beginnt er zu schwingen. Ist er nämlich unterhalb seiner Gleichgewichtslage, dann ist der Gasdruck für das Gewicht des Kolbens zu groß, und er wird nach oben gedrückt. Ist er aber oberhalb der Gleichgewichtslage, dann ist der Gasdruck gering, und die Schwerkraft zieht den Kolben wieder nach unten. Dazwischen bleibt er nicht

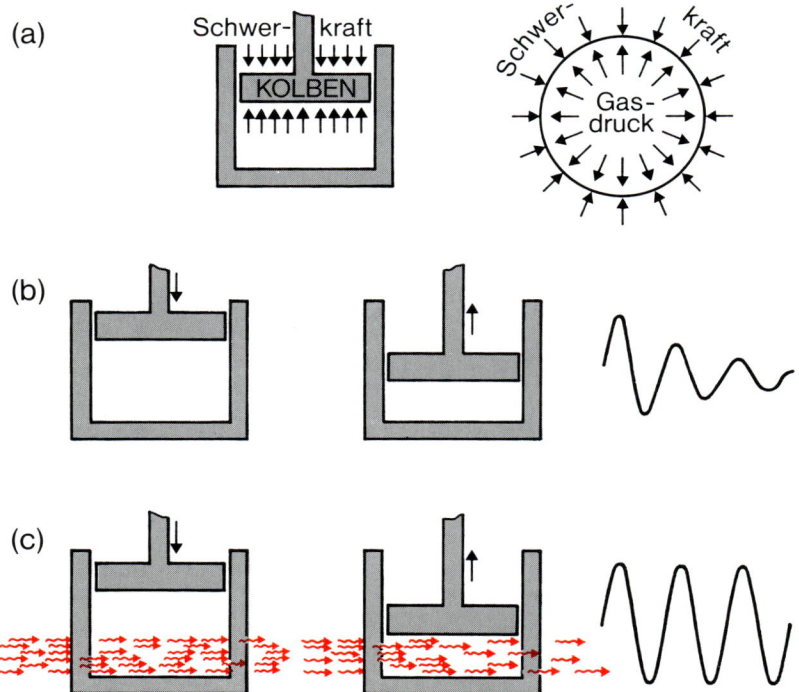

Abb. 6-5. Das Topfmodell eines Delta-Cephei-Sterns. (a) Im Topfmodell (links) wie im Stern (rechts) halten sich Schwerkraft und Gasdruck das Gleichgewicht. (b) Der in Bewegung versetzte Kolben kommt wegen der Reibungsverluste nach einigen Schwingungen zur Ruhe. (c) Strahlung durchsetzt das Gas im Topfmodell. Wenn das Gas im komprimierten Zustand mehr Strahlung absorbiert als im expandierten Stadium, dann kann der Kolben trotz der Reibungsverluste in Schwingung gehalten werden.

einfach in der Gleichgewichtslage stehen; denn ist er einmal in Bewegung, läßt ihn seine Trägheit über diese Lage hinausschießen, so daß er jeweils zwischen den beiden Extremen hin und her pendelt. Der in Bewegung gesetzte Kolben schwingt also um eine Mittellage. Das Gas wirkt wie eine Feder. Die Energie, die es bei der Kompression vom Kolben erhält, gibt es bei der Expansion wieder an ihn zurück, der dann wiederum während der Kompression seine Energie an das Gas abgibt. Keine Energie geht verloren. Die Reibung sei in unserem Modell vernachlässigbar klein. Wir haben dann einen Kolben, der beliebig lange periodisch schwingt. Die Schwingung ist ungedämpft, das heißt, die maximale Abweichung des Kolbens von der Mittellage bleibt gleich. Die Periode der Schwingung hängt von Eigenschaften unseres Modells ab, zum Beispiel von der Masse des Kolbens und von der mittleren Temperatur des Gases.

Sterne verhalten sich in grober Näherung ähnlich. Würde man einen Stern von allen Seiten gleichmäßig zusammendrücken und dann loslassen, so würde der erhöhte Gasdruck die Materie wieder allseitig nach außen schieben, und sie würde über die Gleichgewichtslage hinausschießen. Dann aber wäre die Schwerkraft größer als der Gasdruck. Sie würde das Gas wieder in die Richtung zum Sternzentrum ziehen. Der Stern würde pulsieren. Einmal aus dem Gleichgewicht gebracht, würde er weiterschwingen. Die Periode der Schwingung des Sterns kann dabei – ähnlich der Schwingungsperiode unseres Topfmodells – berechnet werden, wenn die Eigenschaften des Sterns, seine Masse, die Temperaturverteilung in seinem Innern, also sein innerer Aufbau, bekannt sind.

Aber sowohl Topfmodell wie auch Stern haben wir hier stark vereinfacht. Der Kolben hat natürlich Reibungsverluste. Einmal angestoßen, schwingt er von einem Mal zum anderen etwas weniger weit aus, die Schwingung ist gedämpft. Nach einiger Zeit kommt der Kolben zum Stehen (vgl. Abb. 6-5(b)). Beim Stern ist es nicht sosehr die Reibung, es sind andere Mechanismen, welche die Schwingung dämpfen. Man kann abschätzen, daß ein künstlich in Schwingung versetzter Stern in den meisten Fällen nach etwa 5000–10 000 Schwingungen, also etwa nach 100 Jahren, wieder in Ruhe ist. Wir wissen aber aus den Beobachtungen, daß der Stern Delta-Cephei selbst, seit seiner Entdeckung im Jahre 1784, mit unverminderter Stärke pulsiert. Wo also ist der Motor, der die Schwingungen eines solchen Sterns aufrecht hält, obwohl sie nach den bisherigen Überlegungen in relativ kurzer Zeit abklingen sollten?

Eddington machte in seinem Buch auf einen möglichen Mechanismus aufmerksam. Die Außenschichten jedes Sterns werden von starker vom Zentrum kommender Strahlung durchflossen. Um das in unserem Topfmodell zu simulieren, denken wir uns den Topf aus durchsichtigem Material gefertigt und von Strahlung durchsetzt, die etwa von links nach rechts geht (vgl. Abb. 6-5(c)).

Das Gas im Topf sei wie das Sterngas nicht vollständig durchsichtig. Es verschlucke einen Teil der Strahlung.

Es wird sich deswegen anfangs aufheizen, bis der Temperaturunterschied zwischen Gas und Außenwelt so groß ist, daß der Topf in jeder Sekunde genauso viel Energie nach außen strahlt, wie dem Gas durch die Absorption eines Teils der Strahlung zugeführt wird.

Wir gehen von der Gleichgewichtslage des Kolbens aus und drücken ihn ein kleines Stück nach unten. Das Gas wird komprimiert, und Druck und Temperatur werden größer. Im Prinzip sind nun zwei Fälle denkbar. Das Gas schluckt im Augenblick maximaler Kompression mehr Strahlung, oder es schluckt weniger. Betrachten wir den ersten Fall. Wenn bei Kompression die Absorption ansteigt, so wird, wenn der Kolben unten ist, mehr Strahlungsenergie verschluckt als in der Ruhelage. Durch diese Zusatzenergie erhitzt sich das Gas weiter, der Druck wächst stärker. Durch den Überdruck wird der Kolben verstärkt nach oben gestoßen, über die ursprüngliche Ruhelage hinaus. Dann aber ist das Gas dünner und kühler als in der Ruhelage, und daher wird weniger Energie geschluckt. Das Gas kühlt sich ab, der Gasdruck sinkt, der Kolben kommt mit Schwung wieder herunter, und das hält ihn trotz der Reibung in Gang.

Was dem Kolbenmodell recht ist, ist dem Stern billig. Wenn in einer Schicht eines Sterns die Materie ebenfalls die Eigenschaft hat, daß sie mehr Strahlung schluckt und in Wärme verwandelt, wenn sie komprimiert ist, dann kann die den Stern durchdringende Strahlung Schwingungen anregen. Denn wenn der Stern komprimiert ist, dann kann die vom Innern des Sterns nach außen gehende Strahlung nicht so gut durch die äußeren Schichten dringen. Das Gas heizt sich auf und treibt den Stern auseinander. Nach der Phase der Kompression bläht er sich wieder auf. Ist er in seiner größten Ausdehnung, dann ist die Materie durchsichtiger. Es kann mehr Energie nach außen dringen als sonst, das Innere kühlt sich ab, und der Stern fällt wieder in sich zusammen; der Expansion folgt eine neue Kompression. Die Sternmaterie wirkt für die nach außen dringende Strahlung wie ein Ventil, das sich im Rhythmus der Pulsation öffnet und schließt.

Diesen Mechanismus hat Eddington bereits 1926 in seinem

Buch beschrieben, und nun kommt die Tragik. Zu Eddingtons Zeiten wußte man noch wenig darüber, wie im einzelnen die Strahlung durch das Sterngas geht, und alles, was man wußte, sprach dafür, daß die Sternmaterie die umgekehrte Eigenschaft hat, daß sie bei Kompression durchsichtiger wird. Dann aber treten statt der eben besprochenen andere, gegenteilige Effekte auf. Der Absorptionsmechanismus wirkt gerade in falscher Richtung, er regt die Schwingung nicht an, er dämpft sie. Dies war der Grund, weswegen Eddington selbst seinen Mechanismus beiseite legte und bis zu seinem Tod immer wieder versuchte, neue Erklärungen für die Pulsation der Delta-Cephei-Sterne zu finden.

Zhevakins neue Diskussion einer alten Idee

Bis zu Beginn der fünfziger Jahre hatte man die Durchlässigkeitseigenschaften der Sternmaterie wesentlich besser erforscht. Man wußte, daß Eddingtons Vorstellungen im tieferen Innern der Sterne richtig sind. In den äußeren Schichten eines Sterns dagegen kann es durchaus vorkommen, daß die Materie bei Kompression undurchsichtiger wird. Und das passiert gerade dann, wenn die Oberflächentemperatur eines Sterns bei etwa 5300 Grad liegt. Zhevakin zeigte nun in einer fundamentalen, aber lange unbeachteten Arbeit im Jahre 1953, daß bei einem Delta-Cephei-Stern die schwingungsanregende Wirkung der Durchlässigkeitseigenschaften der äußeren Schichten gerade ausreicht, um die gesamte Dämpfung im übrigen Stern zu überwinden und den Stern schwingen zu lassen. Eddingtons Strahlungsventilmechanismus hält also einen Delta-Cephei-Stern gegen die Dämpfungseffekte in Schwingung.

Nachdem wir 1963 in unserer Münchener Gruppe gesehen hatten, daß der Entwicklungsweg unseres Sieben-Sonnenmassen-Sterns fünfmal den Delta-Cephei-Streifen durchkreuzt, lag es nahe, alte Rechnungen, die Norman Baker und ich 1960 in München gemacht hatten, wieder aufzugreifen – Rechnungen, mit denen man prüfen konnte, ob ein Stern in Schwingung gerät oder nicht. Wir fanden, daß jedesmal, wenn der Entwicklungsweg den Delta-Cephei-Streifen kreuzte, die Sternmodelle Schwingungen zeigten und daß seine Schwingungsperiode sehr gut mit den beobachteten Perioden übereinstimmte. So entnehmen wir der Tatsache, daß man Delta-Cephei-Sterne mit ihren Schwingungseigenschaften ganz zwanglos in das Schema der Sternentwicklung einpassen kann, daß im großen und ganzen alles stimmt. Immer wenn ein Stern in seiner Entwicklung im HR-Diagramm durch den Delta-Cephei-Streifen hindurchgeht, schwingt er. Sobald er den Streifen verläßt, reicht der Anregungsmechanismus in den äußeren Schichten nicht mehr aus – der Stern hört auf zu schwingen.

Martin Schwarzschild formulierte einmal: Delta-Cephei-Stern zu sein ist für einen Stern so etwas wie für einen Menschen, die Masern zu haben. Wenn er in diesem Stadium ist, sieht man es ihm deutlich an, später aber, wenn alles vorbei ist, kann man ihm nicht mehr anmerken, ob er die Krankheit schon einmal gehabt hat.

7. Hochentwickelte Sterne

Was geschieht mit unserem Stern von sieben Sonnenmassen, wenn er in seinem Zentrum alles Helium erschöpft hat? Geht das Spiel so fort von Energiekrise zu Energiekrise? Erhitzt sich der Kern weiter, bis bei 300 Millionen Grad der Kohlenstoff zündet? Es wird nun sehr schwer, den Stern auf der Rechenmaschine weiter zu verfolgen. Nach dem Erschöpfen des Heliums im Zentrum steigen dort Dichte und Temperatur tatsächlich weiter an; alles geht auf das Kohlenstoffbrennen zu. Aber dann kommen Schwierigkeiten.

Neutrinos kühlen, Schalenquellen flackern

Wenn Dichte und Temperatur im Zentrum eines Sterns hinreichend hoch sind, dann können, wenn ein Lichtquant und ein Elektron einander nahekommen, zwei neue Elementarteilchen entstehen (vgl. Abb. 7-1). Eines von ihnen kennen wir schon, das Neutrino. Das zweite Teilchen ist dem Neutrino sehr verwandt, es heißt *Antineutrino,* und seine Eigenschaften sind denen des Neutrinos ganz ähnlich. Im besonderen kann es ebenfalls ungehindert durch die Sternmaterie hindurch nach außen gelangen. Sterne sind nicht nur für Neutrinos durchsichtig, sondern auch für Antineutrinos. Bei der Geburt des Neutrino-Antineutrino-Paares ist Energie der Eltern, also des Elektrons und des Lichtquants, verbraucht worden. Diese Energie steckt in dem neugeborenen Zwillingspaar und entweicht mit ihm ungehindert aus dem Innern des Sterns in den Weltraum. Wenn der Stern im Zentralgebiet kontrahiert, um die Temperatur für das Kohlenstoffbrennen zu erreichen, dann entstehen immer mehr Neutrino-Antineutrino-Paare, führen Energie ab und kühlen das Sterninnere. Damit hindern sie das Zünden des Kohlenstoffs oder verzögern es zumindest. Wenn

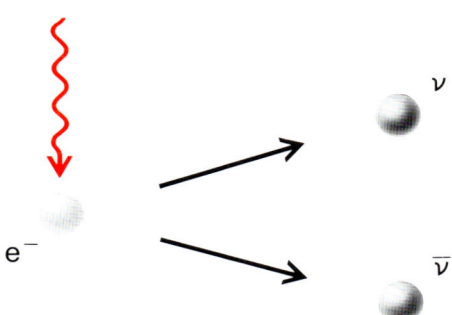

Abb. 7-1. Bei Temperaturen von hundert Millionen Grad können bei der Begegnung von einem Elektron (graue Kugel) mit einem Lichtquant (roter, gewellter Pfeil) ein Neutrino und ein Antineutrino entstehen.

e^-

ν

$\bar{\nu}$

schließlich doch noch die Fusion des Kohlenstoffs beginnt, dann läuft diese so lange verzögerte Reaktion explosionsartig ab. Möglicherweise zerreißt es dabei den ganzen Stern. Aber um das genauer herauszufinden, müßte man bis in diese Phase hinein rechnen können. Dem aber stellen sich neue Schwierigkeiten in den Weg.

In den fortgeschrittenen Stadien der Sterne, in denen Energie in einer wasserstoffbrennenden und in einer heliumbrennenden Schale erzeugt wird, laufen die Kernreaktionen nicht mehr gleichmäßig ab. Die Energieerzeugung schwillt an und ebbt im Laufe von Jahrhunderten wieder ab. Einmal wird die Leuchtkraft des Sterns allein durch die wasserstoffbrennende Schale gedeckt, dann wieder übernimmt die heliumbrennende Schale die gesamte Energieproduktion. Konvektive Gebiete über den einzelnen energieerzeugenden Schalen bilden sich, durchmischen Teile des Sterns und verschwinden wieder. Wenn man diese Vorgänge auf der Rechenmaschine genauer verfolgen will, muß man das Aufflammen und Abklingen der beiden energieerzeugenden Schalen im einzelnen verfolgen, und hundert Sternmodelle sind vielleicht nötig, um einen Zeitlauf zu erfassen, der nur hundert Jahren im wirklichen Leben eines Sterns entspricht. Wer also die Entwicklung des Sterns über einige Millionen Jahre hinweg verfolgen will, steht vor einer praktisch unlösbaren Aufgabe. Alle Gruppen, die im Sternentwicklungsgeschäft arbeiten, haben bisher davor kapituliert.

Selbst wenn man diese Aufgabe gelöst hätte, würden weitere Schwierigkeiten kommen. Die nuklearen Brennen werden immer komplizierter. Wenn zwei Atomkerne des Kohlenstoffs zusammenstoßen und miteinander reagieren, dann steht das Endprodukt dieser Reaktion keineswegs genau fest. Es kann Magnesium entstehen oder Sauerstoff, Neon oder Natrium. Alle diese Atome werden in einem bestimmten Häufigkeitsverhältnis gebildet. Die chemische Struktur des Sterns wird immer komplizierter. Dazu kommt, daß die Fusion verschiedener höherer Elemente bei nahezu derselben Temperatur abläuft. Das heißt, daß an derselben Stelle im Stern mehrere verschiedene nukleare Brennen nahezu gleichzeitig ablaufen können. Und vor alledem haben die Sternmodellbauer vorläufig aufgegeben. Die Kunst, die Lebensgeschichte eines Sterns auf der elektronischen Rechenmaschine zu simulieren, hat hier ihr Ende gefunden. Wir wissen nicht, wie es weitergeht, wir können nur zu erraten versuchen, was nun geschieht.

Der Weiße Zwerg im Roten Riesen

Wenn uns der Computer nicht mehr sagen kann, wie das weitere Schicksal eines Sterns sein wird, dann können wir versuchen, direkt an den Himmel zu blicken und zu fragen, ob uns die Beobachtung Aufschlüsse darüber gibt, was weiter geschieht. Wonach müßten wir suchen? Wie sehen die letzten, gerade noch aus der Rechenmaschine herausgequetschten Sternmodelle aus?

Während der Entwicklung von der Hauptreihe bis zu den spätesten Phasen der im Modell verfolgbaren Entwicklung unseres Sterns von sieben Sonnenmassen hat sich das Zentralgebiet ständig kontrahiert, ist die Dichte dort stark angestiegen, zuerst nach dem Erschöpfen des Wasserstoffs, dann nach dem Erschöpfen des Heliums im Zentrum. War ursprünglich, als unser Stern noch auf der Urhauptreihe stand, die Dichte im Zentrum weniger als ein Zehntel der Dichte des Wassers, so ist sie einige Zeit nach dem Erschöpfen seines Heliums im Mittelpunkt auf zehn Tonnen pro Kubikzentimeter angestiegen. Solche Dichten kennen wir sonst nur noch von Weißen Zwergen.

Tatsächlich steckt im Inneren unseres entwickelten Sterns ein Kern sehr hoher Dichte. Etwas mehr als eine Sonnenmasse ist in ihm vereinigt. Sein Radius entspricht dem eines Weißen Zwerges gleicher Masse. Alle seine Eigenschaften ähneln denen eines Weißen Zwerges, nur daß er von einer riesigen Gashülle umgeben ist, die etwa die sechsfache Masse der Sonne hat. Das gilt übrigens für alle Roten Riesen und für die noch helleren Überriesen, die im Zentrum ihr Helium bereits aufgezehrt haben. Alle haben sie dichte Kerne wie unser Stern von sieben Sonnenmassen. Im Herzen eines Roten Riesen steckt stets ein Weißer Zwerg! Würde man die nur lose auf dem dichten Kern lagernde Hülle wegnehmen, dann bliebe ein Stern übrig, der sich in nichts von den im Freien vorkommenden Weißen Zwergen unterschiede. Kann ein entwickelter Stern seine Hülle abstoßen und sich so in einen Weißen Zwerg verwandeln, in einen Stern also wie den Siriusbegleiter?

Ehe wir diese Frage weiterverfolgen, wollen wir von den hier besprochenen massereicheren Sternen erst noch zu den sonnenähnlichen zurückgehen. Wie weit kommt man bei ihnen mit den Modellrechnungen?

Die weitere Zukunft der Sonne

Wir hatten es schon erwähnt, das sehr rasche Einsetzen des Heliumbrennens führte bei der Simulation der Entwicklung sonnenähnlicher Sterne auf der Rechenmaschine zu besonderen Schwierigkeiten. Aber mit Hilfe der Henyey-Methode hatten Schwarzschild und sein Mitarbeiter Richard Härm 1962 den »Helium-Flash« verfolgen können, den »Helium-Blitz«, wie man das schnelle Abbrennen des Heliums bezeichnet. Was geschieht im Stern? Ich werde mich im folgenden an die Rechnungen halten, mit denen Hans-Christoph Thomas 1967 in München promovierte.

Erinnern wir uns: Unser sonnenähnlicher Stern steht im HR-Diagramm rechts oben (vgl. Abb. 5-4), er hat in seinem Zentrum längst seinen Wasserstoff verbrannt. In seinem Zentralgebiet ist eine Heliumkugel entstanden, an deren Oberfläche das Wasserstoffbrennen sich immer weiter in die noch wasserstoffreiche Hülle frißt. Die Hülle selbst ist sehr ausgedehnt, der Stern ist ja inzwischen zum Roten Riesen geworden (vgl. Abb. 5-2(d)).

Während nun der Heliumkern sich immer mehr Masse einverleibt, weil an seiner Oberfläche Wasserstoff zu Helium wird, steigen Dichte und Temperatur im Zentrum. Bald aber erzeugen auch hier Lichtquanten und Elektronen Neutrinopaare, und ein Teil der Energie aus dem Inneren entweicht direkt mit den Neutrinos. Das Zentralgebiet wird durch Neutrinos gekühlt. Während sonst in Sternen das Zentrum am heißesten ist, hat jetzt, wegen der Neutrinokühlung, der Sternmittelpunkt eine niedrigere Temperatur, niedriger als eine Schicht, die zwar noch in der Heliumkugel ist, aber doch ein ganzes Stück außerhalb des Zentrums. Dort ist es nun am heißesten, und dort beginnt auch bald das Helium zu zünden. Da die Fusion des Heliums bei hoher Dichte abläuft, flammt es recht stark auf. Das ist der Helium-Flash. Wenn das Zünden des Heliums auch sehr rasch vor sich geht, so darf man trotzdem nicht glauben, daß man der Sonne, wenn es bei ihr einmal soweit sein wird, von außen viel anmerken würde. Der träge Sonnenkörper wird außen nur geringfügig auf die vorübergehend verstärkte Energieerzeugung in seinem Inneren reagieren. Zweihundert Jahre lang ist das Heliumbrennen recht heftig, danach folgt wieder ein gleichmäßiges nukleares Brennen.

Dann aber stellen sich wieder alle die Alterskrankheiten entwickelter Sterne ein. Die Schalenquellen brennen flackernd und zwingen den Rechner immer wieder, auf Vorgänge Rücksicht zu nehmen, die sich innerhalb von hundert Jahren abspielen. Es wird unmöglich, Millionen Jahre und mehr durch Rechnungen zu überbrücken. Solche Zeiträume braucht es aber, bis sich die weitere Entwicklung bemerkbar macht.

So sind wir auch hier mit unserer Kunst am Ende. Es bleibt uns nur die Frage, ob wir vielleicht Sterne beobachten, welche diese Phasen der Entwicklung bereits hinter sich gebracht haben und die uns verraten können, wie es weitergeht. Dabei hilft uns das HR-Diagramm des Kugelhaufens der Abbildung 2-9. Erinnern wir uns: Dort beobachten wir Sterne, die auf dem Weg von der Hauptreihe ins Gebiet der Roten Riesen sind. Wir wissen bereits: das sind Sterne, die ihr Helium noch nicht gezündet haben. Da nun die Rechnungen zeigen, daß während des Zündens des Heliums der Stern im Diagramm rechts oben bleibt, müssen wir schließen, daß die Sterne, die im Diagramm den horizontalen Ast bilden, ihr Helium bereits gezündet haben müssen. Aber die Computermodelle, die den Stern nach dem Helium-Flash beschreiben, zeigen nichts davon, daß der Stern nach links auf den horizontalen

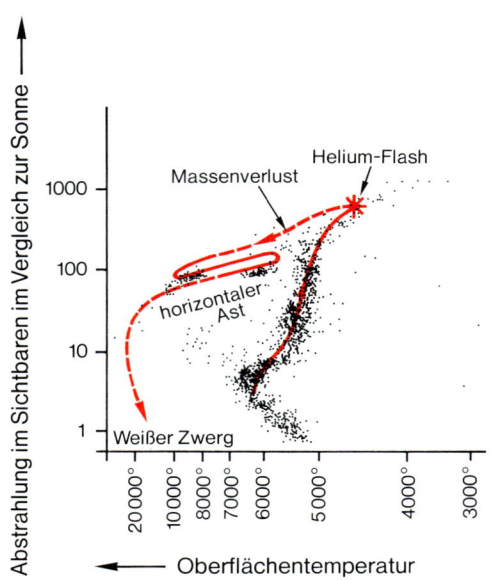

Abb. 7-2. Der schematische Entwicklungsweg eines sonnenähnlichen Sterns im HR-Diagramm. Nach dem Hauptreihenstadium war der Stern zum Roten Riesen geworden, wie es in Abb. 5-4 gezeigt ist. Dort zündet er sein Helium (Helium-Flash). Als Roter Riese bläst er dann von seiner Oberfläche so viel Materie ab, daß er einen wesentlichen Teil seiner Hülle verliert und im Diagramm auf den horizontalen Ast gelangt. Danach wird er wahrscheinlich ein Weißer Zwerg. Zum Vergleich sind in das Diagramm die Sterne des Kugelsternhaufens M3 von Abb. 2-9 eingezeichnet.

In the figure:
- y-axis: Abstrahlung im Sichtbaren im Vergleich zur Sonne (1000, 100, 10, 1)
- Massenverlust
- Helium-Flash
- horizontaler Ast
- Weißer Zwerg
- x-axis: 20 000°, 10 000°, 8000°, 7000°, 6000°, 5000°, 4000°, 3000°
- ← Oberflächentemperatur

Ast hin strebt. Sie bleiben rechts, bei den Roten Riesen. Wie aber kommen die Sterne in der Natur auf den horizontalen Ast?

Die ersten Ideen zur Lösung dieses Problems gehen auf den Hoyle-Schüler John Faulkner zurück, der jetzt in Santa Cruz in Kalifornien arbeitet. Man kann nämlich mit den Computermodellen heliumbrennender sonnenähnlicher Sterne ein kleines Experiment machen. Nimmt man ihnen künstlich von ihrer Oberfläche etwas Masse weg und läßt den Computer dann den Aufbau dieser teilamputierten Modelle rechnen, dann liegen diese Sternmodelle im HR-Diagramm nicht mehr rechts, sondern nahe beim horizontalen Ast. Es ist nicht nötig, die ganze den Heliumkern umgebende wasserstoffreiche Hülle zu entfernen; eine Teiloperation genügt. Sind wir mit diesem Computerexperiment der Wahrheit auf der Spur? Verlieren vielleicht sonnenähnliche Sterne während der Zeit, in der sie Rote Riesen sind, von ihrer Oberfläche Masse, und siedeln sie sich dann, von einem Teil ihrer Hülle erleichtert, auf dem horizontalen Ast des HR-Diagramms an, dort, wo man in den Diagrammen von Kugelsternhaufen Sterne beobachtet, die anscheinend ihr Helium bereits gezündet haben? Sehen wir uns Abbildung 7-2 an. Ist das die weitere Zukunft der Sonne: Verliert sie als Roter Riese so viel Masse, daß merkliche Teile ihrer Hülle in den Raum geblasen werden, und steht sie dann im HR-Diagramm für längere Zeit auf dem horizontalen Ast? Es scheint so. Früher oder später wird dann nahezu die gesamte Masse der Sonne in ihrem Weißen-Zwerg-Kern vereinigt sein, und schließlich – vielleicht nach einer weiteren Phase, während der sie ihre Hülle abstößt – wird unsere Sonne selbst zum Weißen Zwerg.

Nachdem die Computer-Modelle hochentwickelter Sterne uns auf den Gedanken gebracht haben, daß Sterne Masse verlieren müssen, können wir am Himmel gezielt nach Anhaltspunkten dafür Ausschau halten. Es gibt eine Fülle von Anzeichen, nicht nur bei hochentwickelten Sternen, sondern auch bei einem so harmlosen Hauptreihenstern wie unserer heutigen Sonne.

Peter Apianus, Ludwig Biermann und die Kometen

Der eine lehrte im 16. Jahrhundert in Ingolstadt Astronomie, hieß eigentlich Peter Bienewitz und stammte aus Sachsen. Der andere wohnt in München und war mein Vorgänger im Amt in der Max-Planck-Gesellschaft. Die Geschichte, um die es hier geht, handelt von einer merkwürdigen Eigenschaft der Kometen und endet mit der Frage nach dem Massenverlust der Sonne.

Kometen sind Körper, die aus weniger als einem Millionstel der Masse der Erde aufgebaut sind. Sie bewegen sich in langgestreckten Ellipsenbahnen um die Sonne. Der bekannteste unter ihnen ist der Halleysche Komet, der auf seiner Bahn, die er etwa alle 75 Jahre einmal durchläuft, im Jahre 1986 wieder nahe bei der Sonne sein wird. Wenn Kometen in Sonnennähe kommen, verdampfen Gasmassen, die wahrscheinlich sonst als Eis oder Schnee im Kometen eingefroren sind. Daneben werden auch Staubteilchen frei, die mit dem Schnee vermischt waren. Gas und Staub fliegen nun nicht etwa nach allen Richtungen hin gleichförmig vom Kometenkörper weg. Sie bilden den gerichteten Schweif, der dem Kometen sein charakteristisches Aussehen gibt. Genaugenommen sind es zwei Schweife, die vom Kometen ausgehen, ein Staubschweif, entlang dem die Staubteilchen wegfliegen, und ein

Abb. 7-3. Der Komet Mrkos aus dem Jahre 1957 zeigt den geraden, von der Sonne abgewandten Gasschweif und den nach links gekrümmten diffusen Staubschweif.

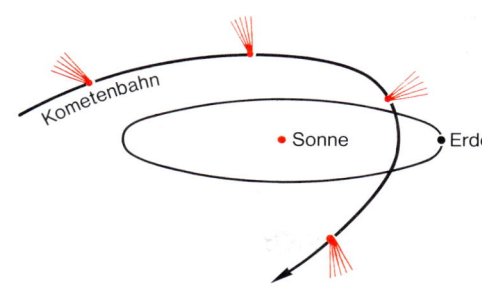

Abb. 7-4. Während sich ein Komet auf seiner Bahn bewegt, ist sein Gasschweif stets von der Sonne abgewandt.

Gasschweif. Die Staubteilchen werden vom Druck des Sonnenlichtes in eine von der Sonne weggerichtete, oft leicht gekrümmte Bahn gebracht. Der Staubschweif des Kometen soll uns hier nicht interessieren. Die Gasmoleküle sind es, die uns Rätsel aufgeben. Sie fliegen längs eines geradlinigen Schweifes mit großer Geschwindigkeit vom Kometen weg. Manchmal kommen sie auf 100 Kilometer pro Sekunde.

Die auffallende Erscheinung der Kometen (die nicht mit den rasch über den Himmel flitzenden Sternschnuppen verwechselt werden dürfen) hat zu allen Zeiten die Gemüter bewegt (vgl. Abb. 7-3). Im Mittelalter galten sie als Unglücksbringer, als Vorzeichen von Krieg, Hungersnot und Pest. Sie haben aber auch immer wieder das wissenschaftliche Denken angeregt. Schon in der ersten Hälfte des 16. Jahrhunderts hatte der Mathematikprofessor Apianus herausgefunden, daß die leuchtenden Gasschweife der Kometen stets von der Sonne abgewandt sind. Ein Komet fliegt nämlich keineswegs so durch den Raum, daß er den Gasschweif in seiner Bahn zurückläßt. Wie er sich auch immer bewegt, die Richtung des Gasschweifes weist immer von der Sonne weg (vgl. Abb. 7-4). Wenn er sich von der Sonne entfernt, dann schiebt er seinen Gasschweif vor sich her. Der von der Sonne abgewandte Schweif und die hohen Geschwindigkeiten, mit denen das Gas, aus dem Kometenkörper herauskommend, von der Sonne wegfliegt, legten schon im letzten Jahrhundert den Gedanken nahe, daß es eine Kraft geben müsse, die – entgegen der Schwerkraft – die Materie von der Sonne abstößt.

Die einzige bekannte, dafür in Frage kommende Kraft ist der Druck, den das von der Sonne kommende Licht auf die Teilchen des Kometenschweifes ausübt. Im Jahre 1943 zeigte der damals in

Hamburg arbeitende Astronom Karl Wurm (1899–1975), daß der Strahlungsdruck jedoch viel zu schwach ist, um die großen Geschwindigkeiten in den Gasschweifen zu erklären.

Aber die hohen Geschwindigkeiten waren beobachtet worden und verlangten nach einer Erklärung. Da die Gasteilchen immer von der Sonne wegfliegen, muß die Ursache in der Sonne liegen. Das brachte Ludwig Biermann (1907–1986) um 1950 auf die Idee, daß möglicherweise von der Sonne her ständig ein Partikelstrom unser Sonnensystem durchfließt und die aus dem Kometenkern verdampfenden Moleküle mit sich reißt. Man wußte schon, daß bei gelegentlichen Ausbrüchen auf der Sonne Gaswolken in den Raum geschleudert werden; sie sind zum Beispiel für die Nordlichter verantwortlich. Jetzt aber behauptete Biermann, daß es unabhängig von den Ausbrüchen auf der Sonne einen stetigen Wind geladener Teilchen gibt. Diese elektrisch geladenen Teilchen – hauptsächlich Wasserstoffkerne – würden die elektrisch geladenen Bestandteile der aus dem Kern des Kometen freiwerdenden Gase mit sich reißen, während die ungeladenen Moleküle im Kopf des Kometen zurückblieben. Der von Biermann für die Erklärung der Richtung der Kometenschweife vorhergesagte Sonnenwind wurde inzwischen durch Satelliten nachgewiesen und mit Hilfe von Raumsonden in seiner Stärke und Richtung vermessen. Damit ist die Frage beantwortet, die sich mit Apianus' Entdeckung stellte, warum nämlich die Gasschweife der Kometen immer von der Sonne abgewandt sind.

Die Sonne verliert also ständig Materie. Sind damit alle unsere Entwicklungsrechnungen falsch, in denen wir angenommen haben, daß der Stern seine Anfangsmasse beibehält? Kann darin vielleicht ein Ausweg aus dem noch immer ungeklärten Neutrinoparadoxon gefunden werden?

Man weiß heute, daß die Sonne derzeit pro Jahr 10 Billionen (also 10000 Milliarden) Tonnen Materie als Sonnenwind in den Raum bläst. So groß diese Zahl auch ist, innerhalb der Jahrmilliarden, welche die Entwicklung der Sonne währt, verringert sich ihre Masse um keinen nennenswerten Bruchteil. Während ihrer Hauptreihenphase scheint die Sonne ihre Masse beisammenzuhalten, obwohl Gas von ihr abströmt, in dem sich die Kometenschweife ausrichten wie Fahnen im Wind.

Entwickelte Sterne verlieren Masse

Die Sonne verliert während ihrer Hauptreihenzeit nur wenig von ihrer Masse. Entwickelte Sterne dagegen verlieren mehr. Von vielen Roten Riesen strömt Gas von der Oberfläche in den Raum. Wir verstehen den Mechanismus noch nicht. Selbst eine genaue Theorie des Sonnenwindes steht bis heute noch aus. Aber man kann die Geschwindigkeit der abströmenden Materie messen und abschätzen, wieviel Masse dem Stern verlorengeht. Manche Sterne geben danach zehnmillionenmal schneller Masse ab als die Sonne. Meist ist der Massenverlust so stark, daß schon in 100 Millionen Jahren ein merklicher Teil der Gesamtmasse des Sterns in den Raum geblasen wird.

Nicht nur Rote Riesen verlieren Masse, auch von heißen, massereichen Sternen, die gerade erst die Hauptreihe verlassen haben, strömt Gas in den Raum. Bei ihnen sind die Windgeschwindigkeiten besonders groß. Oft fliegt die Materie mit 2000 bis 3000 Sekundenkilometern weg.

Die viel größeren Massenverlustraten entwickelter Sterne bedeuten aber nicht, daß unsere Vorstellungen von der Sternentwicklung sämtlich revidiert werden müssen. Für entwickelte massereiche Sterne sind hundert Millionen Jahre immer noch eine lange Zeit, viel länger als die von uns besprochene Phase des Zündens und Leerbrennens des Heliums im Zentralgebiet. Nur für die sonnenähnlichen Sterne macht, wenn sie zu Roten Riesen geworden sind, der Massenverlust etwas aus. Aber gerade hier setzt er uns instand, die Sterne des horizontalen Astes in den Kugelsternhaufen zu erklären.

Ehe wir fortfahren, will ich noch ein Beispiel für den Massenverlust entwickelter Sterne geben. Es geht dabei um den Stern Mira. Er steht im Walfisch. Im Jahre 1596 entdeckte der ostfriesische Pfarrer David Fabricius, daß dieser Stern nur gelegentlich mit freiem Auge erkennbar ist, dann wieder für längere Zeit unsichtbar bleibt. Heute wissen wir, daß Mira seine Helligkeit im Rhythmus einer 11monatigen Periode wechselt. Im Minimum ist sein Licht mehr als 600mal schwächer als im Maximum. Mira ist ein Roter Riese, also ein entwickelter Stern. Viele Rote Riesen zeigen solche Helligkeitsschwankungen, deren Ursache man noch nicht versteht. Mit Sicherheit ist der Mechanismus anders als der der Delta-Cephei-Sterne, von denen wir schon sprachen. Wir wollen uns aber hier nicht weiter mit der Veränderlichkeit dieses entwickelten Sterns beschäftigen. Es geht um seinen Begleiter. Wenn Mira im Minimum ist, kommt ein Begleitstern zum Vorschein, dessen Licht sonst von dem hellen Roten Riesen überstrahlt wird, ein Weißer Zwerg. Wir erinnern uns, daß auch um Sirius ein Weißer Zwerg kreist. Im Fall der Mira vergehen 261 Jahre, bis der Zwergstern seine Bahn um den Riesen durchlaufen hat.

Dem südafrikanischen Astronomen Brian Warner fiel auf, daß das Licht des Weißen Zwerges flackert. Wir kennen Weiße Zwerge sonst nur als träge, kaum sich ändernde Sterne. Woher kommt die Unruhe des Mira-Begleiters? Wenn Mira, so meinte Warner, wie die meisten Roten Riesen Materie in den Raum bläst, dann bewegt sich der Begleiter im Sternwind der Mira, und seine Schwerkraft zieht einen Teil des abströmenden Gases auf seine Oberfläche. Es trifft mit großer Geschwindigkeit auf, denn die Schwerkraft ist dort sehr groß. Beim Aufprall entsteht Wärme, und das heiße, aufstürzende Gas trägt wesentlich zum Leuchten des Zwergsternes bei. Unregelmäßigkeiten in der Strömung des auftreffenden Gases erzeugen die Schwankungen der abgestrahlten und von uns gemessenen Energie. Brian Warner braucht keine extrem großen Massenverlustraten für Mira, um die Leuchtkraft des Weißen Zwerges und ihre Fluktuation zu erklären. Auch hier scheint der Massenverlust für die Entwicklung des Sterns Mira verhältnismäßig wenig auszumachen.

So können wir mit den beobachteten Massenverlustraten der Sterne zwar erklären, wie sonnenähnliche Sterne auf den horizontalen Ast des HR-Diagramms gelangen; aber für die Frage, ob ein massereicherer Stern im Laufe seiner Entwicklung so viel Materie abgibt, daß der Weiße Zwerg in seinem Innern zum Vorschein kommt, hilft uns das nicht weiter. Doch gerade von dieser Frage sind wir ausgegangen. Es gibt glücklicherweise eine Erscheinung am Himmel, die uns nahelegt, daß Sterne in kürzeren Zeiträumen mehr Masse abstoßen können.

Der Weiße Zwerg wird freigelegt

Schon mit einem kleinen Fernrohr kann man im Sternbild der Leier, wenn man nur die genaue Stelle kennt, einen kleinen leuchtenden Ring erkennen, den Ringnebel in der Leier. Man kennt heute etwa 700 solcher Gebilde. Weil sie im Fernrohr manchmal fast wie leuchtende Scheibchen aussehen, so wie die Scheiben der Planeten, nannte man sie *Planetarische Nebel* (vgl. Abb. 7-5). Aber sie haben gar nichts mit den Planeten unseres Sonnensytems zu tun, sie sind so weit entfernt wie die Sterne. Es sind leuchtende Gasnebel, die einen Stern hoher Temperatur umgeben. Es sind Gasmassen, die etwa in der Form einer Hohlkugel angeordnet sind, in deren Innerem, nahe beim Zentrum, ein heißer Stern steht. Das Gas leuchtet, weil es vom Zentralstern bestrahlt wird. Man sieht, daß die Gashülle sich ausdehnt. Die Geschwindigkeiten liegen bei 50 Sekundenkilometern. Offensichtlich hat hier ein Stern Gase in einem Schub von seiner Oberfläche abgeblasen. Die leuchtende Materie der Nebelhülle enthält etwa 10 bis 20% der Masse der Sonne, also eine Materiemenge, die nicht mehr klein ist im Vergleich zur Masse eines Sterns.

Wir wissen nicht, aus welchem Grund der Stern die Materie abgestoßen hat, welcher Mechanismus für diesen Massenverlust verantwortlich ist. Wir sehen nur, daß er wirklich stattgefunden hat. Wir sehen aber noch mehr. Wenn man den Zentralstern genauer betrachtet, dann findet man, daß er in seinen Eigenschaften an einen Weißen Zwerg erinnert: Die Oberflächentemperatur ist sehr hoch, der Stern selbst sehr klein. Hier sind wir anscheinend Zeugen, wie ein Roter Riese gerade seine Hülle abgestoßen hat und der Weiße Zwerg seines Innern zum Vorschein kommt. Es ist durchaus möglich, daß der Stern schon seit längerer Zeit Materie abgeblasen hat, daß aber erst jetzt, wenn der Weiße Zwerg mit seiner hohen Oberflächentemperatur hervorbricht, die noch in der Nähe des Sterns stehenden Gasmassen von ihm zum Leuchten angeregt werden. So erleben wir bei den Planetarischen Nebeln wahrscheinlich die Geburt eines Weißen Zwerges mit.

Sterne scheinen sich aber nicht nur auf relativ harmlose Weise von ihren wasserstoffreichen Außenschichten zu befreien, es gibt auch Fälle, in denen sich der Stern in Form einer Explosion seiner Hülle entledigt.

Hartwigs Stern im Andromeda-Nebel

Manchmal läßt sich Fortschritt in der Astronomie auf Tag und Stunde genau datieren, nämlich immer dann, wenn er auf einer einzelnen astronomischen Beobachtung beruht. Das sind gewissermaßen Sternstunden der Sternforschung. In der Nacht des 31. August 1885 war solch eine Stunde. An der Sternwarte in Dorpat richtete der aus Frankfurt stammende 34jährige Observator Ernst Hartwig sein Fernrohr auf den Andromeda-Nebel. Der Andromeda-Nebel (vgl. Abb. 0-1) ist ein Spiralnebel, und was diese Gebilde in Wirklichkeit sind, das wußte Hartwig damals genausowenig wie alle seine Kollegen in der ganzen Welt; dies sollte man erst 35 Jahre später lernen. Als Hartwig den Nebel im Fernrohr hatte, fiel ihm ein heller Stern auf, ein Stern, der so hell war, daß man ihn beinahe schon mit bloßem Auge hätte wahrnehmen können. Er stand nahe bei der hellsten Stelle dieses nebligen Gebildes, nahe dem Kern des Andromeda-Nebels. Der Stern war früher nicht da gewesen.

Sterne leuchten bisweilen auf und klingen in ihrer Leuchtkraft wieder ab, das war damals nichts Neues. Wir werden dieses Phänomen später noch behandeln. Was hier auffiel, war, daß es sich anscheinend um einen Stern im Andromeda-Nebel handelte, und die Sensation kam, als man im Jahre 1920 erkannte, daß Spiralnebel oder Galaxien, wie sie heute heißen, Ansammlungen von Hunderten von Milliarden von Sternen sind, die so weit draußen im Raum stehen, daß ihr Licht in fast allen Fernrohren wie ein nebliger Lichtschleier erscheint. Nur in den größten Teleskopen löst sich die Andromeda-Galaxie in einzelne Sterne auf; wir erwähnten das schon in der Einleitung. Die Andromeda-Galaxie ist so weit entfernt, daß das Licht von ihr zu uns 2 Millionen Jahre unterwegs ist. Das Ereignis, das Hartwig am 31. 8. 1885 sah, hat also vor zwei Millionen Jahren stattgefunden. Daß der Stern trotz der großen Entfernung am Himmel so hell erschien, daß man ihn fast mit freiem Auge sehen konnte, lag daran, daß er nach seinem Aufleuchten 10milliardenmal heller strahlte als unsere Sonne. Hartwig hatte also einen Helligkeitsausbruch von ungeahntem Ausmaß gesehen, viel stärker als das Aufleuchten, das man gelegentlich bei Sternen beobachtet und das man als das *Nova-Phäno-*

men bezeichnet. Was Hartwig im Andromeda-Nebel fand, nennt man heute eine *Supernova*.

Hartwig selbst verließ kurze Zeit danach Dorpat und übernahm eine neue Aufgabe. In Bamberg war ein wohlhabender Bürger, Karl Remeis, verstorben und hatte der Stadt sein ansehnliches Vermögen von 400 000 Goldmark vermacht, unter der Bedingung, daß sie eine Sternwarte bauen und unterhalten sollte. Hartwig übernahm die Planung und leitete das Institut bis in die zwanziger Jahre*.

Der Leser möge mir nachsehen, wenn ich an dieser Stelle noch einen Augenblick verweile. Im Jahre 1954 übernahm Wolfgang Strohmeier die Leitung der Bamberger Sternwarte. Ich war sein Assistent. Damals gingen wir den alten Briefwechsel dieses Instituts durch. Dabei fielen uns zwei an Hartwig gerichtete Briefe in die Hände, beide während des Ersten Weltkrieges geschrieben. Der eine kam von einem jungen Soldaten, der mit Hartwig schon früher korrespondiert haben mußte. Es war ein verzweifelter Brief, denn der junge Mann, dessen einziger Wunsch es war, Astronom zu werden, lag nach einer Verschüttung halbblind im Lazarett und fürchtete, sein Augenlicht zu verlieren. Der Brief kam von Hans Kienle (1895–1975), der später die Göttinger Sternwarte leitete und Lehrer vieler bekannter Astronomen wurde: Ludwig Biermann, Otto Heckmann, Martin Schwarzschild und Heinrich Siedentopf sind nur einige von ihnen.

Der zweite Brief kam von einem jungen Mann aus Sonneberg in Thüringen, der auch Astronom hatte werden wollen, dessen Vater ihn aber gegen seinen Willen von der Schule genommen hatte. Eine Kaufmannslehre sollte ihn auf die Übernahme der väterli-

---

* Karl Remeis stiftete einen weiteren Teil seines Vermögens der Stadt Bamberg, mit der Auflage, sie für die Versorgung »unverheirateter Frauenspersonen« zu verwenden. Mit Ausnahme des in Grundbesitz, Gebäuden, Instrumenten und Büchern angelegten astronomischen Teils der Stiftung ist der Rest des Vermögens durch die Inflation nach dem Ersten Weltkrieg verlorengegangen, so daß die Stadt Bamberg diesem Teil des Remeis'schen Willens nicht mehr nachkommen kann. Irgendwie scheint im tiefen Unterbewußtsein der jungen in Bamberg arbeitenden Astronomen – ich selbst habe sechs Jahre meines Lebens dort verbracht – noch eine Art Schuldgefühl zu bestehen, daß sie von einem Teil des Remeis'schen Vermächtnisses profitieren, während die Stadt Bamberg für den anderen Teil nichts mehr tun kann. Und es mag damit zusammenhängen, daß viele junge Astronomen, die in Bamberg arbeiteten, dort geheiratet haben, um auf ihre Weise mitzuhelfen, daß auch der andere Teil des Remeis'schen Willens erfüllt wird.

chen Fabrik vorbereiten. Durch den Krieg war der Betrieb aber in Konkurs gegangen, der junge Mann fühlte sich frei und bot Hartwig seine Dienste an; er war sogar bereit, eine Zeitlang ohne Entlohnung zu arbeiten, wenn er nur an einer Sternwarte tätig sein durfte. Hartwig hat ihn genommen und unterstützt. Später holte der Amateurastronom Schule und Studium nach. Es war Cuno Hoffmeister (1892–1968), der spätere Erbauer der Sonneberger Sternwarte. Es waren seine Beobachtungen eines Kometen aus dem Jahre 1942, die Biermann den Schlüssel zur Entdeckung des Sonnenwindes gaben. Unter den vielen tausend veränderlichen Sternen, die er entdeckt hat, haben zwei Furore gemacht. Der eine Stern, BL Lacertae, ist das erste einer ganzen Klasse von noch völlig unverstandenen Objekten, die weit draußen zwischen den Galaxien stehen. Der andere – wir kommen noch auf ihn – ist eines der schönsten Objekte der Röntgenastronomen geworden. Cuno Hoffmeister hat das nicht mehr erfahren.

Zurück zu Hartwigs Supernova. Wenn in der Andromeda-Galaxie eine Supernova aufleuchtet, dann muß man erwarten, daß dies genauso in unserer eigenen Galaxie geschehen kann. Gab es in unserer Milchstraße schon einmal eine Supernova? Gab es eine solche Erscheinung zu historischen Zeiten? Es ist schwierig, das Supernova-Phänomen vom normalen relativ harmlosen Nova-Phänomen zu trennen, von dem noch die Rede sein wird; denn wenn eine Nova sehr nahe bei uns aufleuchtet, kann sie am Himmel viel heller erscheinen als eine Supernova, die in großer Entfernung steht. Wir wissen heute, daß in der Neuzeit mindestens zwei Supernovae in unserer Milchstraße aufgeleuchtet sind. 1572 beobachtete der berühmte Tycho de Brahe einen hellen Stern im Sternbild Kassiopeia, und Johannes Kepler beschrieb einen 1604 im Sternbild Ophiuchus erschienenen sehr hellen Stern, der nach einiger Zeit wieder verschwand*. Beide Sterne waren Superno-

---

* Man muß es als ausgesprochen ungerecht ansehen, daß von allen Astronomen der Neuzeit nur Tycho de Brahe und Johannes Kepler das Glück hatten, eine Supernova zu sehen und zu beschreiben. Beide waren sowieso schon so wichtige Leute, und die Gesetze des einen werden noch heute in der Schule gelehrt. Und jedem von ihnen fiel, gewissermaßen ohne eigenes Zutun, nun auch noch eine dicke Supernova in den Schoß, während Generationen von Astronomen später vergeblich nach einer spektakulären Himmelserscheinung Ausschau hielten, die vielleicht ihren Namen unsterblich gemacht hätte.

vae, etwa vergleichbar mit der von Hartwig im Andromeda-Nebel gefundenen. Wir wissen heute, daß beim Supernova-Phänomen ein Stern explosionsartig aufleuchtet und große Mengen von Materie in den Raum schleudert. Wir finden in unserer Milchstraße viele Stellen, wo Gasmassen mit großer Geschwindigkeit auseinanderfliegen, und wir vermuten, daß überall dort vor langer Zeit eine Supernova explodiert ist und daß man jetzt noch den Rest der Explosionswolke sieht. Der berühmteste unter ihnen steht im Sternbild des Stiers.

Der Krebs-Nebel und die chinesisch-japanische Supernova

Im Sternbild Stier steht ein kleiner Nebel, der zum Unterschied vom Andromeda-Nebel wirklich aus diffuser Gasmaterie besteht und nicht aus einzelnen Sternen. Man nennt ihn den Krebs-Nebel (vgl. Abb. 7-6). Die Gasmassen fliegen mit großer Geschwindigkeit auseinander, manche Teile entfernen sich mit einigen tausend Sekundenkilometern voneinander. Da man weiß, wie groß der Nebel ist, und da man die Geschwindigkeit kennt, mit der er auseinanderfliegt, kann man zurückrechnen, wann die Explosion stattgefunden hat. Man kommt dabei etwa auf das Jahr 1000 nach Christus. Hat man nun im Jahr 1000 an dieser Stelle im Stier etwas gesehen? Tatsächlich beschreiben chinesische und japanische Quellen einen hellen Stern, der im Jahr 1054 dort am Himmel aufleuchtete, wo heute der Krebs-Nebel steht. Er war so hell, daß er zwei Wochen lang sogar am Taghimmel zu sehen war. Die Erscheinung war eine Supernova. Es gibt anscheinend keine Aufzeichnungen aus dem europäischen Raum über diese Erscheinung. Immer, wenn ich ein Geschichtsbuch in die Hand bekomme, schaue ich nach, was im Jahre 1054 geschehen ist. So habe ich viel über dieses Jahr gelernt; zum Beispiel, daß in diesem Jahre Personen gestorben sind, von deren Geburt ich bis dahin noch gar nichts erfahren hatte. Aber nichts kündet von einer die Gemüter bewegenden Himmelserscheinung. Es ist schwer zu verstehen, daß solch ein eindrucksvolles Ereignis in keiner Chronik beschrieben ist. Vielleicht hat man sich damals bei uns für Veränderungen am Himmel nicht interessiert, vielleicht war hier auch nur vierzehn Tage lang schlechtes Wetter.

Beim Supernova-Phänomen scheint ein ganzer Stern zu explodieren und seine Materie oder zumindest einen großen Teil davon in den Raum zurückzuschleudern. Ist damit der Stern für immer weg, oder bleibt noch etwas übrig? Die Antwort darauf kam im Jahre 1968. Davon wird das nächste Kapitel handeln. Zuvor aber wollen wir noch kurz die von den Sternen in den Raum geblasene oder geschleuderte Materie verfolgen.

Das Schicksal der den Stern verlassenden Materie

Der Raum in unserer Galaxis ist nicht leer, zwischen den Sternen sind Gas- und Staubmassen. Wie wir in Kapitel 12 sehen werden, bilden sich aus ihnen neue Sterne. Zum Teil mag das Gas schon am Anfang da gewesen sein; später, nachdem sich aus ihm Sterne gebildet haben, die wiederum Materie in den Raum zurückgaben, hat sich das interstellare Medium mit den von den Sternen abfließenden Gasen gemischt. In den Sternwinden entwickelter Sterne bilden sich durch Kondensation Staubkörner. Von dem Stern R Coronae Borealis gehen regelrechte Rußschwaden weg, die sein Licht verdunkeln. Draußen im Raum lagern sich Gasatome an die Staubkörner an, einen festen Mantel bildend. So wachsen die Staubkörner, bis sie wieder zerstört werden, teils weil sie in der Nähe eines heißen Sterns verdampfen, teils weil sie von hochenergetischen Teilchen der kosmischen Strahlung getroffen werden oder weil sie mit ihresgleichen zusammenstoßen. Durch die Zulieferung von Materie, die schon einmal in Sternen war, wird die chemische Zusammensetzung der interstellaren Materie verändert. Sie reichert sich mit schwereren Elementen an, die in Sternen aufgebaut worden sind. So bestimmen die Sterne wesentlich, wie die interstellare Materie beschaffen ist; die Materie, aus der wieder Sterne entstehen.

Bei Supernova-Ausbrüchen ist diese Anreicherung besonders stark, da – wie wir im Kapitel 11 sehen werden – besonders hochentwickelte Materie in den Raum geschossen wird. Die Geschwindigkeiten beim Supernova-Ausbruch sind so groß, daß Teilchen mit extrem großer Geschwindigkeit hinausfliegen und bald den ganzen Raum unserer Galaxis ausfüllen. Es sind die Teilchen der allgegenwärtigen kosmischen Strahlung, die wir auch auf der Erdoberfläche messen können.

Daß bei einer Supernova-Explosion neben der sich in den Raum ausdehnenden leuchtenden Gaswolke und der kosmischen Strahlung noch ein anderer Körper übrigbleibt, erfuhr man erst im Jahre 1968.

8. Pulsare pulsieren nicht

Die Nachricht, die im Februar 1968 in der englischen Zeitschrift »Nature« erschien, war so aufregend, daß die Tagespresse der ganzen Welt darüber berichtete. Eine Gruppe aus Cambridge, die unter der Leitung von Antony Hewish arbeitete, gab bekannt, daß sie Radiosignale aus dem Weltall empfangen habe.

In Cambridge wird ein neues Radioteleskop in Betrieb genommen

Die Radioastronomie hatte nach dem letzten Krieg ihren·großen Aufschwung genommen. Kosmisches Gas, vor allem die Materie, die zwischen den Sternen steht – die interstellare Materie –, sendet und absorbiert Strahlung im Bereich der Radiowellen. Sie können wie das Licht die Erdatmosphäre durchdringen und geben uns neben der Lichtstrahlung eine neue Möglichkeit, von der Erdoberfläche aus Informationen aus dem Weltraum zu empfangen. Die kosmische Radiostrahlung gibt uns Auskunft über die Beschaffenheit der Materie zwischen den Sternen unseres Sternsystems. Wir können auch die Radiostrahlung der Gasmassen anderer Galaxien empfangen und untersuchen. Einige Sternsysteme sind dabei ganz besonders intensive Strahler – man nennt sie *Radiogalaxien.*

Die Radiostrahlung wird durch die Materie beeinflußt, die, von der Sonne ausgehend, zwischen den Planeten nach außen strömt: durch den Sonnenwind, von dem im vorigen Kapitel die Rede war. Er prägt der Radiostrahlung eine zeitliche Fluktuation auf, etwa wie die Gasmassen der Erdatmosphäre das Sternenlicht funkeln und flackern lassen.

Zur Untersuchung dieser Fluktuationen, hervorgerufen durch die interplanetare Materie, wurde in Cambridge in den sechziger Jahren der Bau eines neuen Radioteleskops begonnen. Auf einer

Fläche von zwei Hektar – 57 Tennisplätze hätte man dort bauen können – wurden über 2 000 Einzelantennen aufgestellt. Da man mit diesem Antennenareal die durch den Sonnenwind hervorgerufenen Fluktuationen der Radioquellen untersuchen wollte, war die Empfangsanlage darauf eingerichtet, rasche zeitliche Schwankungen der eintreffenden Radiostrahlung zu erkennen. Das konnten die bisherigen Radioteleskope nicht, und deshalb war dieses Radioteleskop wie dafür geschaffen, die rasch wechselnden Pulsarsignale zu entdecken – eine Entdeckung, die den ursprünglichen Zweck der Anlage in den Hintergrund treten ließ, nämlich die durch den Sonnenwind hervorgerufenen Fluktuationen zu untersuchen.

Da man die große Antennenanlage nicht bewegen kann, wird bei ihr die Radiostrahlung dadurch registriert, daß man den Himmel, der im Laufe des Tages an der Blickrichtung der Antenne vorbeizieht, in Streifen abtastet. Im Juli 1967 war die Anlage betriebsbereit, und man begann mit den Messungen. Die Empfangswellenlänge lag bei 3.7 Metern und die Stärke der ankommenden Radiostrahlung wurde Tag und Nacht registriert. Auf 210 Meter Registrierstreifen wurden pro Woche sieben Zonen des Himmels aufgezeichnet. Dabei suchte man nach gleichförmig sendenden Radioquellen, deren Strahlung – durch den Sonnenwind hindurch beobachtet – »flimmert«. Die Führung des Teleskops und die mühevolle Auswertung der Registrierstreifen wurden von der Doktorandin Jocelyn Bell ausgeführt. Sie suchte nach raschen Fluktuationen der durch die tägliche Bewegung der Erde an der Blickrichtung des Radioteleskops vorbeigeführten radiostrahlenden Himmelsobjekte.

Jocelyn Bell berichtet

Neun Jahre später erinnerte sich Mrs. Jocelyn Bell-Burnell anläßlich einer Tischrede an die Zeit, als sie bei Hewish in Cambridge an ihrer Doktorarbeit saß. Sie berichtete über die endlosen Registrierstreifen, die aus dem Schreiber kamen und die sie durchsehen mußte. Nach den ersten dreißig Metern konnte sie im Sonnenwind flackernde Radioquellen erkennen und von Radiostörungen

Abb. 8-1. Die Signale des zuerst entdeckten Pulsars auf dem Registrierstreifen. Obwohl die einzelnen Pulse nicht gleiche Form haben, folgen sie doch mit großer Präzision in gleichmäßigem Abstand aufeinander.

irdischen Ursprungs unterscheiden. »Sechs oder acht Wochen nach Beginn der Untersuchung fiel mir auf, daß gelegentlich eine gewisse Unreinheit in der Registrierkurve war. Es sah nicht genau wie eine flackernde Radioquelle aus, aber auch nicht wie eine von Menschen erzeugte Radiostörung. Außerdem erinnerte ich mich, daß ich die gleiche Unreinheit schon einmal auf Streifen gesehen hatte, auf denen die Radiostrahlung derselben Himmelsgegend registriert war.« Miss Bell wollte dem nachgehen, wurde aber durch andere Arbeiten abgehalten. Erst gegen Ende Oktober 1967 suchte sie wieder nach der Erscheinung und versuchte, sie mit besserer Zeitauflösung zu registrieren, konnte aber nichts finden. Ende November fand sie sie dann wieder.

»Während sich der Streifen unter der Registrierfeder vorwärtsschob, konnte ich sehen, daß das Signal aus einer Reihe von Pulsen bestand, und mein Verdacht, daß sie in gleichen Zeitabständen ankommen, wurde sofort bestätigt, als ich den Streifen aus dem Meßgerät nahm. Die Pulse waren eineindrittel Sekunden voneinander entfernt (vgl. Abb. 8-1). Ich nahm sofort Verbindung mit Tony Hewish auf, der in Cambridge eine Anfängervorlesung hielt. Seine erste Reaktion war: Die Pulse müssen von Menschenhand stammen. Das war vernünftig unter den gegebenen Umständen. Nur, mir schien es irgendwie nicht einzuleuchten, warum sie nicht von irgendeinem Stern kommen könnten. Immerhin interessierte ihn das Ganze so, daß er am nächsten Tag zum Teleskop kam, zu der Zeit, als die Quelle an der Teleskopblickrichtung vorbeiging, und glücklicherweise kamen die Pulse.« Die Quelle war offensichtlich nicht irdischen Ursprungs, denn die Signale kehrten wieder, wenn dieselbe Stelle des Himmels am Teleskop vorüberging. Zum anderen sahen die Impulse so aus, als wenn sie von Menschen gemacht würden. Vielleicht von Menschen einer anderen Zivilisation? Aber es schien nicht so, als wenn sie von einem Planeten kommen würden, der sich um einen anderen Stern bewegt*. »Kurz vor Weihnachten wollte ich Tony Hewish sprechen und platzte in eine Konferenz auf höchster Ebene über die Frage, wie man diese Ergebnisse bekanntgeben solle. Wir glaubten nicht, daß wir Signale von einer anderen Zivilisation aufgefangen hätten, aber die Idee war einmal da, und wir hatten keinen Beweis, daß es sich wirklich um eine von der Natur erzeugte Radiostrahlung handle. Wenn man glaubt, man habe irgendwo Leben im Universum entdeckt, dann hat man ein interessantes Problem: Wie soll man solche Ergebnisse verantwortungsbewußt bekanntgeben, wem zuerst erzählen? Wir lösten dieses Problem an diesem Nachmittag nicht; ich ging nach Hause und war sehr durcheinander. Ich sollte meine Doktorarbeit schreiben, und da waren irgendwo verrückte kleine grüne Männer, die ausgerechnet meine Antenne ausgesucht hatten und meine Beobachtungsfrequenz, um mit uns zu kommunizieren. Nachdem ich mich beim Abendessen gestärkt hatte, ging ich ins Laboratorium zurück, um abends noch einige Registrierstreifen zu analysieren. Kurz bevor das Laboratorium geschlossen wurde, schaute ich die Aufzeichnungen durch, die zu einer ganz anderen Gegend des Himmels gehörten, und in einer von der starken Radioquelle Cassiopeia A gestörten Gegend sah ich wieder die Unreinheiten. Sofort durchmusterte ich vorangegangene Streifen von dieser Gegend und konnte gelegentlich die Unsauberkeiten erkennen. Dann mußte ich das Laboratorium verlassen, bevor es geschlossen wurde, aber ich wußte, daß genau diese Stelle früh am Morgen am Teleskop vorbeiziehen würde. Einige Stunden später ging ich zum Observatorium. Es war sehr kalt, und irgend etwas in unserem Teleskop-Empfängersystem hatte in dem kalten Wetter stark gelitten. Natürlich, so ist das immer! Ich habe dennoch Schalter betätigt, habe geflucht, darauf gehaucht, und das Ding arbeitete fünf Minuten lang ordentlich. Es waren die richtigen fünf Minuten, die Unreinheit war wieder eine Reihe von Pulsen, diesmal lagen sie 1.2 Sekunden auseinander. Ich ließ den Streifen auf Tonys Schreibtisch und ging über die

---

* Dann nämlich würde der Abstand zwischen zwei Pulsen im Rhythmus der Umlaufzeit des Planeten kleiner und größer werden, wegen der wechselnden Entfernung der Radioquelle und der damit wechselnden Laufzeit des Lichtes. Der Effekt ist in anderem Zusammenhang in Abbildung 10-5 dargestellt.

Weihnachtsfeiertage weg. Weit glücklicher! Es war sehr unwahrscheinlich, daß zwei Sorten von kleinen grünen Männern beide die gleiche unwahrscheinliche Frequenz, die gleiche Zeit nehmen würden, um zum selben Planeten, der Erde, zu signalisieren.«

Kurz danach fand Jocelyn Bell zwei weitere *Pulsare*. Ende Januar 1968 wurde das erste Manuskript an die Zeitschrift »Nature« geschickt. Es kündigte den ersten Pulsar an. Jocelyn Bell-Burnell erinnert sich: »Einige Tage, bevor die Arbeit erschien, hielt Tony Hewish einen Seminarvortrag in Cambridge, um die Ergebnisse anzukündigen. Alle Astronomen in Cambridge, so schien es, kamen zum Seminar, und ihr Interesse und ihre Aufregung gaben mir den ersten Eindruck von der Revolution, die wir gestartet hatten. Professor Hoyle war da, und ich erinnere mich an seinen Kommentar am Schluß. Er begann, indem er sagte, daß er zum erstenmal von diesen Sternen höre, und deshalb habe er noch nicht viel darüber nachgedacht, aber er glaube, daß es Supernova-Überreste sein müßten und nicht etwa Weiße Zwerge.«

Da in dem »Nature«-Artikel erwähnt ist, daß die Cambridger Astronomen bis zu einem bestimmten Stadium auch mit der Möglichkeit gerechnet hatten, daß es sich um Signale von einer anderen Zivilisation handelt, kam die Presse sehr schnell. »Als sie entdeckten, daß eine Frau mit dabei war, kamen sie noch schneller. Ich wurde fotografiert an einem Ufer stehend, am Ufer sitzend, am Ufer stehend und einen falschen Registrierstreifen prüfend, auf einer Bank sitzend, auf einen falschen Registrierstreifen starrend. Einer von ihnen ließ mich laufen, meine Hände in der Luft schwenkend: Schaut, Freunde, ich habe gerade eine Entdeckung gemacht! (Archimedes weiß nicht, was ihm damals entgangen ist!) Inzwischen stellten die Journalisten wichtige Fragen, zum Beispiel, ob ich größer sei oder kleiner als Prinzessin Margaret.«

Pulsare sind klein

Was die Astronomen an den Pulsaren am meisten überraschte, war die Schnelligkeit, mit der sich die Strahlung ändert. Veränderliche Sterne kürzester Periode wechseln ihr Licht innerhalb einer

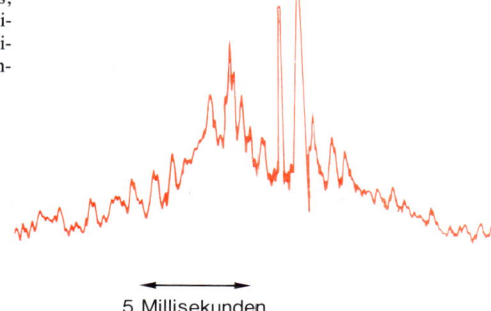

Abb. 8-2. Ein einzelner Puls, mit großer Zeitauflösung registriert. Die Pulsarsignale zeigen eine komplizierte Feinstruktur.

5 Millisekunden

Stunde oder noch etwas schneller. Ein Weißer Zwerg im Doppelsternsystem der Nova von 1934 im Herkules – wir kommen in Kapitel 9 auf dieses System zurück – wechselt seine Helligkeit im Rhythmus einer Periode von 70 Sekunden. In diesem Bereich lag der Schnelligkeitsrekord, bis ihn die Pulsare unvorstellbar weit überboten. Dabei zeigten die Untersuchungen der darauffolgenden Monate: Mit je besserer Zeitauflösung man die Pulse untersucht, um so deutlicher kommt eine Feinstruktur zutage, bei der die Radiostrahlung innerhalb von Zehntausendsteln von Sekunden variiert (vgl. Abb. 8-2).

Die Schnelligkeit des Wechsels der Strahlung innerhalb eines Pulses gibt uns aber die Möglichkeit, etwas über die Größe des den Puls aussendenden Raumgebietes zu erfahren. Denken wir uns der Einfachheit halber eine Kugel, die von einem Beobachter so weit entfernt ist, daß er sie mit einem optischen Fernrohr oder mit dem freien Auge nur als Punkt erkennen kann (vgl. Abb. 8-3). Die Kugel möge für eine ganz kurze Zeit einen Lichtblitz aussenden. Was beobachtet der entfernte Zuschauer? Die Strahlung pflanzt sich mit Lichtgeschwindigkeit fort. Da die Wege von verschiedenen Stellen der Kugel verschieden lang sind, kommt die gleichzeitig ausgesandte Strahlung zu verschiedenen Zeiten ins Auge des Beobachters. Zuerst nimmt er nur das Signal wahr, das von der ihm nächsten Stelle ausgesandt wird, dann die Strahlung aus einer Ringzone und zum Schluß das Licht, das den längsten Weg zurückgelegt hat, das vom Rand der ihm zugewandten Scheibe des Sterns. Der kurze Lichtpuls wurde für das Auge des Beobachters verschmiert. Er wurde zu einem längere Zeit andauernden

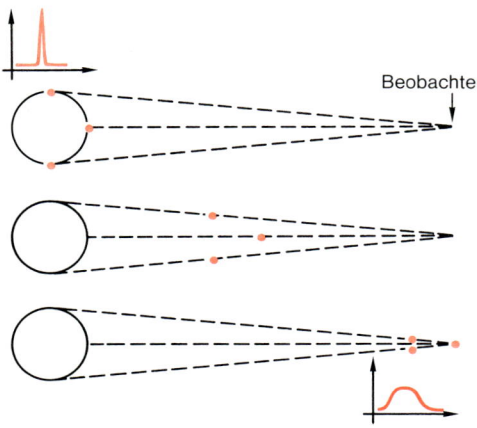

Abb. 8-3. Ein Lichtpuls (links oben), der von einer Kugel-oberfläche ausgeht, erscheint einem entfernten Beobachter (rechts) über eine längere Zeit verschmiert (rechts unten), da die Lichtsignale von verschiedenen Stellen der Kugel verschieden lange Laufzeiten haben.

Puls. Die Pulslänge ist gleich der Zeit, die das Licht braucht, um den Radius der Kugel zu durchlaufen. Aber nicht nur Pulse, jede Art der Helligkeitsänderung der Kugel wird über diese Zeit verschmiert, da alle Signale – kündigen sie nun eine Vergrößerung oder eine Verringerung der Helligkeit an – verschieden lange Wege zurücklegen müssen. Die Verschmierung tritt auch ein, wenn das die Strahlung aussendende Gebiet keine Kugel ist.

Wenn also zum Beispiel eine Strahlungsquelle Intensitätsänderungen innerhalb des Zehntausendstels einer Sekunde zeigt, dann müssen wir schließen, daß die Quelle nicht wesentlich größer sein kann als die Wegstrecke, die das Licht in dieser Zeit zurücklegt. Das sind 30 Kilometer. Wäre die Quelle größer, dann würde die Änderung über längere Zeit verschmiert. In einem einzelnen Puls schwankt die Intensität innerhalb einiger Zehntausendstel Sekunden. Die steilen Flanken der Zacken in der Registrierkurve von Abbildung 8-2 zeigen dies. Da sich die Radiostrahlung mit Lichtgeschwindigkeit bewegt, muß man schließen, daß das den Puls aussendende Objekt im Durchmesser nicht größer sein kann als einige hundert Kilometer. Das ist klein im Vergleich zu dem, was wir sonst im Weltraum gewohnt sind. Die Weißen Zwerge haben Durchmesser von mehreren zehntausend Kilometern, der Durchmesser der Erde ist dreizehntausend Kilometer. Die Pulsarsignale geben uns also Kunde von kleinen Raumgebieten im Universum, von denen sehr intensive Radiostrahlung ausgeht.

Bald kamen von mehreren Stellen der Erde Anzeigen über neu entdeckte Pulsare. Heute kennt man über dreihundert. Ihre Perioden reichen von einigen Hundertstel bis zu 4.3 Sekunden. Obwohl die einzelnen Pulse in ihrer Form sich nicht genau wiederholen, wird die Länge der Periode doch sehr genau eingehalten. Auch wenn einzelne Pulse nicht wahrnehmbar sind, folgen doch die nächsten wieder genau im vorangegangenen Rhythmus.

Inzwischen konnte man die einzelnen Pulse noch genauer auflösen, und man fand, daß sie eine noch feinere Struktur zeigen, als man in Abbildung 8-2 sieht. Jetzt liegt der Schnelligkeitsrekord der Intensitätsänderung bei 0.8 Millionstel Sekunden. Das bedeutet, daß die Strahlung aus Gebieten kommt, die höchstens 250 Meter im Durchmesser sind.

Noch im Jahr ihrer Entdeckung fand man, daß bei mehreren Pulsaren die Periode zunimmt. Die Pulsare werden mit der Zeit langsamer. Die Zeit, innerhalb der die Pulse aufeinanderfolgen, wächst aber nur wenig. Etwa 10 Millionen Jahre dauert es im Mittel, bis sich die Periode eines Pulsars verdoppelt hat.

Kann man Pulsare sehen?

Um welche Art von Objekten handelt es sich? Liegen sie nahe beim Sonnensystem, oder sind sie so weit entfernt wie andere Galaxien? Es ist leicht zu erkennen, daß sie mitten unter den Sternen unseres eigenen Milchstraßensystems stehen. Wir wissen schon, daß das Band der Milchstraße, das sich über unseren Himmel zieht, von den vielen Sternen in der Scheibe unserer Galaxis kommt. Innerhalb des Bandes der Milchstraße sehen wir wiederum besonders viele Sterne dort, wo wir in Richtung des Zentrums der galaktischen Scheibe blicken. Wenn man nun alle Pulsare in eine Himmelskarte einträgt, so liegen sie wie die Sterne unserer Galaxis meist auf dem Band der Milchstraße (vgl. Abb. 8-4).

Also haben sie im Raum die gleiche Verteilung wie die Sterne: Sie stehen mitten zwischen ihnen. Das bedeutet, daß bei manchen die Pulse seit Jahrtausenden unterwegs sind, bis sie von den Teleskopen der Radioastronomen aufgefangen werden. Dann aber müssen Pulsare ungeheuer starke Strahler sein, wenn sie trotz der gro-

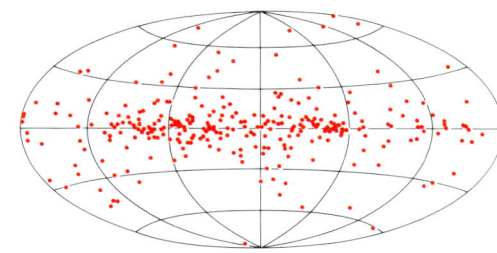

Abb. 8-4. Die Verteilung von über 300 Pulsaren am Himmel. Das Gradnetz ist so gewählt, daß die ganze Himmelskugel in die ovale Fläche des Netzes abgebildet ist. Die Milchstraße zieht sich längs der horizontalen Mittellinie hin. Das Zentrum der Milchstraßenscheibe liegt in der Mitte. Die meisten Pulsare liegen nahe der Milchstraße (nach A. G. Lyne).

ßen Entfernung bei uns noch empfangen werden können. Die Energie aber kommt aus ganz engem Raum von vielleicht nur 250 Metern Durchmesser! Sofort, nachdem der erste Pulsar entdeckt war und man seinen Ort auf der Himmelskugel einigermaßen genau kannte, suchte man die entsprechenden Stellen mit optischen Fernrohren ab. Ein Stern, der gerade in dem von den Radioastronomen angegebenen Winkelbereich steht, erwies sich als ganz normal. Offensichtlich hat er nichts mit der aus dieser Richtung kommenden Radiostrahlung zu tun. Der Pulsar selbst blieb unsichtbar.

Im Herbst 1968 entdeckte man Pulsarsignale mit einer Periode von nur drei Hundertstel Sekunden aus der Richtung des Krebs-Nebels. Aus der Explosionswolke der chinesisch-japanischen Supernova von 1054 kommt also Pulsarstrahlung! Hat irgendeines der sternartigen Objekte im Krebs-Nebel (vgl. Abb. 7-6 und 8-5) etwas mit dem Pulsar zu tun? Ist einer von ihnen der Pulsar?

Wie soll man den Sternen ansehen, ob einer von ihnen im Radiogebiet Pulse aussendet? Vielleicht ist das Licht, das im optischen Bereich von ihm kommt, auch gepulst? Nie könnte man mit dem Auge bei einem so schwachen Objekt wahrnehmen, ob die Strahlung kontinuierlich oder vielleicht gepulst ausgesendet wird. Die fotografische Aufnahme gibt noch weniger darüber Aufschluß; denn sie sammelt das Licht eines Sterns auf einer Stelle der Platte, unabhängig davon, ob es gleichmäßig kommt oder in Form von Pulsen.

Abb. 8-5. Das Zentralgebiet des Krebs-Nebels. Man vergleiche mit dem Farbbild von Abb. 7–6. Dort erkennt man im Zentrum das hier vergrößert dargestellte Feld.
(Aufnahme im Primärfokus des Shane-Reflektors der Lick-Sternwarte, aufgenommen von J. D. Scargle)

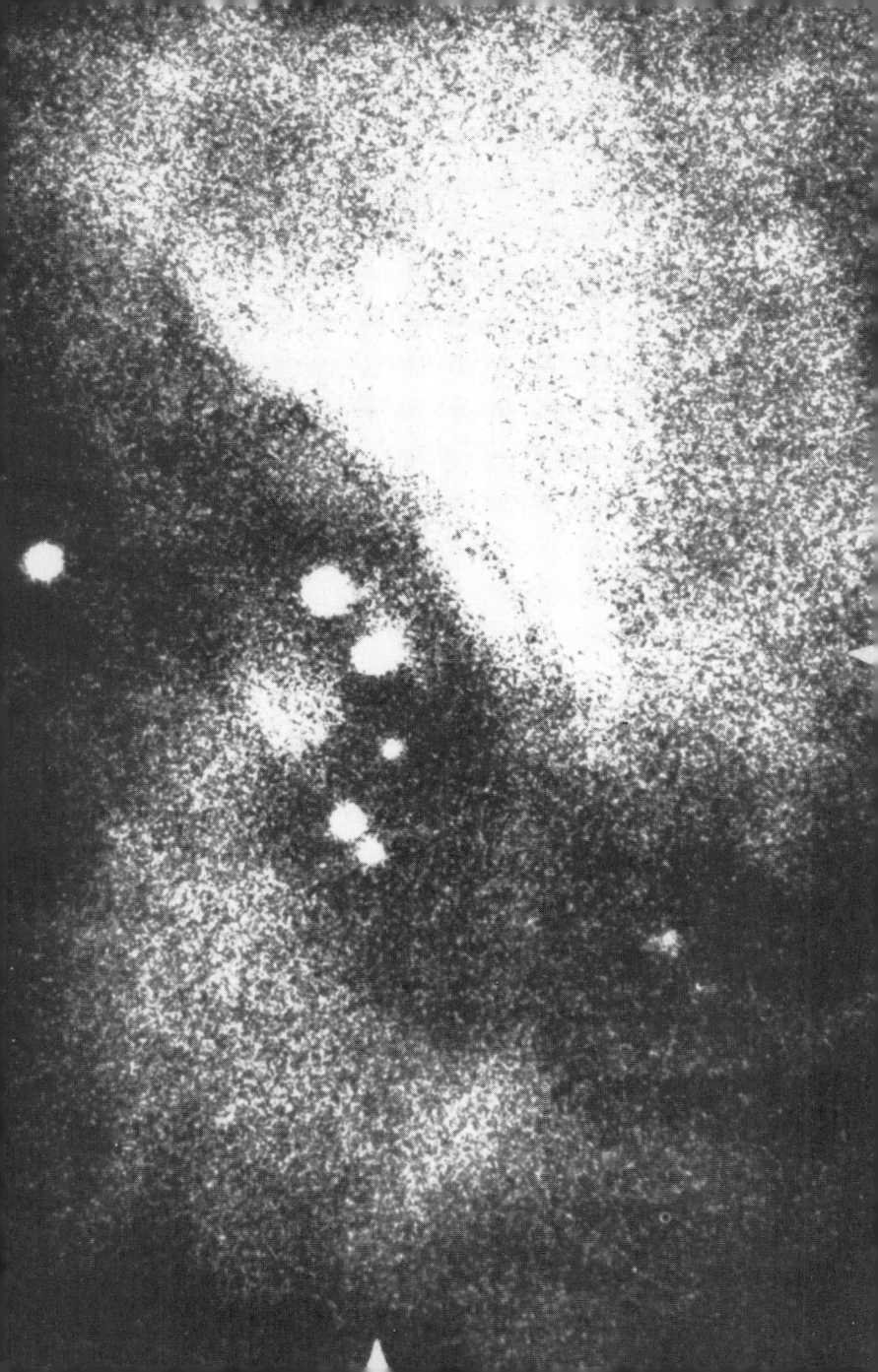

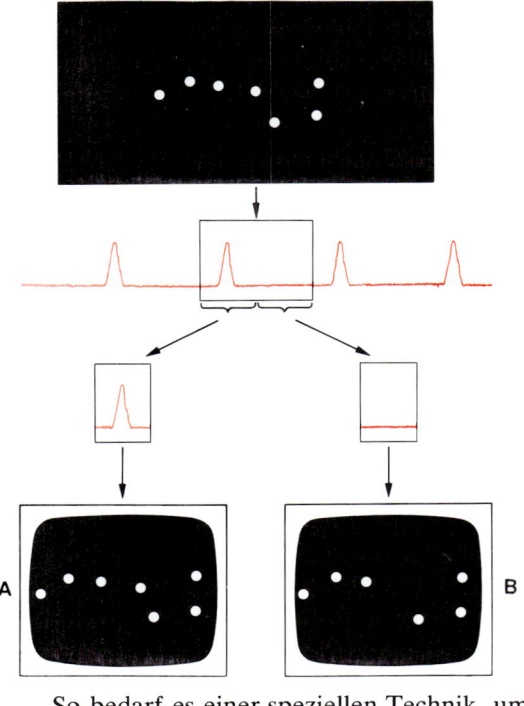

Abb. 8-6. Das Prinzip, nach dem man erkennen kann, ob ein Stern sein Licht gleichförmig oder in Pulsen aussendet. Oben der Anblick der Sterngruppe ohne besondere Hilfsmittel. Darunter die periodischen Lichtblitze eines der Sterne. Das von einer Fernsehkamera aufgenommene Bild wird im Rhythmus der Periode auf zwei Fernsehschirme A, B gebracht. Schirm A erhält immer den Puls, Schirm B wird immer gerade dann beliefert, wenn der Stern keinen Puls aussendet. Der Vergleich der Bilder (unten) läßt den Stern erkennen, der sein Licht gepulst abstrahlt. (Die Methode ist hier an einem Stern im Großen Bären veranschaulicht. Dieser Stern ist in Wirklichkeit kein Pulsar, er ist ganz harmlos und sendet sein Licht gleichmäßig aus.)

So bedarf es einer speziellen Technik, um festzustellen, ob die sichtbare Strahlung eines Sterns gepulst ist. Im Prinzip könnte man etwa hinter ein Fernrohr eine Fernsehkamera bringen, von der das optische Licht auf zwei Fernsehschirme übertragen werden kann (vgl. Abb. 8-6). Von den Radiopulsen kennen wir bereits die Pulsperiode. Man kann dann für eine halbe Periode das Fernsehbild auf den Schirm A, für die nächste halbe Periode auf den Schirm B geben. Wenn die sichtbare Strahlung eines Objektes im Rhythmus der Periode der Radiopulse schwankt, dann wird etwa der Puls immer auf Fernsehschirm A kommen, während die pulsfreie Zeit, in der also keine sichtbare Strahlung von dem Objekt kommt, den Schirm B leer ausgehen läßt. Lichtquellen, die nicht im Rhythmus der Periode des Bildwechsels gepulst sind, würden auf beiden Schirmen gleich hell erscheinen. Man braucht also nur die Bilder von beiden Fernsehschirmen miteinander zu vergleichen, um zu erkennen, ob einer der Sterne sein Licht gepulst im Rhythmus der Periode der Radiopulse abstrahlt.

Der Pulsar im Krebs-Nebel wird sichtbar

Mit der eben beschriebenen Methode fand man ihn. Die verwendete Apparatur arbeitete nach dem gleichen Prinzip, nur daß man statt einer ganzen Himmelsaufnahme jeden Stern der in Frage kommenden Gegend einzeln prüfte. Das Licht des jeweils untersuchten Sterns wurde nicht auf mehrere Fernsehschirme verteilt, sondern im Rhythmus der Periode des Krebs-Pulsars in mehrere elektronische Lichtquantenzähler geschickt. Das Schema solch einer Messung ist in Abbildung 8-7 dargestellt. Bei einem Stern, der sein Licht gleichförmig aussendet, bekommen alle beteiligten Zähler etwa gleich viele Lichtquanten. Bei einem Stern, der Blitze im Rhythmus des Krebs-Pulsars abstrahlt, bekommen während jedes Periodenintervalls nur die Zähler Arbeit, die immer gerade dann beliefert werden, wenn der Puls kommt, während die anderen Zähler nichts zu tun haben. Wenn man also das Licht des Pulsars über viele Pulsperioden in der beschriebenen Weise auf die verschiedenen Zähler verteilt, dann geben die vom Puls mit Licht belieferten Zähler immer größere Zahlen an, während die anderen, die höchstens Licht vom nie ganz dunklen Nachthimmel er-

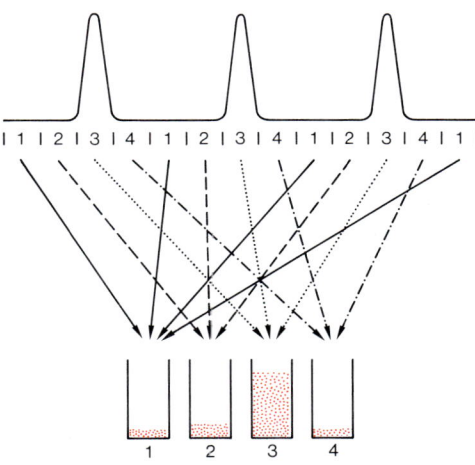

Abb. 8-7. Ein ähnliches Schema, nach dem man erkennen kann, ob ein Stern sein Licht in Form von Pulsen aussendet. Das Licht wird im Rhythmus der Periode (die man von den Radiopulsen her kennt) immer wieder auf eine Reihe von Zählern gegeben, welche die Lichtquanten zählen. Hier sind vier Zähler angenommen, durch vier Kästen im Bild unten dargestellt, in die Lichtquanten (rote Punkte) »hineingeworfen« werden. Jedes Periodenintervall ist in vier Intervalle geteilt. Lichtquanten, die das Meßgerät während des ersten Zeitintervalls empfängt, »wirft« es in den Kasten 1, die des zweiten in Kasten 2 usw. Nach Ablauf einer Periode beginnt das Gerät wieder mit dem Kasten 1. Der Zähler 3 bekommt in unserem Fall viele Lichtquanten; die anderen Zähler gehen fast leer aus.

halten, nur kleine Zahlen anzeigen. Man sagt, daß sich dann im Zählersystem ein Puls »aufbaut«.

Im November 1968 beschlossen zwei junge Astronomen, William John Cocke und Michael Disney, drei Beobachtungsnächte am 90-cm-Spiegelteleskop des Steward-Observatoriums in Tucson, Arizona, zu beantragen. Beide hatten noch keine Erfahrung in der beobachtenden Astronomie, und sie wollten diese Nächte benutzen, um sich mit dem Teleskop vertraut zu machen. Während sie noch überlegten, was sie beobachten sollten, erschien Anfang Dezember in der Zeitschrift »Science« die Meldung von der Entdeckung des Krebs-Pulsars, und so beschlossen sie, die ihnen bewilligte Beobachtungszeit zu benutzen, um im sichtbaren Licht nach dem Krebs-Pulsar zu suchen. Eine dafür geeignete Zählapparatur war im Institut vorhanden. Donald Taylor hatte sie für einen ganz anderen Zweck gebaut, und so wurde er, der seine elektronische Apparatur als Mitgift einbrachte, in das Team aufgenommen. Vom Technischen her war also alles in Ordnung; aber der Plan schien nicht allzu erfolgversprechend. Noch niemandem war es bisher gelungen, einen Pulsar mit einem sichtbaren Stern zu identifizieren, aber Cocke und Disney würden wenigstens lernen, mit dem Teleskop umzugehen, und Taylors Elektronik würde auf jeden Fall auf diese Weise getestet.

Anfang Januar wurde die Meßapparatur auf dem Kitt-Peak montiert. Am 11. Januar war alles soweit, und das Fernrohr wurde zum erstenmal auf den Krebs-Nebel gerichtet. Bei jedem Stern wurde über 5000 Pulsarperioden hinweg gemessen, und während dieser Zeit wurden die Lichtsignale jeweils im Rhythmus der Radioperiode auf mehrere Zähler geleitet. Bei keinem Stern in dem untersuchten Bereich baute sich in den Zählern ein Puls auf. Taylor kehrte am 12. Januar nach Tucson zurück. Von nun an blieben Cocke und Disney allein auf dem Berg, unterstützt von Robert W. McCallister, der die Elektronik bediente. Am 12. Januar – das Wetter begann sich zu verschlechtern – wieder kein Ergebnis. Die nun folgenden beiden Beobachtungsnächte – es waren die letzten der für dieses Projekt bewilligten – fielen wegen schlechten Wetters aus, die Unternehmung schien erfolglos zu bleiben.

Oft spielt der Zufall eine wichtige Rolle. William G. Tifft, der Beobachter, dem das Teleskop ab 15. Januar zustand, bot den

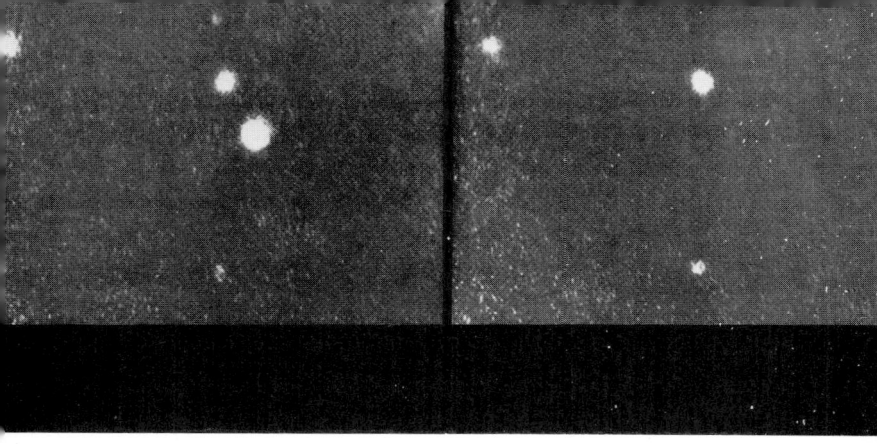

Abb. 8-8. Zwei mit der Methode der beiden Fernsehschirme (siehe Abb. 8-6) hergestellte Bilder lassen erkennen, daß einer der Sterne aus Abb. 8-5 sein Licht im Rhythmus des Krebs-Pulsars aussendet. Der Stern ist in Abb. 8-5 durch zwei weiße Marken am rechten und am unteren Rand gekennzeichnet. Durch Vergleich von Abb. 8-5 und Abb. 7-6 findet man leicht im Farbbild den Krebs-Pulsar, der sich dort in nichts von den anderen Sternen unterscheidet.

(Aufnahme: Lick-Observatorium)

glücklosen Anfängern noch die Nächte vom 15. und 16. Januar an, damit sie es noch einmal versuchen konnten. In dem nun folgenden halte ich mich in etwa an Disneys eigenen Bericht.

»Am Tage des 15. gab es Wolken, aber gegen Abend klarte der Himmel auf. Wir begannen pünktlich um 20 Uhr. Taylor war noch in Tucson, und Cocke und ich wechselten uns am Teleskop ab, McCallister bediente Taylors Apparatur. Im ersten Lauf prüften wir zunächst den Himmelshintergrund, ohne einen Stern. Im zweiten Lauf hatten wir denjenigen Stern in der Blende unserer Apparatur, den Walter Baade als den Zentralstern des Krebs-Nebels bezeichnet hatte. Es dauerte nur 30 Sekunden, da zeigten die Zähler einen deutlichen Puls, der ständig wuchs, wir sahen auch noch einen kleineren Sekundärpuls, der anscheinend eine halbe Periode nach dem Hauptpuls kommt; er war ziemlich breit und nicht so hoch wie der Hauptpuls. Während McCallister ruhig die Apparatur weiter bediente, wurden Cocke und ich zwischen hysterischer Aufregung und tiefster Depression hin und her gerissen. War es der Pulsar, oder hatten wir einen Störeffekt der Elektronik? Immerhin liegt die Pulsarfrequenz gerade bei der Hälfte der amerikanischen Wechselstromfrequenz. Bei Wiederholungen der Messung erschien der Puls in voller Pracht wieder, die Stimmung in der Kuppel wuchs.

Um 20.30 Uhr, eine halbe Stunde nach dem Beginn der Beobachtung, rief ich Taylor an. Erst war er skeptisch, schlug Änderungen in der Elektronik vor, um etwaige Fehler zu beseitigen. Er wurde von uns erst in der darauffolgenden Nacht überzeugt, als er selbst sah, wie sich der Puls aufbaute.

Um 22.10 Uhr riefen wir unsere Frauen an, die wir nur mit Mühe daran hindern konnten, sogleich auf den Berg zu kommen. Um 1.22 Uhr kam Nebel auf. Die Beobachtung war zu Ende. Die drei Beobachter in der Kuppel hatten keinen Zweifel, daß sie das Glück gehabt hatten, den ersten optischen Pulsar zu entdecken.« Hier endet Disneys Bericht.

Nun gingen andere daran, die Entdeckung zu bestätigen. In Abbildung 8-8 sehen wir zwei Bilder, die nach dem in Abbildung 8-6 dargestellten Prinzip angefertigt sind. Der Pulsar, der im rechten Teilbild fehlt, ist also der untere der beiden Sterne in der Mitte von Abbildung 8-5. Dort ist er durch Marken am rechten und am unteren Bildrand gekennzeichnet. Von Abbildung 8-5 kann man übergehen zum Gesamtbild des Krebs-Nebels in Abbildung 7-6 und dort den Pulsar finden.

Was sind Pulsare?

Nach der Entdeckung des Krebs-Pulsars war klar, daß Pulsare etwas mit Supernova-Ausbrüchen zu tun haben. Was immer vom Stern übrigbleibt, wenn er als Supernova explodiert, es scheint Pulsarsignale auszusenden. Das legt auch ein anderer Pulsar nahe, dessen Strahlung von einer Stelle des Himmels kommt, an der Gasmassen eine frühere Supernova-Explosion andeuten. Dieses Ereignis liegt anscheinend schon längere Zeit zurück. Viel früher als die Krebs-Nebel-Supernova muß dieser Ausbruch sich im Sternbild Vela zugetragen haben, denn die ausgeschleuderten Gasmassen erscheinen am Himmel nicht mehr als ein kompakter Fleck, sondern als vereinzelte, ein weites Raumgebiet erfüllende Fasern, also als Gasfilamente. Die Periode dieses Pulsars ist mit 0.09 Sekunden größer als die des Krebs-Pulsars. Er ist der drittschnellste Pulsar, den man kennt. Von Anfang an suchte man im Bereich des sichtbaren Lichtes nach dem Objekt. Erst 1977 war man erfolgreich; der Brief, der am 9. Februar die Redaktion der Zeitschrift »Nature« erreichte und in dem die erfolgreiche Identifikation des Vela-Pulsars mit einem Stern mitgeteilt wurde, war von zwölf Autoren unterzeichnet. Berücksichtigt man, daß während der vorangegangenen acht Jahre neben den zwölf erfolgreichen, in England und in Australien arbeitenden Wissenschaftlern viele Astronomen mit den besten Teleskopen der Welt vergeblich nach dem im Rhythmus des Vela-Pulsars leuchtenden Stern gesucht hatten, so wird einem bewußt, welch weltweite mühsame Fahndungsaktion damit abgeblasen werden konnte. Übrigens war Michael Disney, der schon beim Krebs-Pulsar dabei war, wieder mit von der Partie.

Von allen anderen Pulsaren fehlt bisher im sichtbaren Licht jede Spur. Das führt auf das folgende Bild. Was immer Pulsare sind, sie entstehen, wenn ein Stern als Supernova explodiert. Anfangs ist die Pulsperiode kurz, noch kürzer als die des Krebs-Pulsars. Er sendet nicht nur Radiopulse aus, sondern auch Lichtblitze. Im Laufe der Zeit verlangsamt sich der Rhythmus seiner Pulse. Nach weniger als tausend Jahren hat sich seine Periode auf die des Krebs-Pulsars verlängert, nach weiterer Zeit auf die des Vela-Pulsars. Mit der Verlängerung seiner Pulsperiode wird er gleichzeitig im sichtbaren Licht immer schwächer. Wenn später seine Periode auf Sekunden und länger angestiegen ist, sind seine optischen Blitze längst verschwunden, doch im Radiogebiet macht er sich noch bemerkbar. Deshalb ist es nur bei zwei Pulsaren mit sehr kurzen Perioden möglich gewesen, sie zu sehen. Sie zählen zu den jüngsten, bei ihnen erkennt man sogar noch die Reste der Explosionswolke. Die älteren Pulsare haben ihre Leuchtkraft im sichtbaren Licht längst eingebüßt.

Aber was sind Pulsare? Was bleibt übrig, wenn das Leben eines

Sterns in einer gigantischen Explosion endet? Wir wissen bereits, daß die Raumgebiete, aus denen die Pulsarstrahlung kommt, sehr klein sein müssen. Welche Vorgänge laufen auf kleinem Raum so rasch ab und wiederholen sich so regelmäßig, daß man sie für die Erklärung des Pulsarphänomens heranziehen kann? Sind es Sterne, die sich wie die Delta-Cephei-Sterne aufblähen und wieder zusammenziehen? Wenn es pulsierende Sterne sind, dann müssen sie sehr dicht sein, denn nur dann können sie kurze Schwingungsperioden haben. Erinnern wir uns, daß die Perioden der Delta-Cephei-Sterne bei Tagen liegen. Hier suchen wir nach Objekten, die sogar innerhalb von hundertstel Sekunden schwingen können. Selbst die dichtesten uns bekannten Sterne, die Weißen Zwerge, könnten nicht schnell genug schwingen. So liegt die Frage nahe, ob es nicht Sterne mit noch größerer Dichte geben kann, Sterne, die die Weißen Zwerge mit ihren Dichten von Tonnen pro Kubikzentimeter weit in den Schatten stellen.

Die ersten Gedanken dazu kamen von zwei Astronomen in Pasadena, lange bevor man etwas von Pulsaren ahnte. Dort arbeitete während der dreißiger Jahre am damals größten Teleskop der Welt der aus Deutschland stammende Walter Baade. Er war wohl einer der besten beobachtenden Astronomen dieses Jahrhunderts. Zum Pasadena-Team gehörte auch der ebenso phantasiereiche wie streitbare Schweizer Fritz Zwicky. Die beiden wiesen schon 1934 darauf hin, daß tatsächlich Sterne extrem hoher Dichte denkbar sind, Sterne, deren Materie praktisch nur aus Neutronen besteht. Im Jahre 1939 veröffentlichten dann die Physiker J. Robert Oppenheimer und George M. Volkoff eine Arbeit in der amerikanischen physikalischen Zeitschrift »Physical Review« über Neutronensterne. Aber lange bevor sich die Astrophysiker ernstlich mit Neutronensternen befaßten, sollte der Name eines der Autoren in aller Welt bekannt werden, denn Oppenheimer war führend am Bau der amerikanischen Atombombe beteiligt.

Seit Oppenheimer und Volkoff weiß man, daß Materie, in der sich alle Elektronen und Protonen zu Neutronen vereinigt haben, sternartige, durch ihre eigene Schwerkraft zusammengehaltene Gaskugeln bilden kann. Solche *Neutronensterne* lassen sich, wenn man die Eigenschaften der Neutronenmaterie weiß, theoretisch berechnen. Die »Sternmodelle« für Neutronensterne zeigen, daß

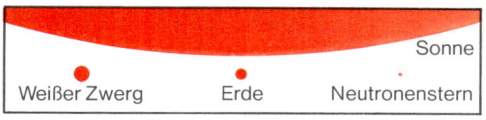

Abb. 8-9. Sonne, Weißer Zwerg, Erde und Neutronenstern im Größenvergleich. Die Sonne ragt nur mit ihrem Rand von oben ins Bild.

Weißer Zwerg   Erde   Sonne   Neutronenstern

sie eine sehr hohe Dichte haben. In ihnen ist die Masse der Sonne auf eine Kugel von einem Durchmesser von 30 Kilometern zusammengepreßt, im Kubikzentimeter sind Milliarden Tonnen von Neutronenmaterie (vgl. Abb. 8-9). Neutronensterne würden, wenn sie in Schwingung versetzt werden könnten, viel schneller schwingen als die Pulsare. Wenn man also nach dem regelmäßigen Zeitgeber fragt, der für die Perioden der Pulsare in Frage kommt, dann muß man auch die Schwingungen von Neutronensternen ausschließen.

So stehen wir also wieder am Anfang. Bei der Suche nach dichten, sternartigen Objekten, die vielleicht schnell genug schwingen, fanden wir die Weißen Zwerge als zu langsam und die hypothetischen Neutronensterne als zu schnell.

Thomas Gold erklärt die Pulsare

Seine Astronomie-Kollegen nennen ihn Tommy. Er ist in Österreich geboren und emigrierte rechtzeitig nach England. Dort studierte er, arbeitete einige Zeit mit dem gleichfalls nach England emigrierten Hermann Bondi und mit Fred Hoyle und ging dann nach Amerika. Als die Nachricht von der Entdeckung der Pulsare um die Welt ging, lehrte er an der Cornell-Universität in Ithaca, New York. Während sich die Fachjournale mit einer Reihe von voreiligen Erklärungsversuchen füllten – meist mit Versuchen, die Pulsationshypothese zu retten –, gingen Tommy Golds Gedanken in andere Richtung.

Zu den regelmäßigsten periodischen Vorgängen am Himmel gehören die Rotationen der Himmelskörper. Die Sonne rotiert in 27 Tagen einmal um ihre eigene Achse; es gibt Sterne, die sehr viel rascher rotieren. Man kann fragen, ob die regelmäßig eingehaltenen Perioden der Pulsare nicht vielleicht etwas mit einem Rotationsvorgang zu tun haben. Dann müßte sich ein Himmelskörper innerhalb von einer Sekunde einmal um seine Achse drehen, im Falle des Krebs-Pulsars sogar dreißigmal. Aber ein Stern kann nicht beliebig rasch rotieren, sonst würde er durch die Fliehkraft auseinandergerissen werden. Nur Sterne, an deren Oberfläche die Schwerkraft sehr groß ist, können sich rasch um ihre eigene Achse drehen, ein Weißer Zwerg höchstens etwa einmal pro Sekunde. Würde er mit der Krebs-Pulsar-Periode rotieren, würde ihn die Fliehkraft zerreißen. Nur dichtere Sterne können noch rascher rotieren.

So kommt man wieder auf die Neutronensterne, und es stellt sich nun die Frage, ob der regelmäßige Zeitgeber der Pulsare vielleicht die Rotation eines Neutronensterns ist. Dies würde bedeuten, daß ein Neutronenstern innerhalb von Bruchteilen einer Sekunde einmal um seine eigene Achse rotiert. Das ist durchaus möglich; seine Schwerkraft ist stark genug. Er könnte sogar noch sehr viel rascher rotieren.

Die Astrophysiker halten Tommy Golds Hypothese, daß die Pulsare rotierende Neutronensterne sind, im Augenblick für die vernünftigste. Dazu kommt, daß die allmähliche Verlängerung der Perioden der Pulsare bedeuten würde, daß sich die Rotation der Neutronensterne im Laufe der Zeit verlangsamt. Das erscheint sinnvoll, denn die Energie, die der Pulsar aussendet – im Radiobereich und im sichtbaren Licht –, könnte dann aus der Rotationsenergie des Neutronensterns gedeckt werden. Schon allein die ausgehende Strahlung würde also den Stern langsam abbremsen, aber die Bremsung ist noch stärker.

Man schätzte ab, daß aus der Rotationsenergie, die infolge der Verlangsamung beim Pulsar des Krebs-Nebels ständig frei wird, nicht nur die Strahlung des Pulsars, sondern sogar die Ausstrahlung des ganzen Nebels gespeist werden könnte. Das hilft uns gleichzeitig aus einer anderen Verlegenheit.

Während das Licht von gewöhnlichen Gasnebeln, etwa des Planetarischen Nebels von Abbildung 7-5 oder vom Licht des Orion-Nebels von Abbildung 12-1, von Atomen ausgesandt wird, hat das Licht des Krebs-Nebels ganz anderen Ursprung. Dort findet man Elektronen, die bei der Supernova-Explosion sehr hohe Geschwindigkeiten erhielten; sie bewegen sich fast so schnell wie das Licht. In den Magnetfeldern des Nebels sind sie in Kreisbah-

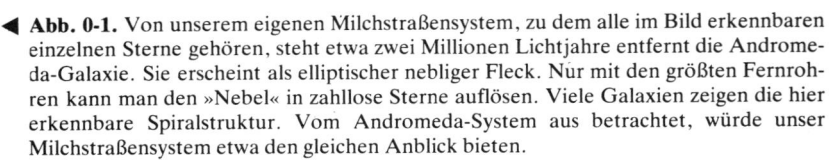

◄ **Abb. 0-1.** Von unserem eigenen Milchstraßensystem, zu dem alle im Bild erkennbaren einzelnen Sterne gehören, steht etwa zwei Millionen Lichtjahre entfernt die Andromeda-Galaxie. Sie erscheint als elliptischer nebliger Fleck. Nur mit den größten Fernrohren kann man den »Nebel« in zahllose Sterne auflösen. Viele Galaxien zeigen die hier erkennbare Spiralstruktur. Vom Andromeda-System aus betrachtet, würde unser Milchstraßensystem etwa den gleichen Anblick bieten.

(Copyright Calif. Inst. of Technology and Carnegie Institution of Washington; reproduziert mit Erlaubnis der Hale Observatories)

Abb. 0-4. Der Spiralnebel M51 im Sternbild der Jagdhunde. Wir sehen hier senkrecht ▶ auf die Ebene eines Milchstraßensystems. Die hellen Spiralen sind Orte, an denen helle, blaue Sterne das interstellare Gas zum Leuchten anregen. Das Licht, das wir von diesem Sternsystem erhalten, ist etwa 12 Millionen Jahre unterwegs gewesen.

(Aufnahme: US Naval Observatory, Washington, USA)

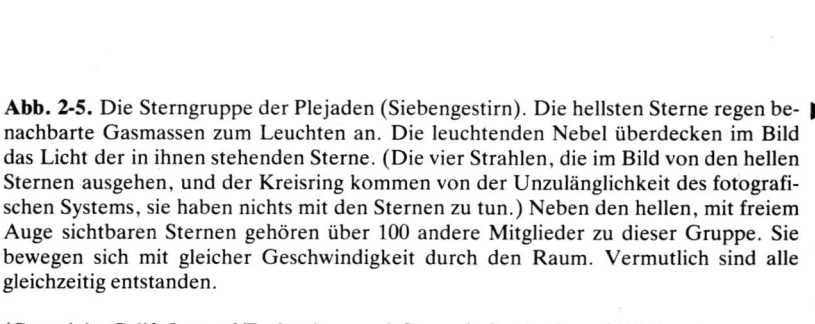

Abb. 2-5. Die Sterngruppe der Plejaden (Siebengestirn). Die hellsten Sterne regen be- ▶
nachbarte Gasmassen zum Leuchten an. Die leuchtenden Nebel überdecken im Bild
das Licht der in ihnen stehenden Sterne. (Die vier Strahlen, die im Bild von den hellen
Sternen ausgehen, und der Kreisring kommen von der Unzulänglichkeit des fotografi-
schen Systems, sie haben nichts mit den Sternen zu tun.) Neben den hellen, mit freiem
Auge sichtbaren Sternen gehören über 100 andere Mitglieder zu dieser Gruppe. Sie
bewegen sich mit gleicher Geschwindigkeit durch den Raum. Vermutlich sind alle
gleichzeitig entstanden.

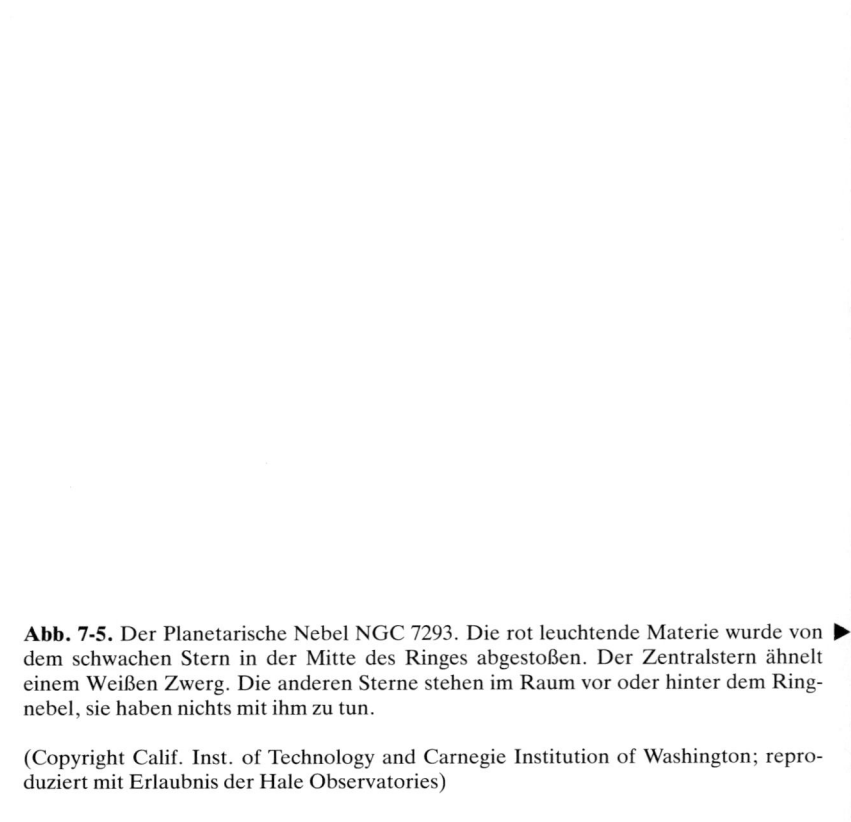

Abb. 7-5. Der Planetarische Nebel NGC 7293. Die rot leuchtende Materie wurde von ▶ dem schwachen Stern in der Mitte des Ringes abgestoßen. Der Zentralstern ähnelt einem Weißen Zwerg. Die anderen Sterne stehen im Raum vor oder hinter dem Ringnebel, sie haben nichts mit ihm zu tun.

Abb. 7-6. Der Krebs-Nebel ist der Überrest einer im Jahre 1054 beobachteten Super-nova. Wegen der langen Laufzeit des Lichtes zu uns explodierte der Stern dort aber in Wahrheit, noch ehe die Sumerer das Zweistromland besiedelten (etwa 4000 v. Chr.).

(Copyright Calif. Inst. of Technology and Carnegie Institution of Washington; repro-duziert mit Erlaubnis der Hale Observatories)

Abb. 12-1. Der leuchtende Gasnebel im Orion. In einem Raumgebiet von etwa 15 ▶ Lichtjahren Durchmesser ist das interstellare Gas stark verdichtet; bis zu 10 000 Wasserstoffatome sind dort im Kubikzentimeter. Obwohl das für die interstellare Materie eine sehr hohe Dichte ist, ist das Gas im Orion-Nebel immer noch viel mehr verdünnt als im besten auf der Erde herstellbaren Vakuum. Die gesamte Masse des leuchtenden Gases schätzt man auf 700 Sonnenmassen. Das Gas wird im Nebel von leuchtkräftigen, blauen Sternen zum Leuchten angeregt. Im Orion-Nebel stehen Sterne, die mit Sicherheit erst vor einer Million Jahren entstanden sind. Man findet in ihm Verdichtungen, die darauf schließen lassen, daß dort auch heute noch Sterne entstehen. Das Licht des Gasnebels, das uns heute erreicht, wurde etwa zur Zeit der Völkerwanderung ausgesandt.

(Aufnahme: US Naval Observatory, Washington, USA)

nen gezwungen und strahlen ihre Energie in Form von Licht ab. Es war schon immer die Frage, warum sich diese Elektronen seit 1054 so schnell bewegen, warum sie durch ihre Abstrahlung nicht langsamer geworden sind. Dann würden sie immer weniger strahlen, die Helligkeit des Krebs-Nebels würde sinken. Offensichtlich bekommen sie von irgendwoher Energie nachgeliefert. Nun haben wir die Energiequelle. Wenn Tommy Gold recht hat, steht im Krebs-Nebel ein rotierender Neutronenstern, der, vielleicht mit seinem Magnetfeld, Energie an das benachbarte Gas abgibt. Wie ein Quirl rührt der Neutronenstern im Nebel und sorgt dafür, daß die Geschwindigkeit der Elektronen sich nicht verlangsamt, sorgt dafür, daß der Krebs-Nebel seinen Glanz nicht verliert. Im Neutronenstern steckt noch Rotationsenergie für mehrere tausend Jahre.

Zwar haben wir nun einen Mechanismus gefunden, der zumindest den regelmäßigen Zeitablauf der Pulsare erklären kann, doch fehlt uns noch ein Bild, wie die Radiostrahlung wirklich entsteht. Da es sich nicht um eine einfache Welle handelt, sondern um einen Puls, bei dem man also für den größten Teil der Periode keine, dann aber in sehr kurzer Zeit sehr viel Energie erhält, so müssen wir uns vorstellen, daß der Stern Strahlung in eine bestimmte Richtung aussendet und wir in regelmäßigen Abständen vom Scheinwerferstrahl dieses rotierenden Sterns getroffen werden wie ein Schiff vom bewegten Strahl eines Leuchtturms.

Wahrscheinlich hat der Neutronenstern ein Magnetfeld ähnlich dem unserer Erde, nur sehr viel stärker – wir kommen in Kapitel 10, bei den Röntgensternen, darauf zurück. Nehmen wir an, das Magnetfeld sei nicht zur Rotationsachse ausgerichtet – bei der Erde ist das auch nicht der Fall. Wenn der Neutronenstern rotiert, dann bewegt sich sein Magnetfeld mit ihm. Man macht sich etwa folgendes Bild (vgl. Abb. 8-10): An der Oberfläche des rotierenden, magnetischen Neutronensterns, wo sich die Neutronen in Elektronen und Protonen zurückbilden, herrschen starke elektrische Kräfte, welche die geladenen Teilchen vom Stern wegschleudern. Die Teilchen fliegen längs der magnetischen Feldlinien in den Raum. Ihre Energie reicht aus, um den Krebs-Nebel auch heute noch, tausend Jahre nach seiner Entstehung, leuchten zu lassen. Da geladene Teilchen sich nur schwer quer zu magneti-

schen Feldlinien bewegen können, verlassen sie den Neutronenstern hauptsächlich an seinen magnetischen Polen, wo sie längs
der gekrümmten Feldlinien mit großer Geschwindigkeit nach
außen fliegen. In Abbildung 8-10 ist das schematisch dargestellt.
Die Elektronen werden als die leichtesten den Stern verlassenden
Teilchen die größte Geschwindigkeit haben, wahrscheinlich bewegen sie sich nahezu mit Lichtgeschwindigkeit. Wenn aber Elektronen so schnell auf gekrümmten Bahnen fliegen, dann strahlen sie
Energie ab. Diese Energie geht nicht gleichmäßig nach allen Richtungen weg, sie ist vielmehr in Flugrichtung der Elektronen scharf
gebündelt. Das aber bedeutet, daß die Strahlung den Stern in der
Richtung verläßt, in welche die aus dem Stern kommenden magnetischen Kraftlinien weisen. Die Strahlung strömt also in zwei
kegelartigen Raumgebieten nach außen. Da das Magnetfeld an
der Rotation des Sterns teilnimmt, rotieren auch die beiden Strahlungskegel. Ein entfernter Beobachter erhält nur während derje-
nigen Zeit Strahlung, während der er von einem der beiden Kegel

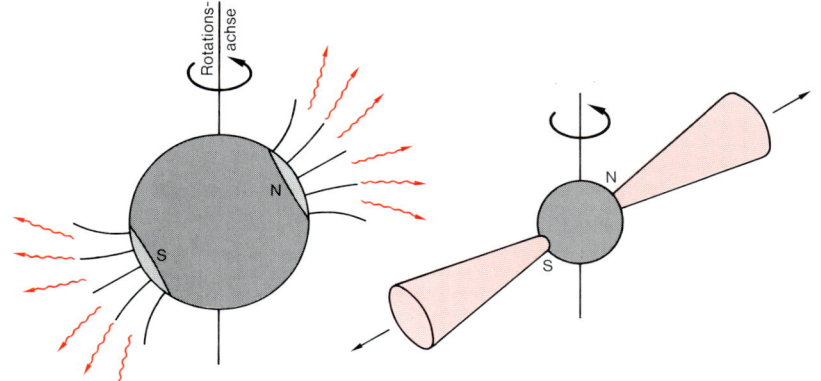

Abb. 8-10. Ein mögliches Modell für die Entstehung der Pulsarsignale. An den beiden
Magnetpolen N und S eines rotierenden Neutronensterns fliegen Elektronen mit nahezu Lichtgeschwindigkeit längs der Magnetfeldlinien in den Raum. Dabei strahlen sie in
der Nähe des Sterns Energie in ihre Flugrichtung gebündelt ab. Die Strahlungsquanten
sind in der Zeichnung links durch rote, gewellte Pfeile dargestellt. Die vom Neutronenstern ausgehende Strahlung geht also von den magnetischen Polen in Form von zwei
Strahlungskegeln in den Raum (rechts). Mit der Rotation des Neutronensterns drehen
sich auch diese beiden Kegel. Wie zwei Scheinwerferstrahlen überstreichen sie den
Raum. Nur wenn ein Beobachter von einem Strahlungskegel getroffen wird, erhält er
Strahlung. Die Rotation läßt für den Beobachter den Neutronenstern im Rhythmus der
Rotation des Sterns aufblitzen.

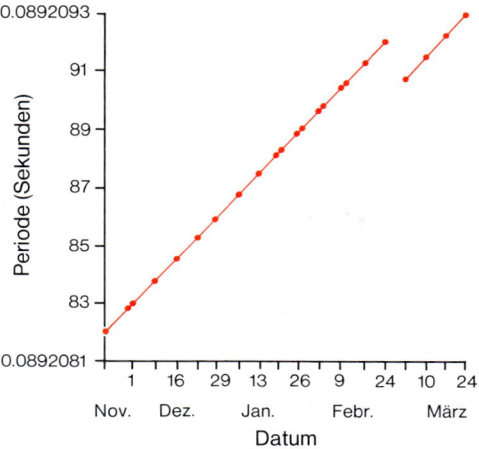

Abb. 8-11. Periodensprung eines Pulsars. Während die Pulsarperiode langsam zunimmt, verkürzt sie sich schlagartig (rechts oben), um danach weiter zuzunehmen.

überstrichen wird. Der Neutronenstern scheint für ihn im Rhythmus seiner Rotation regelmäßig aufzuleuchten. In diesem Bild – viele Astrophysiker glauben heute, daß es in etwa richtig ist – werden wir von der in Richtung der Pol-Magnetfelder ausgehenden Strahlung tatsächlich wie vom rotierenden Strahl eines Leuchtturmes getroffen.

Unbeantwortete Fragen

Im Frühjahr 1969 wurde von zwei Observatorien voneinander unabhängig entdeckt, wie ein Pulsar die langsame, stetige Veränderung seiner Periode unterbrach und die Zeit zwischen aufeinanderfolgenden Pulsen verkürzte (vgl. Abb. 8-11). Danach ging die Verlangsamung im gleichen Maße weiter wie vorher. Haben wir uns schon mit dem Gedanken angefreundet, daß es sich um einen rotierenden Neutronenstern handelt, der in einem umgebenden Medium gebremst und daher verlangsamt wird, so erhebt sich die Frage, warum er plötzlich wieder schneller werden konnte.

Die Veränderung geht ruckartig. Die Kernphysiker, die mehr als die Astrophysiker gewohnt sind, mit Neutronen umzugehen, glauben, daß sich an den Oberflächen der Neutronensterne feste Krusten gebildet haben, Schollen, die gelegentlich bei der Abkühlung des von einem Supernova-Ausbruch übriggebliebenen Neutronensterns auseinanderbrechen. Wenn dabei der Stern etwas mehr in sich zusammenrutscht, vergrößert sich seine Rotationsgeschwindigkeit. Ist dies die Erklärung für die abrupten Periodenverkürzungen, von denen man inzwischen eine ganze Anzahl registriert hat? Größere Veränderungen in der Erdkruste können die Umlaufzeit der Erde und damit die Tageslänge verändern. Beobachten wir ähnliches bei den Pulsaren, geben die Periodensprünge uns Kunde von Neutronensternbeben?

Während der letzten zehn Jahre hat ein neues Gebiet der beobachtenden Astronomie große Fortschritte gemacht, die *Gammastrahlen-Astronomie*. Gammastrahlung kann man als Licht extrem kurzer Wellenlänge bezeichnen. Die einzelnen Quanten dieser Strahlung haben kürzere Wellenlängen als selbst die kurzwelligen Röntgenstrahlen. Die Strahlung ist sehr energiereich; jedes ihrer Quanten enthält etwa eine Million mal mehr Energie als ein Quant des sichtbaren Lichtes. Wie die Röntgenstrahlung gelangt auch die Gammastrahlung nicht von außen her durch unsere Atmosphäre, und so lernte man von den aus dem Weltall kommenden Gammastrahlen erst etwas, als man von Raketen und von Satelliten aus das Weltall beobachten konnte. Zu den Überraschungen, die uns dieser Zweig der Astronomie bisher geliefert hat, zählt die Tatsache, daß mehrere Pulsare Gammastrahlen-Pulse aussenden. Wegen der großen Energie der Gammastrahlen sieht es so aus, als ob beim Pulsarphänomen die Gammastrahlung die Hauptsache ist, während die Radiostrahlung – durch die wir überhaupt erst auf die Pulsare aufmerksam geworden sind – nur eine geringfügige Begleiterscheinung darstellt, vielleicht so, wie der Knall bei einer Sprengung nur eine unwichtige Nebenerscheinung ist. Die Gammapulse kommen im gleichen Rhythmus wie die Radiopulse, fallen aber nicht mit ihnen zusammen. Bis jetzt hat man die Erscheinung im Bereich der Gammastrahlung der Pulsare noch nicht verstanden.

Die Pulsare bereiten im Augenblick den Astronomen auch noch in anderer Hinsicht Sorgen. Man kennt jetzt so viele Pulsare, daß man abschätzen kann, daß es in unserer Galaxis insgesamt etwa eine Million zur Zeit aktiver Pulsare geben muß. Andererseits überwachen wir seit Jahrzehnten ferne Galaxien, um zu erfahren, wie viele Supernova-Explosionen im Mittel im Jahrhundert in ihnen stattfinden. Damit können wir abschätzen, wie viele Neutronensterne in jüngster Zeit in unserem eigenen Milchstraßensystem entstanden sind. Im Augenblick sieht es so aus, als ob viel mehr Pulsare im Raum herumstehen, als sich durch Supernova-Explosionen gebildet haben dürfen. Könnte dies ein Anzeichen dafür sein, daß Pulsare auch noch auf andere Art geboren sein können? Ist vielleicht ein Teil von ihnen nicht bei einer Sternexplosion entstanden, sondern irgendwie auf weniger spektakulärem Weg, gewissermaßen auf friedliche Weise?

Für die Entdeckung der Pulsare erhielt Antony Hewish 1974 den Nobelpreis für Physik. Die Entdeckung war großartig, nur das Wort war falsch. Die Pulsare pulsieren gar nicht. Als man den Namen für sie einführte, dachte man noch, sie wären Sterne, die sich wie die Delta-Cephei-Sterne aufblähen und wieder zusammenfallen. Jetzt lernten wir, daß sie rotierende Neutronensterne sind. Aber der Name hängt ihnen nun einmal an. Doch sind wir überhaupt sicher, daß Tommy Gold recht hat? Gibt es wirklich Neutronensterne? Irgendwie blieb bei den Astrophysikern noch ein leichter Zweifel, bis man die Röntgensterne entdeckte. Von ihnen hören wir im übernächsten Kapitel.

9. Wenn Sterne Sternen Masse stehlen

Doppelsterne sind für den Astrophysiker recht ertragreiche Objekte, das wissen wir schon. Von ihnen lernt er mehr als von Einzelsternen. Das ist nicht nur bei den Röntgensternen so, von denen das nächste Kapitel handelt, es gilt auch für gewöhnliche Sterne, die sich zu Doppelsternsystemen zusammengetan haben. Dabei sah es eine Zeitlang so aus, als ob uns die Doppelsterne beweisen, daß alle unsere Vorstellungen von der Entwicklung der Sterne falsch seien. Es gab Doppelsternforscher, die glattweg behaupteten, Sterne würden sich grundsätzlich anders entwickeln, als es die Computersimulationen der fünfziger und sechziger Jahre zeigten.

Den Grund zum Zweifeln gab ein bestimmter Typ von Doppelsternen, auf den man zuerst aufmerksam wurde, als 1667 dem Bologneser Astronomen Gemiani Montanari auffiel, daß der zweithellste Stern im Perseus gelegentlich für einige Zeit viel schwächer leuchtet als sonst.

Algol, das Haupt des Teufels

Ptolemäus nannte den Stern das »Haupt der Medusa«, das Perseus, nach dem das Sternbild benannt ist, in der Hand trägt. Die Juden nannten ihn »Haupt des Teufels«, die Araber Râs al ghûl, das heißt wörtlich »unruhiger Geist«, und vom arabischen Namen kam unsere Bezeichnung für den Stern: *Algol*. Montanari hatte bemerkt, daß er veränderlich ist. Mehr als hundert Jahre später wußte der achtzehnjährige John Goodricke in England, worum es sich handelt. Ihm war in der Nacht des 12. November 1782 aufgefallen, daß der Stern etwa sechsmal schwächer leuchtete als vorher. In der nächsten Nacht war Algol wieder normal. Am 28. Dezember desselben Jahres war die Erscheinung wieder da. Um 17.30 Uhr war Algol schwach, aber schon dreieinhalb Stunden später war er wieder hell. Goodricke beobachtete weiter, und bald hatte er den Schlüssel in den Händen. Algol ist normalerweise hell, aber alle 2 Tage und 21 Stunden fällt seine Helligkeit innerhalb von 3½ Stunden ab, bis der Stern nur noch etwas weniger als den sechsten Teil seines Normallichtes hat; während der nächsten 3½ Stunden steigt die Helligkeit dann wieder an.

Goodricke gab auch gleich die heute noch richtige Erklärung. In einem Artikel in den »Philosophical Transactions« der Royal Society London schrieb der begabte junge Mann, von dem wir schon wissen, daß er weder hören noch sprechen konnte: »Wenn es vielleicht nicht allzufrüh ist, um eine Vermutung über die Ursache dieser Veränderung zu wagen, so könnte ich mir denken, daß schwerlich etwas anderes dafür verantwortlich sein kann als entweder das Dazwischentreten eines großen Körpers, der Algol umkreist, oder irgendeine ihm eigene Bewegung, durch die ein Teil seines Körpers, der mit Flecken oder ähnlichem bedeckt ist, regelmäßig der Erde zugekehrt wird.« Es mußte noch ein Jahrhundert vergehen, bevor man ihm glaubte. Heute wissen wir: Die erste Erklärung war richtig. Ein Begleitstern schiebt sich während seines Umlaufs alle 69 Stunden vor Algol und verdeckt ihn teilweise.

Jeder kann diese Erscheinung mit freiem Auge beobachten, wenn er nur weiß, wo Algol am Himmel steht. Der Stern ist fast immer hell, und man findet daher meist nichts Auffallendes an ihm. Von Zeit zu Zeit aber sieht man Algol so schwach wie der ihm am Himmel am nächsten stehende, normalerweise viel schwächere Stern Rho Persei.

Man kennt heute viele veränderliche Sterne, die wie Algol regelmäßig von einem Begleitstern bedeckt werden – wir hatten am Anfang des Buches schon die Bedeckung des Sterns Zeta Aurigae erwähnt. Alle Bedeckungsveränderlichen sind so enge Systeme und stehen so weit weg, daß man die beiden Sterne selbst in den besten Fernrohren nicht einzeln sehen kann. Aber aus der Art, wie die Bedeckung abläuft, läßt sich mehr über das Sternpaar sagen, und gerade was man von den *Algolsternen* lernte, schien in Widerspruch zu stehen zu dem, was man von der Entwicklung der Sterne zu wissen glaubte.

Komplizierte Kräfte in Doppelsternen

Wenn nahe bei einem Stern ein Begleitstern kreist, dann spürt die Materie nicht nur die Schwerkraft, die alles zum Sternzentrum hin zieht, sondern auch noch die Anziehungskraft des zweiten Sterns. Dazu kommt, daß bei der Bewegung der Sterne umeinander auch die Fliehkraft wichtig werden kann.

Die Anziehungskraft in der Nachbarschaft eines Sterns wird deshalb in recht komplizierter Weise verändert, wenn ein zweiter Stern dabei ist. Glücklicherweise hat schon in der Mitte des vorigen Jahrhunderts der in Montpellier arbeitende französische Mathematiker Edouard Roche einige Vereinfachungen gefunden, von denen die Astrophysiker heute noch Gebrauch machen.

Bei einem Einzelstern würde alle Materie in der Umgebung einfach durch seine Schwerkraft in Richtung auf sein Zentrum hingezogen. Nun aber wirkt in einem Doppelsternsystem gleichzeitig an jeder Stelle auch die Anziehungskraft des zweiten Sterns auf dessen Zentrum hin. Diese beiden Kräfte können sich dort, wo beide Sterne nach entgegengesetzten Richtungen ziehen (auf der Verbindungslinie der Sterne), ganz oder teilweise aufheben (vgl. Abb. 9-1). Geben wir den beiden Sternen die Nummern 1 und 2. Da die Anziehungskraft einer Masse mit der Entfernung sehr stark abnimmt, wird in unmittelbarer Nähe von Stern 1 seine Anziehung überwiegen, in der Nähe von Stern 2 aber gewinnt dessen Anziehungskraft die Oberhand. So kann man um jeden der beiden Sterne ein sogenanntes »erlaubtes« Volumen zeichnen, innerhalb dessen dort hingebrachtes Gas vollständig auf diesen einen Stern zufallen würde. In diesem erlaubten Volumen – oft bezeichnet man es als *Roche-Volumen* – dominiert also überall die Anziehung des darin stehenden Sterns. Der Schnitt durch die Oberfläche der maximal erlaubten Volumina ergibt die gestrichelte Kurve in Abbildung 9-1. Dabei ist außerdem berücksichtigt, daß auf das Gas zusätzlich noch Fliehkräfte wirken, wenn es an der Umlaufbewegung der Sterne umeinander teilnimmt. Materie außerhalb der beiden in Abbildung 9-1 gezeichneten Roche-Volumina kann durch die Fliehkraft aus dem System geschleudert werden oder auf einen der beiden Sterne fallen. Materie innerhalb jedes Roche-Volumens *muß* auf den zugehörigen Stern stürzen. Die Größe der

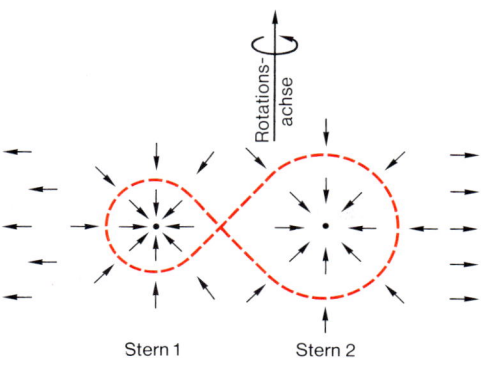

Abb. 9-1. Die Kräfte in einem engen Doppelsternsystem. Die beiden Sterne sind als schwarze Punkte gezeichnet. Die Pfeile deuten an, in welche Richtung an jeder Stelle die Kraft auf ein Gasatom wirkt. In der Nähe jedes Sterns überwiegt seine Schwerkraft, die Pfeile deuten entweder auf Stern 1 oder auf Stern 2. Auf der Verbindungslinie zwischen den beiden Sternen gibt es eine Stelle, wo sich die Anziehungskräfte der Sterne gerade aufheben. Da die beiden Sterne umeinander kreisen (die Achse der Umlaufbewegung und die Drehrichtung sind in der oberen Bildhälfte angegeben), überwiegt in größerer Entfernung von der Achse (links und rechts im Bild) die Fliehkraft, die die Materie nach außen zu schleudern versucht. Jedem Stern steht nur ein Maximalvolumen zur Verfügung. Wenn er sich ausdehnt und das durch die rot gestrichelt gezeichnete Kurve angedeutete Raumgebiet überschreitet, fließen Teile seiner Hülle auf den anderen Stern. Das maximal erlaubte Volumen eines Sterns in einem Doppelsternsystem heißt auch sein *Roche-Volumen.*

erlaubten Volumina hängt von den beiden Sternmassen und ihrem Abstand ab und kann für gut bekannte Doppelsterne leicht berechnet werden.

Wenn man enge Doppelsterne beobachtet, so findet man häufig Systeme, in denen beide Sterne viel kleiner sind, als ihrem Roche-Volumen entspricht (vgl. Abb. 9-2(a)). An der Oberfläche jedes der beiden Sterne überwiegt die zum Zentrum hinweisende eigene Schwerkraft. Grob kann man sagen, keiner der Sterne merkt, daß noch ein Begleiter da ist. So ist es nicht verwunderlich, daß sich diese engen Doppelsterne – man nennt sie *getrennte Systeme* – nicht von Einzelsternen unterscheiden. Meist sind die beiden gewöhnliche Hauptreihensterne, die von der Fusion des Wasserstoffs leben und noch wenig von ihrem Brennstoff verbraucht haben.

Es gibt aber auch Doppelsternsysteme, bei denen man nur einen Stern sicher innerhalb seines erlaubten Volumens beobachtet, während der andere dieses Raumgebiet gerade ausfüllt. Man nennt sie *halbgetrennte Systeme* (vgl. Abb. 9-2(b)); das Algolsystem zählt zu ihnen. Bei ihnen beginnen die Schwierigkeiten.

169

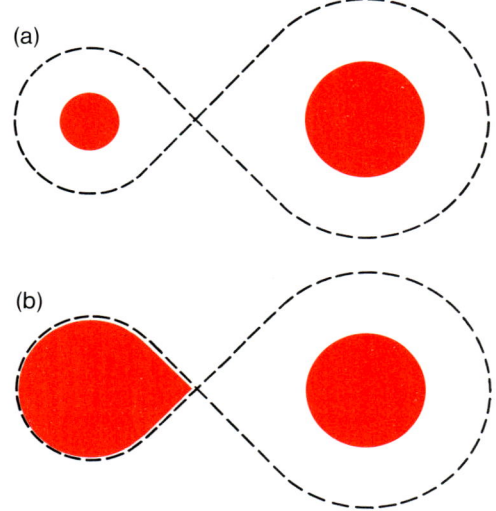

Abb. 9-2. Ein getrenntes Doppelsternsystem (a). Beide Sterne stehen deutlich innerhalb des durch die gestrichelte Kurve angedeuteten maximal erlaubten Volumens. – Ein halbgetrenntes Doppelsternsystem (b). Der linke Stern füllt sein Roche-Volumen gerade aus.

Die Paradoxien von Algol und Sirius

Der massereichere Stern der halbgetrennten Systeme ist kleiner als sein Roche-Volumen, er ist ein normaler Hauptreihenstern. Ganz anders der masseärmere der beiden: Er stößt gerade an die Grenze seines erlaubten Volumens, und im HR-Diagramm steht er rechts von der Hauptreihe, deutlich in Richtung der Roten Riesen hin verschoben (vgl. Abb. 9-3). Während der massereichere seinen Wasserstoffvorrat noch nicht erschöpft hat – er steht ja noch auf der Hauptreihe –, scheint der masseärmere seinen Wasserstoff im Zentrum bereits verbrannt zu haben, denn er hat sich ja bereits angeschickt, ins Gebiet der Roten Riesen zu wandern.

Das aber würde alle unsere Vorstellungen von der Entwicklung der Sterne auf den Kopf stellen. Wir hatten doch gesehen, daß sich der massereichere Stern schneller entwickelt, daß er mit seinem Wasserstoffvorrat zuerst am Ende ist. Nun haben wir hier zwei gleich alte Sterne, und der masseärmere zeigt zuerst Erschöpfungserscheinungen. Daß die beiden Sterne gleich alt sind, daran kann man nicht zweifeln. Sie müssen miteinander entstanden sein, denn ein Stern kann einen zweiten nicht einfangen. Warum entwickelt sich der masseärmere Stern schneller? Sind unsere Grundvorstellungen von der Sternentwicklung doch falsch?

Aber nicht nur bei den Algolsternen scheinen wir mit unseren Vorstellungen über die Entwicklung in Schwierigkeiten zu kommen, einige getrennte Doppelsterne bringen uns noch mehr in Verlegenheit.

Da ist Sirius, von dem wir schon wissen, daß er zusammen mit einem Weißen Zwerg von nur 0.98 Sonnenmassen ein Doppelsternsystem bildet. Von der auf dem Computer gerechneten Entwicklungsgeschichte der Sonne wissen wir, daß sich ein Stern von weniger als einer Sonnenmasse frühestens etwa 10 Milliarden Jahre nach seiner Entstehung in einen Weißen Zwerg verwandeln kann. Er muß dann jedenfalls wesentlich älter sein als unsere Sonne heute. Der Hauptstern des Siriussystems dagegen besitzt 2.3mal soviel Masse wie die Sonne und sollte sich daher viel schneller entwickelt haben. Er zeigt aber noch alle Eigenschaften eines unentwickelten, wasserstoffbrennenden Sterns. Wieder ist im System der massereichere noch unverbraucht, der masseärmere dagegen im Stadium fortgeschrittener Erschöpfung.

Nun ist Sirius nicht etwa ein pathologischer Ausnahmefall – es gibt viele Doppelsterne, in denen ein massearmer Weißer Zwerg zusammen mit einem unentwickelten Stern anzutreffen ist.

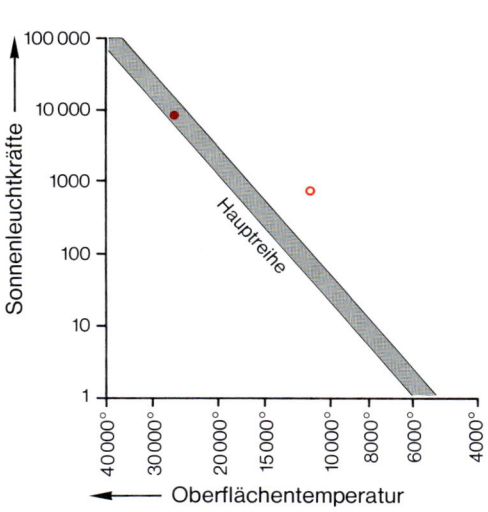

Abb. 9-3. Bei halbgetrennten Doppelsternsystemen steht der massereichere Stern (ausgefüllter Kreis) noch auf der Hauptreihe, während der masseärmere (offener Kreis) die Hauptreihe bereits verlassen hat – ein Widerspruch zur gängigen Vorstellung von der Entwicklung der Sterne, wonach der massereichere zuerst die Hauptreihe verlassen soll?

Doppelsterne im Computer

An den Grundlagen der Theorie der Sternentwicklung möchte man eigentlich nicht zweifeln. Schließlich stimmen ihre Ergebnisse zum Beispiel sehr gut mit den Beobachtungsbefunden für Sternhaufen überein. Was also bringt die Entwicklung eines Sterns so völlig durcheinander, wenn er in einem engen Doppelsternsystem steht statt in einem Sternhaufen, wo die Sterne weit voneinander entfernt sind? Es kann nur die gegenseitige Anziehung sein.

Der Haupteffekt dabei ist aber nicht etwa die Deformation, die solche engen Doppelsterne erleiden müssen; denn von der normalen Kugelform des Einzelsterns weichen nur die äußersten Schichten ab, und diese haben praktisch keinen Einfluß auf die Entwicklung. Den Haupteffekt macht es aus, daß die Sterne nicht beliebig groß werden können.

Denken wir uns zunächst, ein Stern dehne sich immer mehr aus, aus welchen Gründen auch immer, bis er schließlich sein erlaubtes Maximalvolumen gerade ausfüllt. Jede weitere Ausdehnung drückt nun Teile seiner Oberflächenschichten in das Roche-Volumen des Begleiters. Dann muß Materie vom sich ausdehnenden Stern auf den Begleiter fließen. Und das ist das Neue bei der Entwicklung von engen Doppelsternen: Die Sternmasse kann sich mit der Zeit fast schlagartig ändern; denn jeder Stern dehnt sich aus, wenn sich in seinem Zentralgebiet der Wasserstoffgehalt durch die energieliefernden Kernreaktionen zu erschöpfen beginnt.

Wenn wir also ein Doppelsternsystem haben, das anfangs, wie in Abbildung 9-2(a), deutlich getrennt ist, dann wird der massereichere Stern zuerst seinen Wasserstoff erschöpfen und Roter Riese werden wollen. Aber bald erreicht er sein Maximalvolumen. Wenn er sich noch weiter ausdehnt, muß Masse auf seinen Begleiter fließen. Es ist nicht ohne weiteres abzusehen, was weiter geschieht.

Wieder hilft uns der Computer. Eigentlich läuft alles fast genauso ab wie bei der Entwicklung einzelner Sterne. Man muß dem Rechner lediglich begreiflich machen, daß dem Stern nur ein endliches Raumgebiet zur Verfügung steht. Dieses Volumen muß der Rechner zu jedem Zeitpunkt der Entwicklung bestimmen und mit dem Volumen des Sterns vergleichen. Ist der Stern zu groß, dann nimmt ihm der Computer von der Oberfläche Materie weg und berechnet ein Sternmodell für den in seiner Masse verringerten Stern. Die weggenommene Masse schlägt er dem anderen zu. Die Übertragung von Masse von einem Stern zum anderen ändert die Anziehungskräfte der beiden, die Umlaufperiode und damit die Fliehkraft. Deshalb muß der Rechner jetzt die den beiden Sternen zur Verfügung stehenden erlaubten Volumina neu bestimmen und prüfen, ob nach dem Massenaustausch jeder sicher innerhalb seines Roche-Volumens steht oder ob weiter Masse von einem zum anderen fließt. So läßt sich Entwicklung mit Massenaustausch in der Rechenmaschine simulieren. Damit hat man ein Werkzeug, um die Geschichte von Doppelsternsystemen an verschiedenen Beispielen zu studieren.

Die erste Lösung des Algol-Paradoxons gab Donald Morton in seiner Dissertation, die er Anfang 1960 bei Schwarzschild in Princeton anfertigte. Im Jahre 1965, als man inzwischen gelernt hatte, auch schwierige Phasen der Sternentwicklung auf Computern nachzuvollziehen, wandten sich Alfred Weigert und ich in Göttingen dem Problem zu. Damals rechneten wir eine Reihe von Entwicklungsgeschichten von Doppelsternsystemen. Ich will zwei Beispiele herausgreifen.

Die Geschichte des ersten Sternpaares – ein halbgetrenntes System entsteht

Dieses Paar haben wir als erstes gerechnet. Es beginnt seine Entwicklung mit zwei Hauptreihensternen von neun und fünf Sonnenmassen, die sich mit einer Periode von 1.5 Tagen in einem Abstand von 13.2 Sonnenradien umeinander bewegen. Zunächst entwickelt sich der massereichere Stern, die Entwicklungsgeschwindigkeit des anderen ist dagegen fast unmerklich. Während der Stern von neun Sonnenmassen immer mehr von seinem Wasserstoff verbraucht, blähen sich seine Außenschichten langsam auf. Nach 12.5 Millionen Jahren ist in seinem Zentrum der Wasserstoffgehalt etwa auf die Hälfte herabgesunken, und der Stern hat sich jetzt so weit ausgedehnt, daß er gerade sein erlaubtes Volumen ausfüllt. Er ist nun im HR-Diagramm der Abbildung 9-4 an

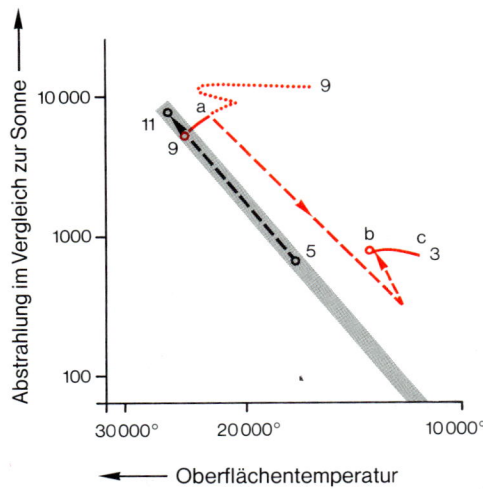

Abb. 9-4. Die Entwicklung eines engen Doppelsternsystems aus zwei Komponenten von 5 und 9 Sonnenmassen. Beim massereicheren Stern macht sich die Erschöpfung seines Wasserstoffvorrats zuerst bemerkbar. Er möchte eigentlich – dem rot punktierten Entwicklungsweg folgend – ein Roter Überriese werden. Er erreicht aber noch, ehe in seinem Zentrum der Wasserstoff völlig erschöpft ist, bei a sein maximal erlaubtes Volumen. In einer Phase schnellen Massenaustausches bewegt er sich längs der gestrichelten Kurve nach b, während der die Masse gewinnende Stern längs der Hauptreihe nach oben geht. Der ursprünglich massereichere, jetzt masseärmere Stern vollendet zwischen b und c die Fusion des Wasserstoffs in seinem Zentralgebiet. Bei c vereinigt er nur noch 3 Sonnenmassen in sich, während sein Begleiter jetzt 11 Sonnenmassen enthält. (Die Massen sind – in Einheiten der Masse der Sonne – jeweils an die Entwicklungswege und an die Hauptreihe angeschrieben.)

Punkt a seines Entwicklungsweges angelangt. Bei geringster weiterer Ausdehnung ist kein Halten mehr: Masse muß zum Begleiter fließen.

Die Rechnungen zeigen nun, daß nicht etwa eine kleine Massenabgabe schon genügt, um das Sternvolumen herabzudrücken. Es bahnt sich eine Katastrophe an. Sie dauert 60 000 Jahre. Während dieser Zeit verliert der Stern 5.3 von seinen ursprünglich 9 Sonnenmassen an seinen Begleiter, der nunmehr 5 + 5.3 = 10.3 Sonnenmassen hat. Der Begleitstern hat so viel Sterngas abgesaugt, daß er jetzt mehr Masse besitzt. Die Rollen von massereicherem und masseärmerem Stern haben sich vertauscht in einem Zeitraum, der kurz ist für ein Sternenleben. Der geschröpfte Stern steht im HR-Diagramm jetzt bei Punkt b. Er hat früher, als er noch der massereichere war, schon einen merklichen Teil seines Wasserstoffs verbrannt, er ist ein entwickelter Stern. Also steht er rechts von der Hauptreihe. Nachdem er nun zur Ruhe gekommen ist, folgt wieder eine Zeit langsamer Entwicklung, während der er den Rest seines Wasserstoffs im Zentrum verbraucht.

Dabei dehnt er sich langsam aus und schiebt während der nächsten 10 Millionen Jahre weiter Masse auf seinen Kompagnon.

Der Stern, der nunmehr die größere Masse hat, beginnt nach diesem Massegewinn langsam zu altern. Er wird aber noch mehrere Millionen Jahre auf der Hauptreihe stehen. Während dieses Zeitraums zeigt unser System die typischen Merkmale der Algolsterne: Der massereichere Stern steht fast noch unentwickelt auf der Hauptreihe, der masseärmere hat dagegen die Hauptreihe bereits verlassen und füllt gerade sein erlaubtes Volumen!

Daß man in der Milchstraße nur Systeme *vor* (als getrennte) oder *nach* dem raschen Massenaustausch (als halbgetrennte) beobachtet, liegt daran, daß der Austausch selber nur eine etwa 200mal kürzere Zeit benötigt als die Entwicklungen davor und danach. Die Chance, ein solches Paar gerade in dieser kurzen Zeit in flagranti zu ertappen, ist entsprechend 200mal kleiner. Im Prinzip hatte dies Donald Morton bereits in seiner Dissertation fünf Jahre früher richtig gesehen.

Die Geschichte des zweiten Sternpaares – ein Weißer Zwerg entsteht

Bei diesen Rechnungen gehörte auch noch Klaus Kohl, der später in die Computerindustrie ging, zu unserem Team. Wir wählten masseärmere Sterne und setzten eine und zwei Sonnenmassen in einen Anfangsabstand von 6.6 Sonnenradien. Die Ergebnisse sind in Abbildung 9-5 im HR-Diagramm und in Abbildung 9-6 in einem maßstabgetreuen Bild darstellt.

Wiederum entwickelt sich zunächst nur der massereichere Stern und vergrößert dabei immer mehr seinen Radius. Der Abstand ist aber jetzt so gewählt, daß der Stern sich erst dann auf sein maximal erlaubtes Volumen aufgebläht hat, wenn aller Wasserstoff in seinem Zentrum bereits vollständig zu Helium umgewandelt ist. Der kritische Zeitpunkt kommt für diesen Stern nach 570 Millionen Jahren. Ähnlich wie bei dem ersten Sternpaar folgt jetzt wieder zunächst ein sehr rascher Massentransport (5 Millionen Jahre), wobei etwa eine Sonnenmasse von einem Stern zum anderen geht, dann ein immer langsamer werdender (insgesamt 120 Millionen Jahre), an dessen Ende von den anfänglich zwei Sonnenmassen nur noch 0.26 übrigbleiben. Der Stern hat fast seine ganze wasserstoffreiche Hülle verloren. Das Helium, das sich früher im tiefen Innern durch die Kernreaktionen während des Wasserstoffbrennens gebildet hat, bleibt ihm. Unser jetziger Stern von 0.26 Sonnenmassen besteht innen aus Helium, darauf ruht eine sehr ausgedehnte wasserstoffreiche Hülle geringer Dichte. Am Ende des Massenverlustes ist dieser Stern ein Roter Riese. Die Rechnungen gestatten es – im Gegensatz zu Beobachtungen –, in diesen Riesenstern hineinzusehen. Fast das ganze Volumen von zehnfachem Sonnenradius wird allein von den äußerst verdünnten Gasen seiner Wasserstoffhülle ausgefüllt. 99 % seiner Masse bestehen aus Helium und sind auf eine kleine zentrale Kugel vom Zwanzigstel des Durchmessers der Sonne zusammengedrängt. Das ist der Weiße Zwerg im Roten Riesen. Aber unser Stern hat noch eine ausgedehnte Hülle! Nach Ende des Massenverlustes ist ihre Expansionskraft verbraucht, sie fällt allmählich auf die zentrale, kleine Heliumkugel zusammen. Dabei nimmt der Radius enorm ab, und auch von außen gesehen wird der Stern einem Weißen Zwerg

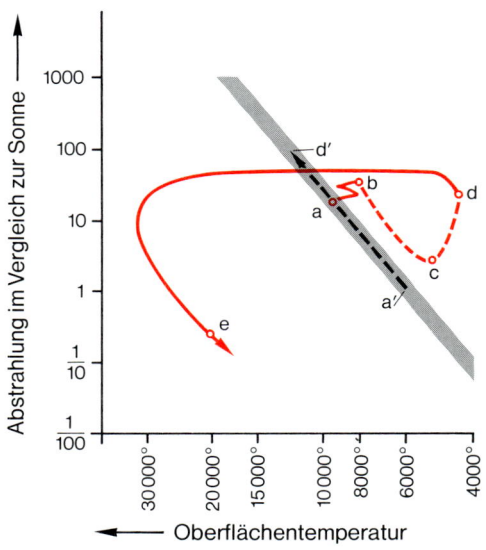

Abb. 9-5. Ein Weißer Zwerg entsteht. Der massereichere Stern – er besteht aus zwei Sonnenmassen – beginne auf der Hauptreihe bei a, der andere – er hat die Masse der Sonne – bei a'. Der massereichere Stern entwickelt sich zuerst und erreicht bei b sein Roche-Volumen. Während er an seinen Begleiter Masse abgibt, bewegt er sich längs des gestrichelt gezeichneten Entwicklungsweges. Bei d ist der Massenaustausch zu Ende. Der Stern – nur noch 0.26 Sonnenmassen sind in ihm vereinigt – wird auf dem Weg nach e zum Weißen Zwerg. Der Begleitstern wandert mit wachsender Masse längs der Hauptreihe nach d'. Man vergleiche hierzu auch Abb. 9-6.

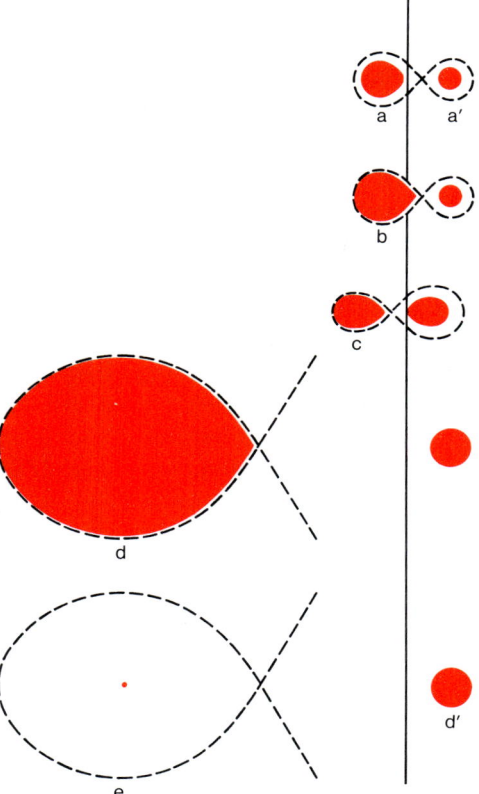

Abb. 9-6. Die in Abb. 9-5 beschriebene Entwicklung in einheitlichem Maßstab dargestellt. Die Buchstaben entsprechen den entsprechenden Punkten im HR-Diagramm der Abb. 9-5. Die jedem Stern maximal zur Verfügung stehenden Volumina (Roche-Volumina) sind schwarz gestrichelt gezeichnet. Man erkennt, daß sich beim Massenaustausch der Abstand der beiden Sterne sehr stark ändern kann. Liegen die beiden Sterne weiter auseinander, dann sind auch die erlaubten Maximalvolumina größer. Die von oben nach unten gehende Gerade ist die Rotationsachse des Doppelsternsystems. Kreisen am Anfang (oben) zwei Hauptreihensterne umeinander, so hat man am Ende (unten) einen Hauptreihenstern (rechts) und einen winzigen Weißen Zwerg (links).

immer ähnlicher. Im HR-Diagramm wandert er nach links unten, dorthin, wo die Weißen Zwerge stehen.

Was ist inzwischen aus dem Begleiter geworden? Er hatte ja beim Massenverlust des anfänglichen massereicheren Sterns insgesamt $2-0.26 = 1.74$ Sonnenmassen erbeutet. Wiederum haben sich die Rollen von Haupt- und Nebenstern vertauscht. Der jetzt massereichere Stern (von 2.74 Sonnenmassen) hat aber nach seinem Massengewinn noch keine Zeit gehabt, sich wesentlich zu entwickeln, während der andere Stern bereits ein Weißer Zwerg geworden ist. Die Rechnungen liefern also tatsächlich den Nachweis, daß sich aus einem gleichzeitig entstandenen Sternpaar ein Weißer Zwerg zusammen mit einem massereicheren unentwickelten Hauptreihenstern bilden kann, so wie man es beim Siriussystem beobachtet.

Die scheinbaren Paradoxien und Schwierigkeiten haben sich gelöst. Mit den Doppelsternbeobachtungen liegt nunmehr eine weitere Bestätigung vor, daß die Grundvorstellungen der Sternentwicklungstheorie in großen Zügen richtig sind.

Wir beobachten am Himmel viele getrennte Systeme, deren Massen und Abstände sich so zueinander verhalten, daß in ihrer Zukunft, wenn die Erschöpfung des Wasserstoffs bei der massereicheren Komponente beginnt, der sich dann anschließende Massenabfluß in der hier beschriebenen Weise abspielen wird, so daß schließlich ein Weißer Zwerg übrigbleibt.

Es steht aber keineswegs fest, daß die hier beschriebene Geschichte eines Doppelsternsystems, das mit einem Weißen Zwerg endet, wirklich die des Siriussystems beschreibt. Einige Eigentümlichkeiten dieses Sternpaares lassen Zweifel offen. Wir haben aber schon gesehen, daß sich auch Einzelsterne durch Sternwind oder durch die Bildung eines Planetarischen Nebels von ihrer Hülle befreien können und zu Weißen Zwergen werden. Vielleicht hatte das Siriussystem nie Massenaustausch, vielleicht hat der ursprünglich massereichere Stern ganz von sich aus seine Hülle in den Raum abgestoßen, Masse, von der nur ein geringer Teil auf den Begleitstern fiel, während der Hauptteil in den Weltraum entwich. Auch dann ist das Paradoxon gelöst, denn auch dann hat er sich früher wegen seiner großen Masse schneller entwickelt als der jetzt massereichere. In jedem Fall war der jetzt masseärmere Stern urprünglich der massereichere.

Massenaustausch zwischen den Komponenten von Doppelsternsystemen spielt auch beim *Nova-Phänomen* eine Rolle. Man kannte diese Sterne mit starken Lichtausbrüchen schon seit dem Altertum, aber erst nach 1945 wurde klar, daß sie wahrscheinlich alle enge Doppelsterne sind.

Die Nova vom 29. August 1975 im Schwan

Wer am Freitag, dem 29. August 1975, abends zum Himmel blickte, dem fiel auf – zumindest wenn er eine ungefähre Ahnung von den wichtigsten Sternbildern hatte –, daß im Schwan etwas nicht stimmte. Da stand ein Stern, der dort nicht hingehörte. In den

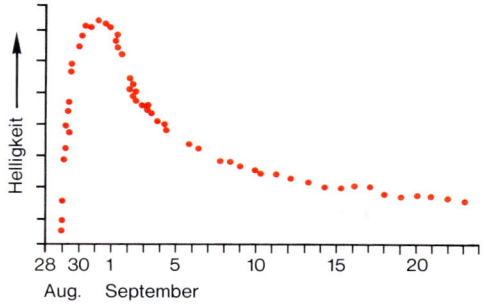

Abb. 9-7. Der Lichtausbruch der Nova vom 29. August 1975 im Sternbild Schwan. Die Punkte geben einzelne Helligkeitsbeobachtungen zu bestimmten Zeiten wieder.

Ländern östlich von uns sah man ihn zuerst, denn da war es schon früher dunkel geworden, waren die Sterne schon früher hervorgetreten. Als die Dämmerung über unser Land fiel, bemerkten auch hier viele den hoch am Himmel stehenden neuen Stern (vgl. Abb. 9-7). Amateurastronomen holten ihre Fernrohre hervor, und die Profis eilten in die Beobachtungskuppeln ihrer Sternwarten. War nun endlich geschehen, was man seit Keplers Zeiten erwartete, war endlich in unserem eigenen Milchstraßensystem eine Supernova hochgegangen? Waren wir Zeugen der Entstehung eines Neutronensterns, wie bei der Krebs-Nebel-Supernova?

Heute ist der Stern im Schwan ein unscheinbares, schwaches Objekt, nur im Fernrohr noch zu sehen. Es war nicht der Stern der Verheißung, auf den man schon so lange wartete, es war keine Supernova, es war nur eine *Nova*.

Daß es von dem Supernova-Phänomen noch eine kleine, harmlose Ausgabe gibt, fiel wohl zum erstenmal im Laufe des Jahres 1909 auf, als man im Andromeda-Nebel zwei Sterne aufleuchten sah. Sie waren jedoch tausendmal schwächer als die Supernova, die Hartwig vierzehn Jahre früher in jener Galaxie entdeckt hatte. Heute wissen wir, daß ihr Energieausbruch anderen aufleuchtenden Sternen entsprach, die schon immer in unserer Milchstraße beobachtet worden sind. Eine besonders schöne Erscheinung hatte man 1901 in unserem Milchstraßensystem im Sternbild Perseus gesehen.

Die Novae, wie man diese neu aufleuchtenden Sterne nennt, haben nichts mit dem Supernova-Phänomen zu tun. Sie sind wesentlich schwächer, dafür kommen sie häufiger vor. Allein in der den Andromeda-Nebel bildenden Galaxie sieht man jährlich 20 bis 30 aufleuchten. Man bemerkte bald auf älteren Himmelsaufnahmen, daß dort, wo eine Nova erscheint, bereits früher ein Stern stand. Einige Jahre nach dem Aufleuchten hat die Nova dann wieder seine Eigenschaften. Hier hat also ein Stern nur einen starken Helligkeitsausbruch, danach ist alles wieder wie zuvor.

Oft erkennt man später in der Nachbarschaft der verblaßten Nova ein kleines Nebelwölkchen, das sich mit großer Geschwindigkeit ausdehnt, offensichtlich beim Ausbruch weggeschleudert. Aber im Unterschied zu den Explosionswolken der Supernovae ist in ihm nur wenig Masse enthalten. Der Stern ist nicht explodiert, nur wenig Masse hat er verloren, wahrscheinlich weniger als ein Promille.

Die Nova des Jahres 1934

Was sind das für Sterne, die unscheinbar am Himmel stehen, dann plötzlich innerhalb eines Tages so stark aufleuchten, daß sie mehr als zehntausendmal heller sind als sonst, und die dann im Laufe der darauffolgenden Monate immer schwächer werden, um sich nach einigen Jahren wieder in das unscheinbare Nichts zurückzuverwandeln, das sie vor ihrer kurzen Glanzzeit waren?

Recht typisch für sie ist eine Nova, die im Dezember 1934 im Herkules erschien. Sie war damals heller als alle anderen Sterne dieses Sternbildes. Im April 1935 fiel ihre Leuchtkraft stark ab, sie wurde nochmals etwas heller, blieb aber unterhalb der Sichtbarkeitsgrenze des unbewaffneten Auges. Heute kann man sie mit mittleren Fernrohren sehen.

Was also kann man von diesem jetzt schwachen Objekt lernen? Das Wichtigste ist wohl, daß sich die Ex-Nova bei näherer Untersuchung als Doppelsternsystem entpuppt. Das hat der Amerikaner Merle F. Walker 1954 an der Lick-Sternwarte entdeckt. Mit einer Umlaufperiode von 4 Stunden und 39 Minuten bewegen sich zwei Sterne umeinander. Da sie sich bei ihrem Umlauf gegenseitig bedecken, wissen wir noch viel mehr über sie. Einer der beiden ist ein Weißer Zwerg von der Masse der Sonne. Der andere ist wahrscheinlich ein gewöhnlicher Hauptreihenstern geringerer Masse. Aber es gibt noch weitere Überraschungen. Der Hauptreihenstern

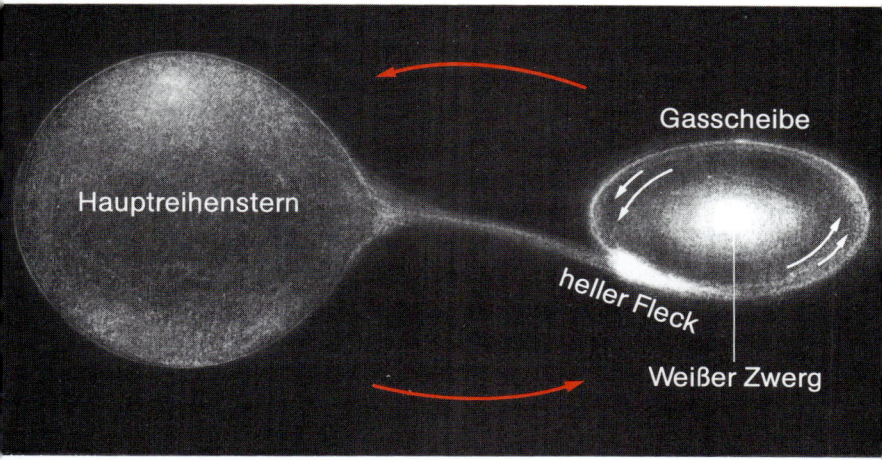

Abb. 9-8. Die beiden Komponenten des Doppelsternsystems einer Nova bewegen sich entsprechend den roten Pfeilen umeinander. Ein Hauptreihenstern füllt sein maximal erlaubtes Volumen. Gas von seiner Oberfläche strömt auf den Weißen-Zwerg-Begleiter. Die Materie rotiert aber erst in einer Scheibe, ehe sie sich auf dem Weißen Zwerg niederläßt. Die weißen, gebogenen Pfeile zeigen die Bewegung in dieser Scheibe. An der Stelle, wo der Gasstrom vom Hauptreihenstern auf die rotierende Scheibe prallt, sieht man einen heißen, hellen Fleck. (Zeichnung: H. Ritter)

füllt gerade sein erlaubtes Volumen, und von seiner Oberfläche strömt Materie auf den Weißen Zwerg. Ähnlich wie bei den Algolsternen haben wir hier ein halbgetrenntes System vor uns mit Überströmen von Gas von einem Stern zum anderen, aber diesmal fällt die Materie auf einen Weißen Zwerg.

Wir wissen noch mehr. Die Materie stürzt nicht sofort auf den Zwerg. Da das ganze System rotiert, behindert die Fliehkraft die Bewegung, und die überfließende Gasmaterie sammelt sich erst einmal in einem Ring, der den Weißen Zwerg umströmt. Aus ihm regnet die Materie langsam auf den Zwerg herunter (vgl. Abb. 9-8). Wir sehen den Ring nicht direkt. Beim Umlauf des Systems schiebt sich jedoch der Hauptreihenstern langsam vor die Ringscheibe und deckt sie Stück für Stück ab. Dies spiegelt sich in der Abnahme des beobachteten Lichtes wider, zu dem auch die leuchtende Ringscheibe beiträgt. Man hat nicht nur die Struktur und die Ausdehnung des Ringes studiert. Man weiß auch, daß die Temperatur an der Stelle besonders hoch ist, an der die vom Hauptreihenstern kommende Materie auf den Ring trifft. Der Ring hat einen heißen Fleck, der dort entsteht, wo der vom Hauptreihenstern herkommende Gasstrom abgebremst wird, da sich dabei ein Teil seiner Bewegung in Wärme verwandelt. Man hat weiterhin entdeckt, daß der Weiße Zwerg im System der Herkules-Nova selbst seine Helligkeit im Rhythmus einer Periode von 70 Sekunden verändert.

Wo immer man eine Exnova genauer untersuchen konne, fand man, daß es sich um ein Doppelsternsystem handelt, bei dem ein Weißer Zwerg von einem Hauptreihenstern mit Materie besprüht wird. Es gibt auch noch den Novasternen verwandte Sterne, die sogenannten *Zwergnovae*. Sie zeigen wesentlich schwächere Ausbrüche, die sich in nicht ganz regelmäßiger Folge wiederholen. Auch sie sind Doppelsterne dieser Art.

Kernexplosionen im Doppelsternsystem

Was ist es, was in solch einem Doppelsternsystem schlagartig eine große Menge Energie freimacht, die die Helligkeit des Systems für kurze Zeit zehntausendmal heller erstrahlen läßt?

Die Idee, die zur Beantwortung dieser Frage führte, geht auf Martin Schwarzschild zurück, auf Robert Kraft, der jetzt am Lick-Observatorium arbeitet, und auf Rechnungen, die Pietro Giannone – jetzt an der Sternwarte in Rom – und Alfred Weigert in den sechziger Jahren in Göttingen ausführten. Die Theorie ist von Sumner Starrfield von der Arizona State University in Tempe, Arizona, und seinen Mitarbeitern weiter ausgearbeitet worden.

Ein Weißer Zwerg ist in seinem Inneren zwar noch heiß genug, um Wasserstoff zu zünden; als er sich aber im Zentralgebiet eines Roten Riesen gebildet hatte, war dort längst aller Wasserstoff zu Helium geworden, ja vielleicht das Helium schon in Kohlenstoff übergegangen. Ein Weißer Zwerg enthält also innen keinen Wasserstoff. Wenn nun vom benachbarten Hauptreihenstern Gas auf den Weißen Zwerg fällt, so ist diese Materie reich an Wasserstoff.

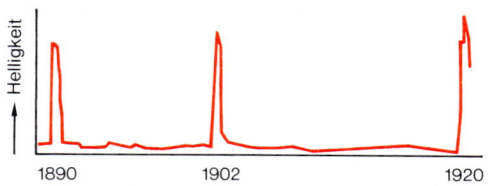

Abb. 9-9. Die Ausbrüche der Nova T Pyxidis wiederholen sich in unregelmäßigen Abständen. Man beobachtete Ausbrüche in den Jahren 1890, 1902, 1920, 1944, 1966.

Zuerst fällt sie auf die relativ kühle Oberfläche des Zwergsternes. Dort ist die Temperatur zu gering, um den Wasserstoff zu zünden. So bildet sich an der Oberfläche eine Decke aus wasserstoffreicher Materie, die im Laufe der Zeit immer dicker wird. Gleichzeitig erhitzt sich diese Decke an ihrem Boden, dort, wo sie die ursprüngliche Materie des Weißen Zwerges berührt. Das geht so lange gut, bis dort die Temperatur von etwa 10 Millionen Grad erreicht wird. Dann zündet der Wasserstoff, und in einer gewaltigen Explosion fliegt die gesamte Wasserstoffdecke in das Weltall. Starrfield und seine Mitarbeiter haben diese Wasserstoffbombe auf der Oberfläche eines Weißen Zwerges, so gut es geht, auf Rechenmaschinen nachgerechnet, und es sieht so aus, als sei sie die Erklärung des Nova-Phänomens.

Dafür spricht auch, daß manche Novae – vielleicht sogar alle – ihre Ausbrüche wiederholen. So sah man im Jahre 1946 im Sternbild der Nördlichen Krone eine Nova, die schon 1866 einmal hell war. Von einigen anderen hat man schon drei und mehr Ausbrüche beobachtet (vgl. Abb. 9-9). Das paßt gut zu unserem Bild. Nach der Explosion füttert der Hauptreihenstern, dem selbst nichts weiter geschehen ist, den Weißen Zwerg weiter mit wasserstoffreicher Materie. Wieder bildet sich eine hochexplosive Decke auf der Oberfläche des Zwerges, und wieder wird sie explodieren, wenn der Wasserstoff zündet.

Bis heute ist es noch nicht gelungen, die Exnova des Ausbruchs im Schwan von 1975 als Doppelsternsystem zu erkennen. So gehen bei den Astrophysikern Überlegungen um, ob sich vielleicht auch auf einem *einzelnen* Weißen Zwerg eine wasserstoffreiche Decke bilden kann, wenn sich auf seiner Oberfläche Gas der interstellaren Materie ansammelt. Aber wahrscheinlich sind diese Überlegungen noch verfrüht, vielleicht muß sich das System erst beruhigen, bis es den Blick freigibt auf ein Doppelsternsystem von der Art, wie es die anderen Exnovae zeigen. Es kann aber auch sein, daß wir selbst dann nichts davon erfahren. Denn wenn wir senkrecht auf die Bahnebene des Doppelsternsystems blicken, erkennen wir weder die Bewegung der beiden Sterne umeinander an ihrem Dopplereffekt (vgl. Anhang A), noch macht sich die Doppelsternnatur durch gegenseitige Bedeckung der Komponenten bemerkbar.

Die engen Doppelsternsysteme, in denen Gas von einem Stern zum anderen fließt, haben uns eine Reihe neuer Erscheinungen gebracht. Die scheinbaren Paradoxien bei den Algolsternen, das Rätsel des Alters von Doppelsternsystemen wie dem Siriussystem sind gelöst. Die Doppelsterne haben uns das Nova-Phänomen beschert. Aber sie sind auch verantwortlich für die vielleicht zur Zeit aufregendsten Himmelskörper, für die Röntgendoppelsterne.

10. Röntgensterne

Professor Röntgen sprach gestern abend in der Physikalischen Gesellschaft vor Professoren und Generälen über seine X-Strahlen unter stürmischen Ovationen . . . Zahlreiche Demonstrationen gelangen vorzüglich, die Strahlen durchdrangen Papier, Blech, Holz, Blei und endlich Röntgens und Professor Köllickers Hand . . . Köllicker schlägt vor, die neue Entdeckung »Röntgen-Strahlen« zu nennen. (Stürmischer Beifall.) Röntgen dankt tief gerührt. Köllicker brachte ein Hoch auf Röntgen aus. Seit 48 Jahren hat keine so epochemachende Sitzung der Gesellschaft stattgefunden. Derselben wohnten zahlreiche Studenten und sonstige Zuhörer bei.

»Fränkisches Volksblatt« vom 24. Januar 1896

Dieses Kapitel handelt von Sternen, die nicht wie die Sonne hauptsächlich für das Auge wahrnehmbare Energie aussenden; es handelt von Sternen, deren Strahlung in einem Wellenlängenbereich liegt, für den wir keinen Sinn haben – Strahlung, von der der Mensch nichts wußte, bis sie 1895 von Wilhelm Conrad Röntgen in Würzburg zufällig entdeckt wurde.

Es mag auf den ersten Blick verwunderlich erscheinen, daß im Weltall Röntgenstrahlung entstehen soll. Wenn man zu einer medizinischen Reihenuntersuchung geht, sieht man, welch komplizierte technische Apparatur nötig ist, um solche Strahlen zu erzeugen. Wie sollen sie im Weltall entstehen? Im Prinzip ist es der gleiche Vorgang: Im medizinischen Apparat werden Elektronen hoher Geschwindigkeit plötzlich abgebremst, und dabei entsteht Strahlung. Wenn in der Natur ein Gas auf die Temperatur von Millionen Grad gebracht wird, bewegen sich seine Elektronen mit großer Geschwindigkeit. Wenn dann ein Elektron in die Nähe eines Atomkerns gerät, wird seine Bewegung im elektrischen Feld des Kerns abgebremst oder abgelenkt, und es entsteht die gleiche Art von Strahlung wie in der Röntgenröhre.

Die Korona, die Gashülle, die den Sonnenball umgibt, hat eine Temperatur von etwa 2 Millionen Grad. Ständig werden in ihr schnelle Elektronen durch Stöße mit Atomkernen abgebremst und wieder beschleunigt. Jedesmal entsteht dabei Röntgenlicht – die Sonnenkorona sendet Röntgenstrahlung in den Raum, die man von Satelliten aus fotografieren kann. So zeigt uns selbst ein so harmloser Stern wie unsere Sonne, daß im Weltall Röntgenstrahlung entstehen kann. Aber nur ein unwesentlicher Teil ihrer Energie wird als Röntgenstrahlung ausgesandt. Röntgensterne dagegen sind punktförmige Objekte am Himmel, die den Hauptteil ihrer Strahlung im Röntgengebiet aussenden. Man kennt sie erst seit wenigen Jahren, und alles, was wir in der Zwischenzeit über sie gelernt haben, macht sie zu aufregenden Himmelskörpern.

Die Uhuru-Story

Die aus dem Weltall kommende Röntgenstrahlung kann die Atmosphäre unseres Planeten nicht durchdringen, sie wird schon in den obersten Luftschichten absorbiert. Deshalb begann die Röntgenastronomie erst, als man ferngesteuerte Teleskope mit Ballons in die oberen Schichten der Erdatmosphäre tragen oder mit Raketen in den Raum hinausschießen konnte. Hatten die ersten Röntgenmessungen hauptsächlich die Sonne zum Ziel, um die Röntgenstrahlung der Sonnenkorona zu messen, so begann man doch bald, auch nach Röntgenstrahlung zu fahnden, die aus anderen Richtungen des Weltalls zu uns kommt. Damit begann ein neues Kapitel in der modernen Astrophysik.

Wie in der heutigen Zeit ein großer Fortschritt in der Wissenschaft zustande gekommen ist, läßt sich meist nur schwer rekonstruieren. Die Zeit der großen Einzelpersönlichkeiten ist vorbei, vor allem in den experimentellen Wissenschaften. Man arbeitet im Team, man reist von Tagung zu Tagung, nimmt von anderen Anregungen auf, verarbeitet sie mit den eigenen Vorstellungen und bringt das Ganze mit den Gedanken seiner Ko-Autoren in Einklang. Wenn dann eine Abhandlung erscheint, ist darin nur das Ergebnis mitgeteilt, der Leser erfährt nur selten, wie es dazu kam.

Die Geschichte der Entdeckung der Röntgensterne – wollte man sie in allen Einzelheiten beschreiben – ergäbe ein Buch für sich. Tatsächlich schrieb kürzlich an der Universität von Wisconsin in den USA der Student Richard F. Hirsh seine Doktorarbeit darüber. Ich will hier nur einige Ereignisse aus dem Geschehen, das zur Röntgenastronomie führte, herausgreifen, einige Personen nennen, stellvertretend für eine große Zahl von Physikern, Astronomen und Ingenieuren. Und eine Firma muß ich erwähnen.

Fast überall auf der Welt werden auf den Flughäfen die Kabinengepäckstücke der Passagiere mit komplizierten Apparaturen von schwachen Röntgenstrahlen durchleuchtet. In Nordamerika sind es meist Geräte der Firma AS & E, was abkürzend für »American Science and Engineering« steht. Diese Firma war 1958 von Martin Annis gegründet worden. Sie bestand hauptsächlich aus Wissenschaftlern, arbeitete in den ersten Jahren an Kernwaffenproblemen in enger Zusammenarbeit mit dem MIT, dem »Massachusetts Institute of Technology«, einer der bedeutendsten Technischen Hochschulen der USA. Der Firma AS & E verdanken wir den ersten Röntgensatelliten. Das Schlüsselereignis dazu fand wahrscheinlich im September 1959 statt, als ein junger italienischer Stipendiat in den USA einem berühmten Landsmann begegnete.

Riccardo Giacconi war 1956 mit einem Fulbright-Stipendium nach Amerika gekommen. Er war Physiker und sein Spezialgebiet die Messung kosmischer Strahlen. 1954 hatte er darüber in Mailand promoviert, und in den USA arbeitete er an der Indiana-Universität in Bloomington und dann in Princeton an ähnlichen Aufgaben. Beeindruckt von dem hohen Stand der Wissenschaft in den USA, von den Mitteln, die damals nach dem Sputnik-Schock nahezu unbegrenzt in die Weltraum-Wissenschaft strömten, wollte er in den Vereinigten Staaten bleiben. Ein Kollege machte ihn auf die AS & E aufmerksam, und er traf Martin Annis, der damals Präsident seiner nunmehr aus 27 Mann bestehenden Forschungsfirma war. Im September 1959 begann Giacconi bei AS & E. Annis stellte ihn kurz danach Bruno Rossi vor. Der Physiker Rossi arbeitete am MIT, er war schon vor dem Zweiten Weltkrieg in die USA ausgewandert, hatte mit dem großen Enrico Fermi zusammengearbeitet, der in Chicago den ersten Kernreaktor gebaut hatte, und war jetzt – neben seiner Arbeit am MIT – Chef einer Beratergruppe der Forscherfirma AS & E. Giacconi schreibt später über die erste Begegnung mit dem bekannten Rossi: »In einem kurzen Gespräch in seinem Haus betonte Bruno Rossi, daß er es neben anderen Weltraumunternehmungen für besonders lohnend hielte, den Himmel im Bereich der Röntgenstrahlen zu untersuchen. Obwohl nichts darüber bekannt war, glaubte er, daß eine Untersuchung auf einem völlig neuen Gebiet erfolgreich sein könnte. Ich ging sofort an die Arbeit, um herauszufinden, was man davon wußte.« Das war nicht viel. Herbert Friedmann hatte die Röntgenstrahlung der Sonne untersucht; keine andere kosmische Röntgenquelle war gefunden worden.

Giacconi überlegte mögliche Röntgenempfänger, und er dachte mit anderen über mögliche Techniken nach, um kosmische Röntgenstrahlung zu messen. 1960 gab die NASA grünes Licht für ein erstes Röntgenteleskop. Giacconi hatte bereits eine kleine Gruppe um sich, die bei AS & E an Weltraumexperimenten arbeitete. 1961 waren es 70 Mann, 1962 flogen in 19 Raketen und auf sieben Satelliten Experimente der Gruppe, darunter war ein Röntgenempfänger. Tatsächlich entdeckte man Röntgenstrahlung, die aus dem Weltraum kam, nicht von der nahen Sonne, sondern aus den Tiefen der Milchstraße, vielleicht von noch weiter her. Im Juli 1962 hatte man die erste punktförmige Quelle im Sternbild Skorpius: Der erste Röntgenstern war gefunden! Giacconi schreibt: »Von unseren Ergebnissen angeregt, gelang es Friedmann und den Wissenschaftlern vom Naval Research Laboratory, unsere Entdeckungen im April 1963 zu bestätigen. Im September 1963 legte ich der NASA einen Plan für die Arbeit in der Zukunft vor. Ich beschrieb mein Konzept eines neuen, langsam rotierenden Satelliten für Röntgenbeobachtungen und ein 1.2-Meter-Teleskop. Schon damals lag die klare Linie meiner Forschung fest. Es war nur noch Sache der Natur, alles so lohnend und aufregend zu machen.«

Am 12. Dezember 1970 startete die NASA den von Giacconi und seiner Gruppe gebauten Satelliten von der Küste von Kenia aus. Es war der Unabhängigkeitstag des 1963 selbständig gewordenen Staates, und so gab man dem Satelliten den Namen *Uhuru*; das ist Kisuaheli und bedeutet »Freiheit«. Die Abbildung 10-1 zeigt Uhuru, wie sich der NASA-Zeichner den Satelliten im Weltraum vorstellte. Während seiner Lebensdauer hat das Gerät über

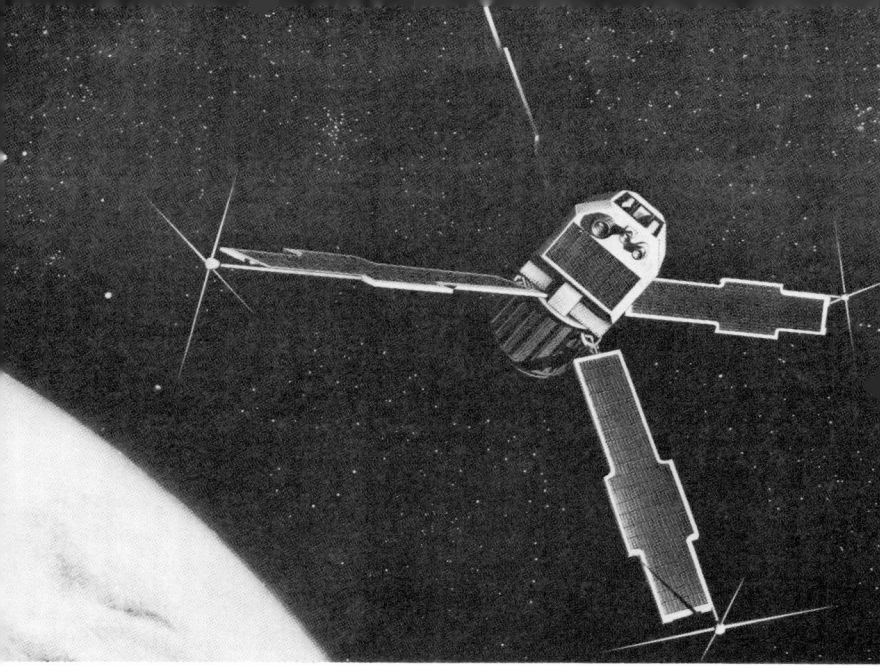

Abb. 10-1. Eine Zeichnung vom Röntgensatelliten Uhuru im Weltraum. Die vier »Sonnenpaddel« versorgen die Apparatur mit Sonnenenergie. Während der Satellit innerhalb von zehn Minuten einmal um eine Achse rotiert, tasten die Röntgenempfänger im Hauptkörper den Himmel in Streifen ab. Die Meßergebnisse werden per Funk zur Erde gesandt.

hundert punktförmige Quellen am Himmel gefunden. Das Ergebnis hat Riccardo Giacconi und seinen Mitarbeitern höchstes Ansehen in der wissenschaftlichen Welt gebracht, und es hat den Astrophysikern in Ost und West viele Rätsel aufgegeben; denn wir sind noch weit davon entfernt, die von Uhuru entdeckten Objekte zu verstehen. Aber in den letzten Jahren haben wir viel über sie gelernt.

Die erste Frage, die den Astronomen bei neuentdeckten Objekten immer interessiert, ist, ob es sich um nahe oder entfernte Gebilde handelt. Die Entfernung der Himmelskörper zu bestimmen ist in den meisten Fällen recht schwierig, aber manchmal genügen schon ungefähre Angaben. So möchte man wissen, ob diese Gebilde im Innern unseres Milchstraßensystems liegen oder nicht. Wir hatten schon bei den Pulsaren gesehen, wie man diese Frage be-

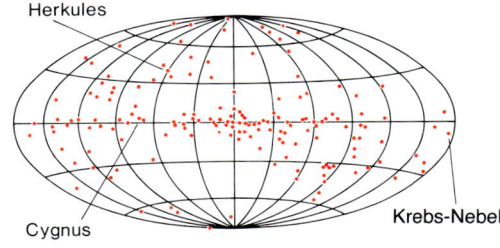

Herkules

Cygnus

Krebs-Nebel

Abb. 10-2. Die Verteilung der von Uhuru entdeckten Röntgenquellen am Himmel. Wie in Abb. 8-4 ist das Gradnetz wieder so gewählt, daß die Himmelskugel auf eine ovale Fläche abgebildet ist. Die Milchstraße erstreckt sich längs der Mittelgeraden. In der Mitte des Ovals blicken wir genau in das Zentrum der Milchstraßenscheibe. Die meisten Röntgenquellen stehen am Himmel nahe der Milchstraße, vornehmlich in der Nähe des Zentrums. Einige im Text erwähnte Quellen sind besonders gekennzeichnet.

antworten kann. Man prüft, ob sie am Himmel in der gleichen Weise verteilt sind wie die Sterne in unserer Galaxis. Das Ergebnis dieses Tests ist in Abbildung 10-2 zu sehen. Dort sind die Quellen, die Uhuru gefunden hat, in ein Gradnetz eingetragen, bei dem die Symmetrieebene der Milchstraße die gerade Mittellinie bildet. Man sieht auf den ersten Blick, daß die meisten Röntgenquellen in der Nähe der Milchstraße liegen. Dort, wo es viele Sterne gibt, stehen relativ viele Röntgenquellen. Aber auch wenn man aus der Milchstraßenebene hinaus in den Raum blickt, stößt man auf einige. Vor allem sind es Stellen, an denen sich die fernen Galaxien häufen.

Ich will mich im Folgenden nur auf die Quellen in unserem Milchstraßensystem beschränken. Wir wissen bei ihnen ungefähr, wie weit sie von uns entfernt sind. Sie stehen im Mittel so weit draußen im Raum wie die meisten Sterne unserer Galaxis, sind also einige Tausend Lichtjahre entfernt. Aus der bei uns ankommenden Strahlung können wir dann die wirkliche Strahlungsleistung dieser Objekte abschätzen. Sie strahlen im Röntgenbereich etwa tausendmal stärker als unsere Sonne in allen Wellenlängen.

Der Röntgenstern im Herkules

Betrachten wir als erste eine Quelle, die Uhuru im Sternbild Herkules gefunden hat und die man Herkules X-1 nennt. Die Strahlung, die der Satellit von dieser Quelle erhält, kommt nicht gleichförmig. Man empfängt vielmehr Röntgenblitze, die in einem Abstand von 1.24 Sekunden aufeinander folgen; in Abbildung 10-3 sind sie wiedergegeben.

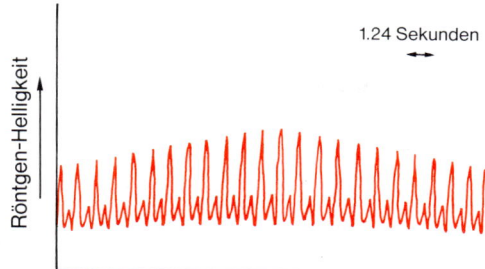

Abb. 10-3. Die Röntgenblitze der von Uhuru entdeckten Quelle im Herkules.

Der Zeitabstand zwischen zwei Röntgenpulsen wird aber nicht streng eingehalten. Manchmal wird er langsam kürzer, vergrößert sich dann wieder, und das alles wiederholt sich mit einer Periode von 1.70017 Tagen. In Abbildung 10-4 ist das schematisch dargestellt. Diese Erscheinung scheint ein Anzeichen dafür zu sein, daß sich die Röntgenquelle einmal auf uns zu, einmal von uns weg bewegt, wie es etwa der Fall wäre, wenn sie sich um einen anderen Himmelskörper bewegen würde. Denken wir uns einen Zentralstern, den eine Röntgenquelle mit einer Umlaufperiode von einem Tag in einer Kreisbahn umläuft. Die Quelle selbst möge im Abstand von einer Sekunde Röntgenblitze aussenden. In Abbildung 10-5 ist dargestellt, wie dann der Beobachter die Pulse einmal in längeren und einmal in kürzeren Abständen aufeinanderfolgend wahrnimmt, genau wie wir es bei der Röntgenquelle im Herkules beobachten. Also schließen wir, daß sich die Quelle um einen anderen Stern bewegt – mit einer Umlaufszeit von 1.70017 Tagen.

Abb. 10-4. Schematische Darstellung des Zusammen- und Auseinanderrückens der Pulse von Herkules X-1 im Rhythmus von 1.7 Tagen. Diese Erscheinung enthüllte die Doppelsternstruktur der Quelle.

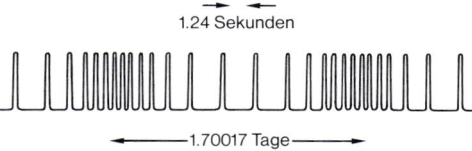

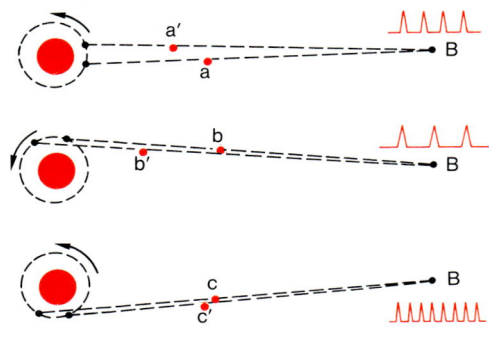

Abb. 10-5. Um einen Stern – in der Abbildung jeweils als rote Scheibe wiedergegeben – bewege sich auf einer Kreisbahn eine Röntgenquelle, die im Sekundenabstand Blitze aussenden möge. Ein Beobachter B in großem Abstand von dem Gebilde messe die Zeitabstände der beiden ankommenden Blitze. *Oben:* Zwei Blitze, a und a', auf ihrem Weg zum Beobachter. Als a' ausgesandt wurde, war die Quelle an einer anderen Stelle der Bahn als bei der Aussendung von a. In dem hier wiedergegebenen Fall sind die Wege beider Blitze gleich lang. Der Beobachter nimmt sie im Abstand von einer Sekunde wahr. *Mitte:* Die im Sekundenabstand ausgesandten Blitze b, b' haben jetzt verschieden lange Wege zurückzulegen. Der später ausgesandte Blitz b' hat den längeren Weg. Der Beobachter empfängt die beiden Blitze in einem Zeitabstand von mehr als einer Sekunde. *Unten:* Der als zweiter ausgesandte Blitz c' hat den kürzeren Weg; die Blitze erscheinen dem Beobachter enger zusammengerückt.

Jetzt weiß der Leser schon, wie es weitergeht: Wenn zwei Sterne in engem Abstand umeinander kreisen, so können sie sich – von uns aus gesehen – gelegentlich gegenseitig bedecken. Wir haben dann Bedeckungsveränderliche wie Algol oder Zeta Aurigae. Wenn nun unsere Röntgenquelle um einen Stern kreist, so wäre es möglich, daß auch sie bei jedem Umlauf, also alle 1.70017 Tage, hinter dem Stern verschwindet, und dann müßten die Röntgensignale ausbleiben.

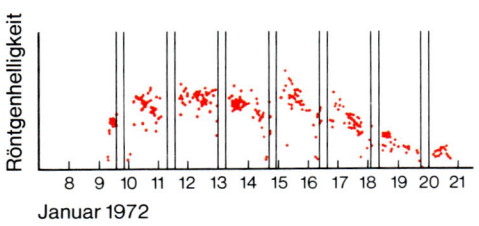

Abb. 10-6. Das Verhalten der Quelle Herkules X-1 während eines längeren Zeitraumes. Die Punkte deuten an, mit welcher Stärke die Röntgenblitze von Uhuru gemessen worden sind. Die vertikalen Doppellinien sind im Abstand von 1.70017 Tagen eingezeichnet. Sie geben die fünfstündigen Zeitintervalle an, während denen die Blitze ausbleiben, weil dann die Quelle hinter dem Himmelskörper steht, um den sie kreist. Die Pulse waren im Januar erst vom 9. an wahrnehmbar, und sie blieben nach dem 21. aus. Das hängt mit dem fünfunddreißigtägigen Zyklus der Herkules-Quelle zusammen, von dem im Text die Rede ist.

Das hat man tatsächlich bei Herkules X-1 gefunden! In Abbildung 10-6 sind Uhuru-Beobachtungen vom Januar 1972 wiedergegeben: Alle 1.70017 Tage bleiben die Röntgenpulse für etwa fünf Stunden aus – die Quelle ist dann vom anderen Stern verdeckt!

Aber alles ist noch komplizierter! Die Röntgenquelle strahlt nicht immer. Für etwa zwölf Tage ist sie »eingeschaltet« und zeigt ihre 1.24-Sekunden-Pulse, unterbrochen durch das jeweilige fünfstündige Ausbleiben während der Bedeckung. Dann wiederum bleibt die Röntgenstrahlung für dreiundzwanzig Tage überhaupt weg, und darauf beginnt das Spiel von neuem.

Die Herkules-Quelle wird sichtbar

Was steht im Herkules an der Stelle, von der die Röntgenpulse kommen? Uhuru konnte den Ort der Quelle nur ungefähr bestimmen. Viele Sterne stehen in dem in Frage kommenden Bereich, wie uns die Abbildung 10-7 zeigt. Steht unter ihnen vielleicht einer, der sonst noch irgendwie auffällt? Der amerikanische Astronom William Liller machte als erster auf einen Stern auf-

Abb. 10-7. Die Himmelsgegend, in der Uhuru die Herkules-Quelle fand. Hoffmeisters unscheinbarer veränderlicher Stern ist durch einen roten Pfeil gekennzeichnet.

merksam, der seit 1936 in den Katalogen als veränderlich geführt wird.

Wir begegnen jetzt wieder jenem jungen Kaufmann, den Hartwig während des Ersten Weltkrieges auf der Bamberger Sternwarte arbeiten ließ. Im Jahre 1936 hatte Cuno Hoffmeister auf Himmelsaufnahmen im Herkules einen Stern als veränderlich erkannt. Längst war Hoffmeister promoviert, hatte bereits seine zum Teil aus privaten Mitteln finanzierte eigene Sternwarte und suchte systematisch den Himmel nach veränderlichen Sternen ab. Viele Tausend hat er in seinem Leben gefunden. Der Herkules-Stern schien nichts Besonderes zu sein. Hoffmeister konnte nicht feststellen, daß die Helligkeitsänderungen irgendwelchen einfachen Regeln genügten, etwa periodisch waren. Als er ihn später noch einmal über einige Nächte hinweg verfolgte, da schien es, als ob der Stern überhaupt keinen Wechsel seiner Helligkeit mehr zeigte. Hoffmeisters Objekt stand als der veränderliche Stern HZ Herculis seit 1936 in den Katalogen, von niemandem beachtet. Nun, durch die Nachbarschaft zu der neuentdeckten Röntgenquelle, war dieser Stern wieder interessant geworden. Weil die Röntgenquelle offensichtlich eine Umlaufperiode von 1.70017 Tagen hatte, fragte man, ob Hoffmeisters Stern den gleichen Rhythmus erkennen läßt. Im Sommer 1972 fanden John und Neta Bahcall durch Messungen von der Sternwarte von Tel Aviv aus, daß Hoffmeisters Stern tatsächlich Helligkeitsschwankungen mit genau dieser Periode zeigt.

Der sichtbare Stern und die Röntgenquelle hängen also irgendwie zusammen. Er leuchtet schwächer, wenn die Röntgenpulse ausbleiben, wenn also die Quelle hinter ihm steht. Er wird hell, wenn sie, von uns aus gesehen, vor ihm vorbeizieht (vgl. Abb. 10-8). Jetzt verstand man auch den Lichtwechsel. Ist die Röntgenquelle vor dem sichtbaren Stern, wird seine uns zugewandte Seite von der intensiven Röntgenstrahlung aufgeheizt, er erscheint uns dann heller. Steht die Quelle hinter ihm, heizt sie die von uns aus nicht sichtbare abgewandte Seite. Sieht man von diesem Heizeffekt ab, ist der Stern ein normaler Hauptreihenstern von etwa zwei Sonnenmassen.

Warum erschien dem erfahrenen Beobachter Hoffmeister sein Stern später als unveränderlich? In Archiven konnte man auf alten

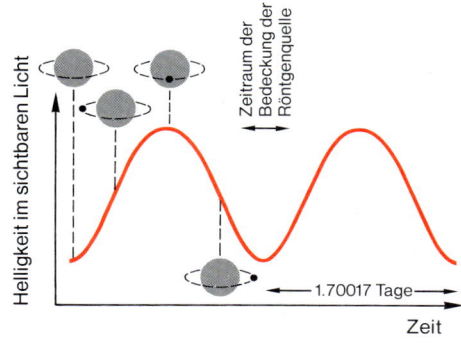

Abb. 10-8. Hoffmeisters veränderlicher Stern HZ Herculis wird regelmäßig heller und schwächer (rote Kurve). In der linken Bildhälfte ist darüber bzw. darunter in vier Skizzen die jeweilige Stellung von Stern (graue Scheibe) und Röntgenquelle (schwarzer Punkt) in bezug auf den Beobachter angedeutet. Steht die Röntgenquelle – von uns aus gesehen – vor dem Stern, dann sehen wir die von der Quelle aufgeheizte Seite; er erscheint uns aufgehellt. Steht die Quelle hinter dem Stern, dann sehen wir nur die »normale«, nicht aufgeheizte Seite; der Stern erscheint uns schwach.

Himmelsaufnahmen sehen, daß der Stern manchmal für Jahre mit seinem Lichtwechsel aussetzt. Wird er dann nicht mehr von der Röntgenquelle bestrahlt? Setzt Herkules X-1 während dieser Zeit ebenfalls aus? Seit Uhuru die Quelle entdeckt hat, wechselt HZ Herculis sein Licht gleichmäßig im Rhythmus der Umlaufperiode. Aber es kann nicht mehr allzulange dauern, bis er wieder für Jahre mit konstantem Licht strahlen wird. Dann werden wir sehen, wie sich die Röntgenquelle verhält.

Röntgensterne sind klein

Ganz anders verhält sich eine Quelle im Sternbild Schwan, Cygnus X-1. Sie zeigt keine regelmäßigen Pulse, aber unregelmäßige, sehr rasche Schwankungen ihrer Stärke. Darüber hinaus ändert sich ihre Intensität auch noch innerhalb von Monaten. In der gleichen Himmelsgegend steht eine veränderliche Radioquelle. Ihre Schwankungen verlaufen ganz ähnlich den Schwankungen der Röntgenquelle: Ändert die Röntgenquelle ihre Stärke, so auch die Radioquelle, bleibt die Radioquelle ruhig, so auch die Röntgenquelle. Daher muß es sich um ein und dasselbe Objekt handeln. Die Radioastronomen haben in den letzten Jahren Verfahren entwickelt, den Ort einer Radioquelle am Himmel sehr genau zu bestimmen; deshalb kennt man die Stelle am Himmel, an der die

Röntgenquelle steht, so genau, daß man sie eindeutig mit einem sichtbaren Stern identifizieren konnte. Auch dieser Stern gehört zu einem Doppelsternsystem. Nicht daß man beide Sterne sehen könnte – man sieht nur einen –, doch am Dopplereffekt in seinem Spektrum (vgl. Anhang A) erkennt man, daß er sich in 5.6 Tagen um den Schwerpunkt des Systems bewegt, zusammen mit einem Begleiter, und der ist wahrscheinlich der Röntgenstern!

Einige Röntgenquellen sind vorübergehend aufgetaucht und wieder verschwunden. Centaurus X-4 strahlte nur kurz. Die Quelle zeigte Pulse im Rhythmus von 6.7 Minuten; nach einigen Tagen erlosch sie wieder.

Wie passen die Röntgenquellen in unser Bild von den Vorgängen im Weltall? Offensichtlich handelt es sich um sternartige Gebilde. Wie aber kann ein Stern Röntgenstrahlung aussenden? Die Oberflächentemperatur selbst der heißesten Sterne, die man bisher kennt, ist viel zu niedrig, um Röntgenstrahlen zu erzeugen. Die Röntgenstrahlung der dünnen, heißen Hülle, die manche Sterne besitzen, ist wie bei der Sonnenkorona viel zu schwach.

Die Röntgenpulse sind sehr kurz. In weniger als einer Viertelsekunde steigt bei Herkules X-1 die Strahlung zum Maximum an. Die unregelmäßigen Schwankungen von Cygnus X-1 geschehen innerhalb von hundertstel Sekunden.

Nun haben wir aber schon bei den Pulsaren festgestellt, daß man aus der Schnelligkeit von Helligkeitsschwankungen etwas über die Größe des die Strahlung aussendenden Gebietes lernen kann. Das gilt für Lichtstrahlung wie für Radiostrahlung, das gilt auch für die Röntgenstrahlung der von Uhuru entdeckten Quellen.

Wenn wir bei Cygnus X-1 Schwankungen innerhalb von hundertstel Sekunden beobachten, kann der die Röntgenstrahlung aussendende Bereich nicht wesentlich größer sein als die Wegstrecke, die das Licht in einigen hundertstel Sekunden zurücklegt. Das sind weniger als 10 000 Kilometer, weniger als ein Hundertstel des Sonnenradius: Es muß sich also bei diesen Gebilden, die tausendmal stärker strahlen als die Sonne, um sehr kleine Objekte handeln. Dafür spricht auch die rasche Bedeckung der Herkules-Quelle. Sie verschwindet ohne Übergang abrupt hinter dem Stern.

Da Röntgenquellen kleine Gebilde sind, liegt es nahe anzuneh-

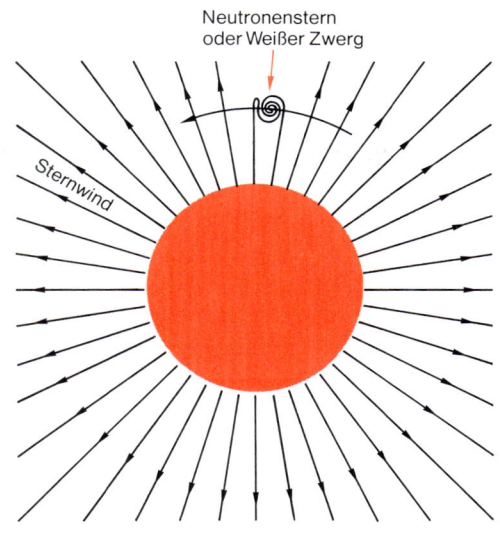

Abb. 10-9. Eine mögliche Ursache der Röntgenstrahlung in Doppelsternsystemen. Von einem Stern (Bildmitte) bläst Sternwind in den Raum. Die schwarzen, vom Hauptstern ausgehenden Linien mit Pfeil deuten die Strömungsrichtung an. Ein um den Hauptstern kreisender Neutronenstern oder Weißer Zwerg fängt einen Teil der abströmenden Gasmassen auf und zwingt sie, mit großer Geschwindigkeit auf seine Oberfläche zu fallen. Beim Aufprall erhitzt sich die Materie so, daß Röntgenstrahlung ausgesandt wird.

men, daß Weiße Zwerge oder Neutronensterne mit im Spiel sind. Dann können wir auch sogleich verstehen, woher die Röntgenstrahlung kommt. Wir haben anfangs gesehen, daß Temperaturen von Millionen Grad nötig sind, um sie zu erzeugen. Wenn nun Materie auf einen Weißen Zwerg oder gar auf einen Neutronenstern fällt, trifft sie wegen der hohen Schwerkraft die Sternoberfläche mit so großer Geschwindigkeit, daß bei ihrer Abbremsung leicht Temperaturen von Millionen Grad entstehen können. Dies wäre eine ganz natürliche Erklärung für den Ursprung der Röntgenstrahlung. Woher aber soll die Materie kommen, die mit großer Geschwindigkeit auf den Weißen Zwerg oder auf den Neutronenstern regnet? Kommt es daher, daß die meisten Röntgensterne, ja vielleicht alle, zu Doppelsternsystemen gehören? Wenn ein normaler Stern und ein Weißer Zwerg beziehungsweise ein Neutronenstern umeinander kreisen und wenn der normale Stern, wie zum Beispiel die Sonne und viele andere Sterne, Materie in den Raum hinausbläst, dann wird ein Teil der abströmenden Materie von der Schwerkraft des Begleitsterns angesaugt; diese Materie wird auf seine Oberfläche stürzen und dabei so heiß werden, daß Röntgenstrahlung entsteht (vgl. Abb. 10-9).

Die Geschichte einer Röntgenquelle

Wir können uns nun ein grobes Bild von einer Röntgenquelle machen. Folgendes könnte ihre Geschichte sein: Zwei Sterne verschiedener Masse kreisen seit langer Zeit umeinander (vgl. Abb. 10-10). Der massereichere der beiden erschöpft zuerst seinen Wasserstoffvorrat, er will Roter Riese werden. Durch Abströmen von Materie in den Raum oder durch Massenabgabe an seinen Begleiter (a) wird er statt dessen zum Weißen Zwerg (b). Jetzt haben wir ein Doppelsternpaar, bestehend aus einem Hauptreihenstern und einem Weißen Zwerg. Wenn nun der Hauptreihenstern ebenfalls seinen Wasserstoff erschöpft hat und sich zum Roten Riesen aufbläht, dann kann es sein, daß er dabei sein erlaubtes Maximalvolumen überschreitet und ihm der kompakte Begleiter Masse wegnimmt. Materie stürzt auf das kompakte Gebilde, und es entsteht Röntgenstrahlung. Dazu genügt es, daß der hundertmillionste Teil der Masse der Sonne pro Jahr auf einen Weißen Zwerg regnet. Es ist aber auch der Fall denkbar, daß Sternwind von der Oberfläche des normalen Sterns abströmt, vom Weißen Zwerg eingefangen wird und daß dabei Röntgenstrahlung entsteht (c).

Das erinnert an die Geschichte des Mirabegleiters. Wir haben diesen Fall schon besprochen. Der Weiße Zwerg, der Mira umkreist, sammelt Materie auf. Warum ist er keine Röntgenquelle? Vielleicht, weil er zu weit von Mira entfernt ist und nur wenig aus dem von Mira abströmenden Gas aufsammeln kann; genügend, um im sichtbaren Licht zu strahlen, zuwenig, um als Röntgenstern in Erscheinung zu treten.

Es ist aber auch möglich, daß Weiße Zwerge bei Röntgensternen überhaupt keine Rolle spielen. Es ist nämlich denkbar, daß es in einem Doppelsternsystem einen der beiden Sterne in einer Supernova-Explosion zerrissen hat (vgl. Abb. 10-10 (d, e)) und daß ein Neutronenstern wie der des Krebs-Nebels übriggeblieben ist. Er kreist jetzt um den Begleitstern, der die Explosion seines Partners relativ unbeschadet überstanden hat. Wenn dieser Stern jetzt Materie an den Neutronenstern abgibt – sei es als Sternwind, sei es, weil er infolge seiner Entwicklung sein Maximalvolumen überschreitet –, dann fällt das Gas mit noch größerer Energie auf die Oberfläche als beim Weißen Zwerg; die Röntgenstrahlung ist noch stärker (f).

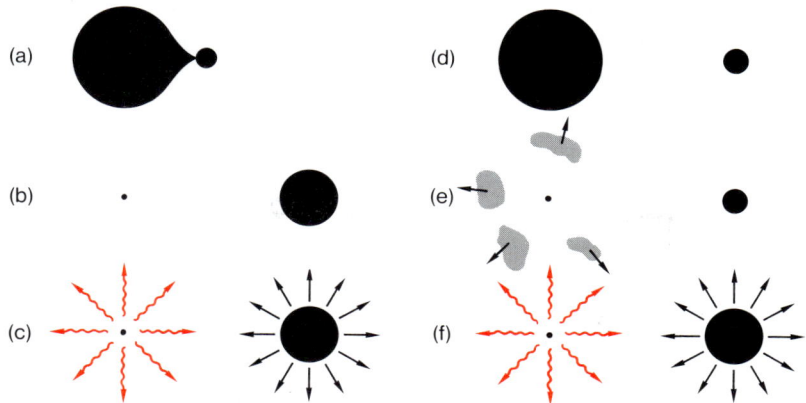

Abb. 10-10. Zwei mögliche Entwicklungsgeschichten von Doppelsternsystemen, die auf eine Röntgenquelle hinführen. *Links:* Zwei Hauptreihensterne verschiedener Masse kreisen in engem Abstand umeinander. Der massereichere zeigt zuerst Erschöpfungserscheinungen: Er möchte eigentlich ein Roter Riese werden. Dabei geraten seine Außenschichten in den Schwerebereich des Begleiters, der ihm so viel Masse absaugt (a), daß nur noch sein Kern als Weißer Zwerg zurückbleibt, so wie es in der Abb. 9-6 gezeigt ist (b). Wenn jetzt der Stern rechts, der nun der massereichere geworden ist, im Laufe seiner Entwicklung einen Sternwind erzeugt, dann fällt ein Teil der abströmenden Gase auf den Weißen Zwerg, und es kann Röntgenstrahlung (rote, gewellte Pfeile) entstehen, so wie es die Abb. 10-9 zeigt (c). *Rechts:* (d) Zwei Sterne verschiedener Masse kreisen umeinander. Der massereichere entwickelt sich schneller und zerplatzt in einer Supernova. (e) Die Hülle des massereicheren der beiden Sterne fliegt in den Raum; ein Neutronenstern bleibt übrig und kreist mit dem anderen Stern, der immer noch ein Hauptreihenstern ist. (f) Der Hauptreihenstern des Doppelsternsystems entwickelt sich, Gas strömt als Sternwind in den Raum. Ein Teil davon fällt auf den Neutronenstern, so wie in Abb. 10-9 angedeutet, und erzeugt Röntgenstrahlung (rote, gewellte Pfeile).

Wer ist denn nun verantwortlich für die Strahlung der Röntgensterne, ein Weißer Zwerg oder ein Neutronenstern? Wir werden bald Gründe kennenlernen, die den Astrophysiker heute mehr an den Neutronenstern glauben lassen.

Woher kommen die Pulse?

Es erscheint uns jetzt plausibel, daß in den Quellen Röntgenstrahlung entsteht. Wir haben aber noch nicht geklärt, warum sie gepulst ist.

Bei den Pulsaren glauben wir, daß der Rhythmus der Pulse von der Rotationsbewegung des Neutronensterns herrührt. Wie die meisten Himmelskörper, so wird wohl auch unser kompaktes Gebilde ein Magnetfeld haben, und ähnlich wie bei der Erde wird die magnetische Achse nicht mit der Rotationsachse übereinstimmen. Kosmische Materie kann sich quer zu magnetischen Feldlinien nur schwer bewegen. Die Materie im Doppelsternsystem wird daher nur bei den magnetischen Polen auf das kompakte Objekt fallen, so wie es in Abbildung 10-11 dargestellt ist. Die Röntgenstrahlung entsteht nur dort, wo die Materie herunterkommt, also in der Nähe der magnetischen Pole. Sie kann nur seitlich entweichen, da sie in Richtung der magnetischen Achsen von der nachfallenden Materie verschluckt wird. Wenn das kompakte Gebilde rotiert, verschwindet für einen entfernten Beobachter die Röntgenstrahlung immer dann, wenn er auf einen der beiden magnetischen Pole blickt. Während der dazwischenliegenden Zeiten erscheint sie wieder, wie es Abbildung 10-11 zeigt.

Das Magnetfeld eines Neutronensterns wird gemessen

Schon bei den Pulsaren haben wir angenommen, daß für ihre Radiopulse Magnetfelder verantwortlich sind. Bei den Röntgensternen müssen wir sie ebenfalls zu Hilfe nehmen. Woher kommen die Magnetfelder der Neutronensterne?

Magnetfelder sind im Weltall fast überall vorhanden. Die Sonne zeigt ein großräumiges Feld wie das Magnetfeld der Erde, nur etwa doppelt so stark. In den Sonnenflecken sind die Felder mehr als tausendmal stärker. Auch andere Sterne lassen Magnetfelder erkennen. Wir können also mit einiger Sicherheit annehmen, daß viele Sterne Magnetfelder besitzen.

Abb. 10-11. Die Entstehung der Röntgenblitze. Wenn Materie auf einen kompakten Stern fällt, so entsteht beim Auftreffen Röntgenstrahlung (oberer Teil der Abbildung). Besitzt der Stern ein Magnetfeld, dessen Form dem Erdfeld ähnelt, das also Feldlinien von der Form der ovalen Linien in der Abbildung hat, dann kann das Gas nur längs der Feldlinien in Pfeilrichtung auf die beiden Pole des als kleine schwarze Kugel gezeichneten kompakten Sterns fallen. Die in der Nähe der magnetischen Achse einfallende Materie bildet zwei für Röntgenstrahlung undurchsichtige »Pfropfen«. Die entstehende Strahlung kann also nur seitlich in den Raum entweichen (rote, gewellte Pfeile). Wenn das ganze Gebilde rotiert, kann es geschehen, daß ein ferner Beobachter innerhalb ei-

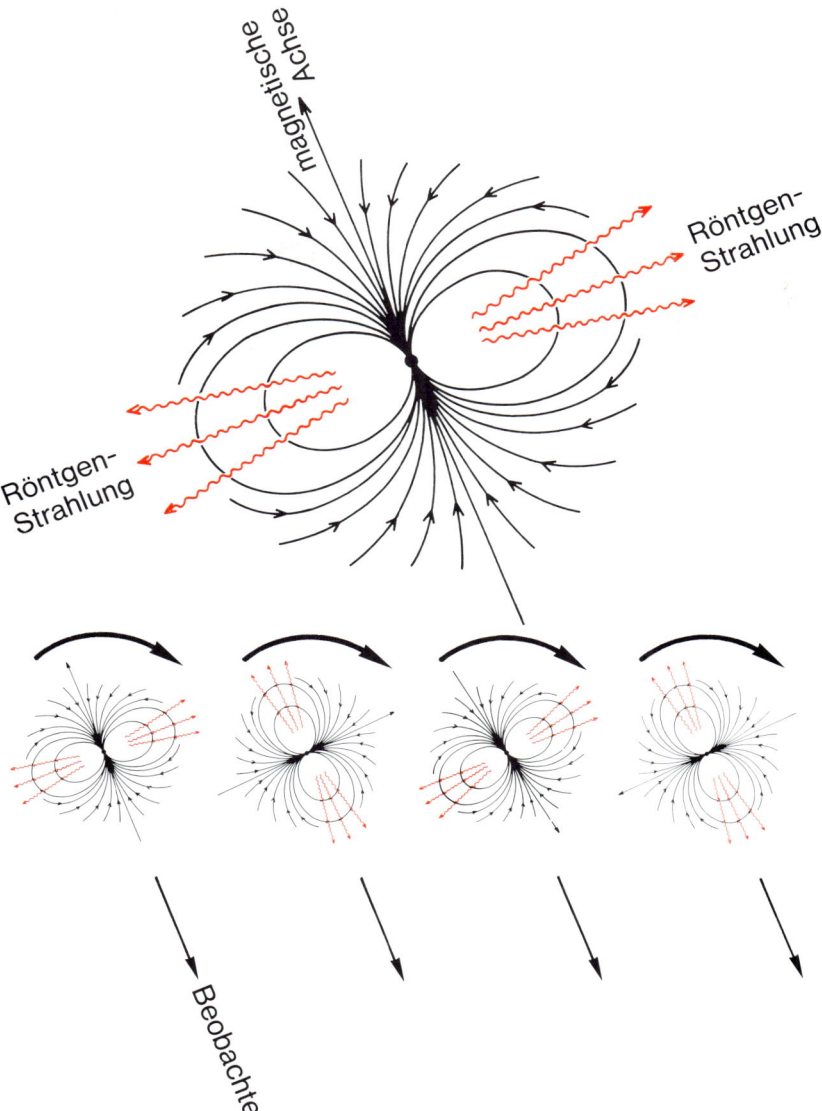

ner Rotationsperiode nur zweimal für kurze Zeit Röntgenstrahlung empfängt. Das ist in der unteren Bildhälfte dargestellt. Nur in der zweiten und vierten Stellung des in Richtung der großen schwarzen Pfeile rotierenden Gebildes empfängt der rechts unten in großer Entfernung gedachte Beobachter Röntgenstrahlung. (Der Einfachheit halber haben wir hier angenommen, daß magnetische Achse und Rotationsachse aufeinander senkrecht stehen.)

Magnetfelder und kosmische Materie haften aneinander. Wenn sich ein Körper verdichtet, dann verdichtet sich sein Magnetfeld mit und wird stärker. Wenn sich aus einem Teil eines Sterns ein Weißer Zwerg bildet, dann wird bei der hohen Verdichtung aus dem anfangs schwachen Magnetfeld ein zehntausendmal stärkeres. Tatsächlich war es möglich, so starke Magnetfelder in Weißen Zwergen nachzuweisen. Wenn sich aber gar Sternmaterie auf die Dichte eines Neutronensterns zusammenzieht, dann verdichten sich die Magnetfelder noch weiter; sie können hundertmilliardenmal stärker werden. Das ist der Grund, weswegen man so starke Magnetfelder in Neutronensternen erwarten muß. Und man hat sie gefunden!

Am 2. Mai 1976 startete in Palestine in den USA ein Ballon mit einer Ladung wissenschaftlicher Meßgeräte, die vom Max-Planck-Institut für extraterrestrische Physik in Garching bei München und einem Team der Universität Tübingen entwickelt worden waren. Die Gruppe unter der Leitung von Joachim Trümper hatte schon seit einiger Zeit Erfahrung im Röntgengeschäft, nun sollte neben anderen Aufgaben ein neuer Detektor im Einsatz geprüft werden. Der Empfänger konnte energiereichere Röntgenstrahlung wahrnehmen als die Detektoren, die in Uhuru geflogen waren. Wie beim Licht ist auch bei Röntgenstrahlung die Energie eines Strahlungsquants um so größer, je kürzer die Wellenlänge ist. Meist mißt man die Energie der Röntgenquanten in Kiloelektronenvolt (keV). Die Uhuru-Empfänger »sahen« im Bereich von 2 bis 10 keV. Der neue Empfänger sollte Strahlen wahrnehmen, deren Quanten mehr als 30 keV Energie hatten. Bei jenem Flug im Frühjahr 1976 beobachtete man die Quelle Herkules X-1. Es sollte die Stärke der Strahlung bei hohen Energien untersucht werden.

Je verfeinerter die Technik, um so geringer der Kontakt, den der Beobachter direkt mit seinen Daten hat. Hoffmeister konnte 1936 noch einfach durch sein Fernrohr blicken, die Helligkeit von HZ Herculis schätzen und sofort anhand seiner Aufzeichnungen feststellen, ob der Stern seit der letzten Beobachtung heller geworden war oder nicht. Heute gehen Meßergebnisse über Magnetbänder in Computer, dazu müssen Rechenmaschinenprogramme entwickelt werden, um die Bänder lesen und verarbeiten zu kön-

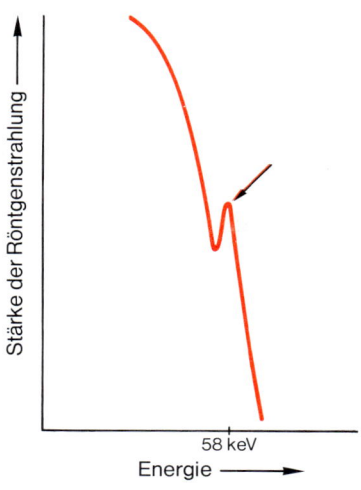

Abb. 10-12. Die Röntgenstrahlung der Quelle Herkules X-1 bei hohen Energien. Normalerweise würde man erwarten, daß nach höheren Energien hin die Röntgenstrahlung der Quelle abfallen würde. Bei 58 Kiloelektronenvolt zeigt sich aber eine Unregelmäßigkeit, die wie eine Zacke nach oben aussieht (durch Pfeil gekennzeichnet). Die Strahlung der Quelle ist bei so hohen Energien nur schwer zu messen, deshalb ist nicht sicher, ob die wirkliche Energieverteilung genauso verläuft, wie wir sie hier gezeichnet haben.

Stärke der Röntgenstrahlung ⟶

58 keV

Energie ⟶

nen. So nimmt es nicht wunder, daß die Ergebnisse der Messung vom Mai erst im Herbst vorlagen. Dann stellte man fest, daß die nach höheren Energien hin immer schwächer werdende Strahlung bei etwa 58 keV eine merkwürdige Zacke hatte (vgl. Abb. 10-12). Wahrscheinlich hätte man sich nicht weiter darum gekümmert, hätte sich Trümper nicht an frühere Arbeiten erinnert, bei denen er versucht hatte, die Strahlung des Krebs-Pulsars zu verstehen. So aber ging er dem nach.

Die Zacke in der Röntgenstrahlung von Herkules X-1 bedeutet, daß bei der Energie von 58 keV besonders viele Röntgenquanten ausgesandt werden. Wir wissen, daß die Atome eine Vorliebe haben, Energie in ganz bestimmten Wellenlängen, also bei ganz bestimmten Energien, zu verschlucken und wieder auszusenden. Nehmen wir das Wasserstoffatom. Um den positiv geladenen Kern kreist ein Elektron (vgl. Abb. 10-13). Nach der Quantenphysik darf sich das Elektron nur auf ganz bestimmten, berechenbaren Bahnen bewegen. Wenn Licht auf das Atom fällt, geschieht im allgemeinen nichts, es sei denn, ein Lichtquant hat genau die Energie, die nötig ist, um das Elektron von einer inneren Bahn auf eine äußere zu heben. Dann verschluckt das Atom dieses Lichtquant. Bleibt das Atom daraufhin sich selbst überlassen, springt das Elektron im Laufe der Zeit auf die innerste Bahn zurück. Dabei sendet es die überschüssige Energie in Form von

Abb. 10-13. *Oben:* Im Atom entsteht Strahlung (roter, gewellter Pfeil), wenn ein Elektron (grau) von einer äußeren Kreisbahn um den positiven Atomkern (rot) auf eine innere springt. Die Strahlung hat eine ganz bestimmte, für das Atom und für diesen speziellen Übergang charakteristische Energie. *Unten:* In einem starken Magnetfeld (durch die vertikalen, geraden Pfeile angedeutet) können sich Elektronen nur auf engen Kreisbahnen bewegen, ähnlich den Elektronen, die um Atome kreisen. Auch hier wird Energie ausgesandt, wenn ein Elektron von einer äußeren Bahn auf eine innere übergeht. Die Energie der ausgesandten Strahlung hängt von der Stärke des Magnetfeldes ab. Man vermutet, daß die Zacke in der Röntgenintensitätsverteilung der Herkules-Quelle, so wie sie in Abb. 10-12 vereinfacht wiedergegeben ist, von solchen Bahnübergängen der im Magnetfeld eines Neutronensterns kreisenden Elektronen herrührt.

Elektron im elektrischen Feld eines Atomkerns

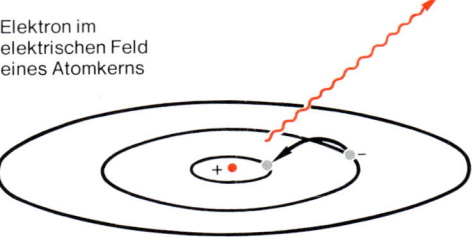

Elektron im Magnetfeld

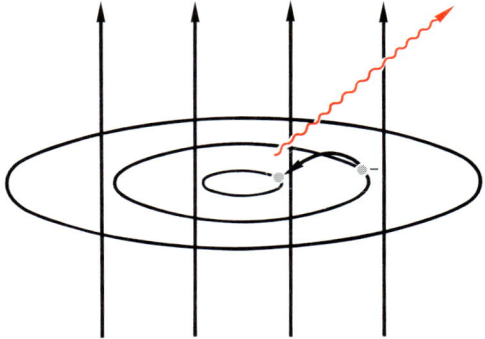

Lichtquanten aus. Diese Quanten haben ganz bestimmte Energiewerte, entsprechend den Energien, die beim Übergang von Bahn zu Bahn frei werden.

Von der Herkules-Quelle kommt bei einer ganz bestimmten Energie, nämlich bei 58 keV, deutlich mehr Strahlung. Aber kein hinreichend häufig in der Welt vorkommendes Atom strahlt bei dieser Energie. Trümper versuchte die Emission durch einen Mechanismus zu erklären, der auf den sowjetischen Physiker Lew Landau zurückgeht.

Die Erklärung hängt damit zusammen, daß in Magnetfeldern Elektronen so abgelenkt werden, daß sie sich auf Kreisbahnen bewegen. Wenn das Magnetfeld stark ist, sind die Bahnen klein. Wenn man sehr starke Magnetfelder hat, können die Kreisbahnen vergleichbar werden mit den Bahnen der Elektronen im Atom. Dann aber gilt die Regel der Quantenmechanik, daß nur bestimmte Bahnen erlaubt sind. Gehen Elektronen von äußeren Bahnen auf innere über, so senden sie Quanten einer durch die Stärke des Magnetfeldes genau festgelegten Energie aus. Das, meinen Trümper und seine Mitarbeiter, macht die Zacke in der Strahlungskurve der Herkules-Quelle. Sollte dies zutreffen, muß das Magnetfeld mehr als hundertmilliardenmal stärker als das Magnetfeld der Erde sein! Solche starken Felder üben so große Kräfte aus, daß die Schwerkraft eines Weißen Zwerges ihnen nicht die Waage halten könnte. Die Felder würden den Stern zerreißen. Deshalb müssen wir schließen, daß die Herkules-Quelle ein Neutronenstern ist.

Im Doppelsystem der Herkules-Quelle ist also der Neutronenstern für die Röntgenstrahlung verantwortlich. Irgendwann also explodierte dort der ursprünglich massereichere Stern als Supernova und ließ den Neutronenstern zurück. Das ist schon lange her. Die Explosionswolke hat sich längst aufgelöst. Heute strömt Masse vom ursprünglich masseärmeren Stern, der immer noch nahe der Hauptreihe steht, auf den Neutronenstern. Wenn sie, vom Magnetfeld geführt, auf die magnetischen Pole auftrifft, sendet sie Röntgenstrahlung aus. Die sich dabei im Magnetfeld in winzig kleinen Kreisbahnen bewegenden Elektronen erzeugen, wenn sie von äußeren auf innere springen, zusätzlich jene Strahlung, welche die bei 58 keV beobachtete Zacke bildet.

Seit Uhuru sind mehrere Röntgensatelliten gestartet, viele Ballonexperimente erfolgreich durchgeführt worden. Eine der Schwierigkeiten in der Röntgenastronomie ist, daß man bisher keine Röntgenkameras bauen konnte. Röntgenstrahlen lassen sich nicht durch Linsen bündeln. Auch Spiegel werfen Röntgenlicht nicht zurück, es sei denn, es trifft ganz flach auf die Spiegeloberfläche auf. Diese Eigenschaft macht sich ein 1952 von dem damals in Kiel arbeitenden Physiker Hans Wolter (1911–1978) erdachtes Prinzip zunutze, um Röntgenbilder herzustellen. Seit November 1978 ist das von der NASA gestartete Einstein-Observatorium im Umlauf. Es trägt ein Röntgenteleskop von 57 Zentimeter Durchmesser. Man schätzt, daß es am Himmel eine Million Quellen gibt, stark genug, um von diesem Instrument wahrgenommen werden zu können. Das erste deutsche *Wolter-Teleskop* mit einem Durchmesser von 32 Zentimeter flog im Februar 1979 erfolgreich in einer Rakete. Ein deutsches 80-Zentimeter-Teleskop ist geplant und wird hoffentlich gebaut.

Röntgenschauer

In letzter Zeit entdeckte man noch eine andere Art von Röntgenquellen. Sie scheinen besonders häufig in Kugelsternhaufen zu sitzen. Es sind Quellen, die Pulse in Form von Schauern aussenden, von denen jeder einzelne, oft nur Sekunden während, soviel Energie enthält wie die wöchentliche Gesamtproduktion der Sonne. Sie sind nicht so regelmäßig wie die Pulse der Herkules-Quelle; ihnen scheint der Zeitgeber eines rotierenden Himmelskörpers zu fehlen (vgl. Abb. 10-14). Trotzdem kommen sie in ziemlich regelmäßiger Folge. Aus einem Kugelsternhaufen im Sternbild Skorpius empfangen wir gelegentlich Schauer von Pulsen in einem 40sekundlichen Rhythmus, wenn auch nicht genau regelmäßig; nach einem stärkeren Ausbruch ist die Ruhezeit länger als nach einem schwächeren. Wahrscheinlich fällt auch bei diesen Quellen Materie auf ein kompaktes Objekt, aber der Mechanismus, der die dabei freiwerdende Energie nicht gleichmäßig, sondern in Schauer geformt abstrahlen läßt, scheint anders zu sein als der Mechanismus, der die Strahlung der Herkules-Quelle pulst.

Kugelsternhaufen sind alt, das wissen wir aus Kapitel 2. In ihnen entstehen längst keine Sterne mehr. Man war versucht, sie für leblose Gebilde zu halten. Die Röntgenschauer, die sie uns zusenden, zeigen, daß sich noch Leben in ihnen regt.

Es mag in der Welt viele Neutronensterne geben, von denen wir nichts wissen. Vielleicht sind sie alle Überreste von Supernova-Explosionen, vielleicht hat die Natur aber noch andere, uns bisher unbekannte Möglichkeiten, Neutronensterne entstehen zu lassen. Nie werden wir von diesen Objekten etwas erfahren – es sei denn, Begleitsterne, an die sie gebunden sind, besprühen sie mit Masse. Dann beginnen sie sich zu regen und senden uns Röntgenstrahlung.

Um das Jahr 1960 bat ich in einem Vortrag meine Zuhörer, sich einmal vorzustellen, es gäbe ein Gerät, das die gesamte aus dem Weltall kommende Strahlung in hörbaren Schall umwandelt. Ne-

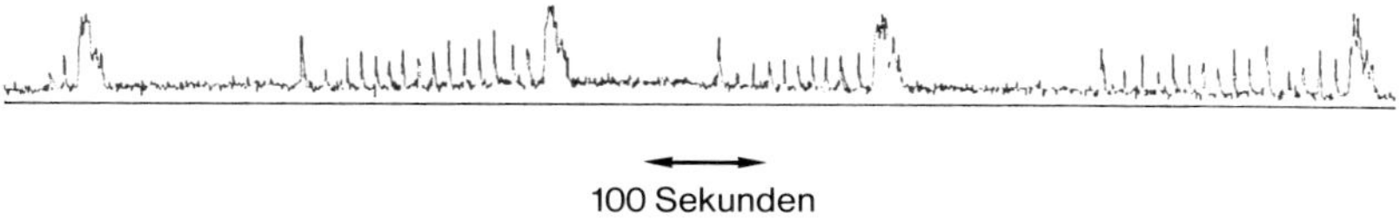

100 Sekunden

Abb. 10-14. Die Signale der Quelle MXB 1730-335 stammen aus einem Kugelstern-haufen, auf den man erst durch die Röntgenquelle aufmerksam geworden ist. Die Pulse kommen in Form von Schauern von zehn bis zwanzig einzelnen Ausbrüchen. Die Pulse sind nicht gleich stark. Nach besonders heftigen Ausbrüchen braucht die Quelle oft eine Erholungspause, bis sie neue Pulse aussenden kann.

ben dem gleichmäßigen Rauschen des Sternlichts und den Radio-ausbrüchen der Sonne würde man das Rauschen der damals be-kannten Radioquellen hören, anschwellend und abebbend im Rhythmus des Auf- und Unterganges dieser sich mit dem gesam-ten Himmelsgewölbe an uns vorbeidrehenden gleichmäßig strah-lenden Objekte. Es wäre eigentlich eine recht langweilige Sen-dung gewesen. Heute, zwanzig Jahre später, muß ich das Bild re-vidieren. Neben der damals bekannten Strahlung würden nun die inzwischen neu entdeckten Quellen das Hörbild vom Weltall be-stimmen. Über dem gleichmäßigen Rauschen hört man das sich gegenseitig überlagernde Ticken der Pulsare, den tiefen Brumm-ton des Krebs-Pulsars, dessen Pulse das Ohr nicht mehr einzeln hören kann, und dazwischen schießen andere Röntgenquellen ihre Garben ab, wie etwa die Quelle MXB 1730-335, die aus einem Ku-gelsternhaufen heraus sehr energiereiche Pulse aussendet, viel-leicht ein Dutzend, mit Abständen von 10 bis 20 Sekunden aufein-anderfolgend, dann wieder für Minuten aussetzend, bis die neue Sequenz abgefeuert wird. Es rauscht nicht nur im Weltall, es tickt und trommelt, es summt und knattert. Wahrscheinlich sind es im-mer die Neutronensterne, die für diesen Lärm verantwortlich sind, den unser gedachter Apparat aus der vom Weltall kommen-den Strahlung an unser Ohr weitergibt.

Haben uns die Pulsare und die Röntgensterne mögliche Endsta-dien im Leben eines Sterns enthüllt? Wissen wir jetzt, daß alle Sterne als Neutronensterne oder als Weiße Zwerge enden? Eine merkwürdige Eigenschaft dieser beiden Sternarten gibt zu Speku-lationen Anlaß, die noch eine dritte Möglichkeit offen lassen.

11. Das Ende der Sterne

Der sammetschwarze runde Körper schwebte unbeweglich frei im Raum. Eigentlich sah das Ding gar nicht wie eine Kugel aus und machte eher den Eindruck eines gähnenden Loches. Und es war auch gar nichts anderes als ein Loch. Es . . . entstand sofort ein heftiges Sausen, das immer mehr und mehr anschwoll, denn die Luft im Saale wurde in die Kugel hineingesaugt. Kleine Papierschnitzel, Handschuhe, Damenschleier – alles riß es mit hinein. Ja, als einer von der Miliz mit dem Säbel in das unheimliche Loch stieß, verschwand die Klinge, als ob sie abgeschmolzen wäre.

Gustav Meyrink, »Die Schwarze Kugel«, 1913

Pulsare und Röntgenquellen lehren uns, daß es in der Natur Neutronensterne gibt. Bei der Supernova-Explosion im Krebs blieb einer zurück. Wie aber kam es zu jener Explosion im Jahre 1054? Es müßte endlich wieder einmal eine Supernova in unserer eigenen Galaxis, vor unseren Augen gewissermaßen, detonieren! Dann könnten wir auskundschaften, was da eigentlich explodiert; denn wir könnten auf älteren Himmelsaufnahmen nach dem Stern suchen, der nun in einer Wolke zerstoben ist, in der sich ein kleiner Neutronenstern wie ein Kreisel dreht.

Bis dahin müssen wir uns auf Spekulationen beschränken. Wir können wieder unsere vom Computer gerechneten Modelle hochentwickelter Sterne betrachten und fragen, ob sich vorhersehen läßt, wie der Stern in seine Katastrophe läuft.

Die Eisenkatastrophe bei massereichen Sternen

Bei massereichen Sternen, solchen, die mehr als zehn Sonnenmassen in sich vereinigen, geht die Entwicklung sehr schnell. Der Wasserstoff erschöpft sich schon nach Millionen Jahren. Dann brennt das Helium und verwandelt sich in Kohlenstoff, und bald gehen die Kohlenstoffatome in höhere Atomkerne über. Bei all diesen Kernreaktionen wird Energie frei, aber die Kernprozesse werden immer unergiebiger. Sie müssen immer schneller ablaufen, um die unverminderte Strahlungsleistung des Sterns zu decken. In rascher Folge werden immer kompliziertere Atome aufgebaut. Geht das immer so weiter?

Die Natur hat beim Element Eisen eine Grenze gesetzt. Wir sahen schon, daß die Kernreaktionen, an denen höhere Elemente beteiligt sind, immer weniger Energie liefern. Beim Atomkern des Eisens geht der Kernreaktor im Stern aus. Der Eisenkern liefert keine Energie mehr, wenn man ihn mit anderen im Stern vorhandenen Kernen verschmilzt. Im Gegenteil, man muß dazu noch Energie aufbringen. Auch um ihn zu zertrümmern, muß man ihm Energie zuführen.

Das liegt an einer Eigenschaft der Atomkerne. Schwere Kerne

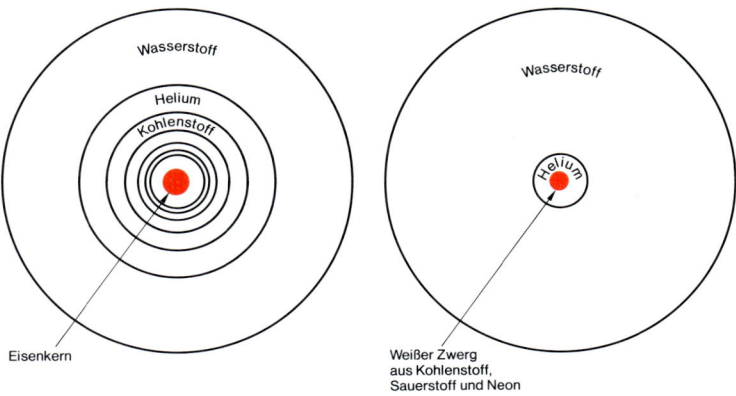

Abb. 11-1. Mögliche Vorstadien einer Supernova-Explosion. *Links:* Ein Stern von zehn oder mehr Sonnenmassen. In seinem Innern haben sich aus der ursprünglich wasserstoffreichen Materie, die immer noch die Außenschicht bildet, höhere Elemente gebildet, die in konzentrischen Kugelschalen ineinander liegen bis zum Zentrum, wo die Materie hochkomprimierter Eisendampf ist. Das Zentralgebiet dieses hochentwickelten Sterns ist nicht stabil, es kann implodieren. Dabei wird so viel Energie frei, daß die das Zentralgebiet umgebende Hülle in den Raum geschleudert werden kann. *Rechts:* Ein Stern von geringerer Masse im hochentwickelten Zustand. Im Innern hat sich ein hauptsächlich aus Kohlenstoff bestehender Kern gebildet, der im wesentlichen die Eigenschaften eines Weißen Zwerges hat. Die Masse des Weißen-Zwerg-Kerns wächst, weil an seiner Oberfläche Helium zu Kohlenstoff verbrennt. Wenn der Weiße Zwerg die Chandrasekhar'sche Grenzmasse erreicht, fällt er in sich zusammen, und die Hülle wird durch die freiwerdende Energie in den Raum geschleudert. Die beiden Zeichnungen sind nur schematisch, im besonderen sind sie nicht maßstabsgetreu.

wie die des Urans liefern Energie, wenn man sie zertrümmert; wenn man aus ihnen Kerne macht, die dem Gewicht nach näher beim leichteren Eisen liegen. Leichte Kerne hingegen liefern Energie, wenn man sie verschmilzt, wenn man also aus ihnen neue Kerne herstellt, deren Gewicht näher bei dem des Eisens liegt. Nur aus dem Eisen selbst kann man keine Kernenergie herausholen.

Was wird geschehen, wenn in unserem massereichen Stern die Fusion der einzelnen Elemente so weit fortgeschritten ist, daß sein Zentralgebiet eine Kugel aus gasförmigem Eisen ist (vgl. Abb. 11-1 links)? Die Atomkerne des Eisens können die im Gas herumschwirrenden Elektronen einfangen. Dann muß die Eisenkugel schrumpfen. In ihr halten sich nämlich Schwerkraft und Gasdruck die Waage. Hauptsächlich die Elektronen sind für den Gasdruck verantwortlich. Wenn Elektronen in Atomkernen verschwinden, gewinnt die Schwerkraft die Oberhand über den Gasdruck. Die Kugel aus Eisengas im Zentralgebiet des Sterns stürzt schließlich in sich selbst zusammen. Man vermutet, daß dieser Vorgang einsetzt, wenn etwa 1.5 Sonnenmassen in der Eisenkugel vereinigt sind. Er hält an, bis in extrem hohen Dichten alle Kernbausteine so eng aneinanderrücken, daß sich letztlich alle Protonen und Elektronen zu Neutronen vereinigen. Es bleibt dann nur noch Neutronenmaterie übrig: Die dichte, gasförmige Eisenkugel im Sterninnern ist zum Neutronenstern geworden. Bei diesem Übergang wird eine unvorstellbare Menge an Energie frei, die wahrscheinlich die äußere Hülle des Sterns mit großer Geschwindigkeit in den Raum schleudert. Der Stern explodiert, und ein Neutronenstern bleibt übrig, mitten in der auseinanderfliegenden Explosionswolke. Der Stern hat in einem Supernova-Ausbruch sein Leben beendet.

An mehreren Stellen, in Chicago und Livermore (Kalifornien) in den USA, aber auch bei uns in München versucht man, den Vorgang im Computer nachzuvollziehen. Die Rechnungen dazu sind sehr viel schwieriger als die für normale, langsame Entwicklungsphasen. Sie sind aber besonders reizvoll, weil man vermutet, daß bei den während der Explosion ablaufenden Kernreaktionen viele der chemischen Elemente aufgebaut werden, die in der Natur vorkommen. Wahrscheinlich sind alle Elemente, die schwerer als Helium sind, irgendwann einmal in einem Stern gebildet worden, entweder während einer Zeit ruhiger Fusion oder während des kurzen Augenblicks einer Supernova-Explosion.

Die vorangegangenen Überlegungen gelten für sehr massereiche Sterne. Sterne von weniger als zehn Sonnenmassen erreichen in ihren Fusionsprozessen die Eisenphase gar nicht, sie kommen schon früher in Schwierigkeiten, die sie vielleicht ebenfalls zur Supernova werden lassen. Der Grund dafür liegt darin, daß sich in ihrem Innern – wir sahen das in Kapitel 7 – ein Weißer Zwerg bildet. Weiße Zwerge haben eine sehr merkwürdige Eigenschaft, die mit ihrem Gleichgewicht zu tun hat.

Ein Gedankenexperiment mit einem Weißen Zwerg

Wir verdanken unser Leben der Balance zwischen Schwerkraft und Druckkraft in Sonne und Erde. Im allgemeinen kann man sich auf dieses Gleichgewicht verlassen. Würde man die Sonne in einem Gedankenexperiment etwas mehr zusammendrücken, dann würde zwar die Schwerkraft größer werden, weil die Materie enger aneinanderrückt, es würde aber auch der Druck im Innern steigen, sogar stärker als die Schwerkraft. Dadurch würde er die Sonne wieder in die alte Lage zurückbringen. Würde umgekehrt die Sonne durch irgendwelche Störkräfte so verformt, daß sie vorübergehend ein etwas größeres Volumen einnimmt, dann würde bei der Ausdehnung die Schwerkraft geringer werden, da die sich gegenseitig anziehenden Materieteilchen etwas weiter auseinandergerückt sind. Aber es würde gleichzeitig der Druck sinken, und zwar stärker als die Schwerkraft, und diese könnte die Sonne wieder in die ursprüngliche Lage zurückbringen. Wir hatten gesagt, man könne sich auf das Gleichgewicht in der Sonne verlassen. Wissenschaftlich ausgedrückt heißt es: das Gleichgewicht ist *stabil*. Aber nicht alle Sterne sind in diesem verläßlichen Zustand. Weiße Zwerge sind zwar auch stabil, aber sie können leicht instabil werden.

Lange bevor man wußte, wie sich Sterne entwickeln, mehrere Jahre, ehe man die Kernreaktionen kannte, die im Innern der Sterne den Wasserstoff in Helium verwandeln, und lange ehe man ahnte, daß man einmal Sterne auf Computern simulieren wird, hatte ein vierundzwanzigjähriger Inder in Cambridge die Gleichungen gelöst, die den Aufbau eines Weißen Zwerges beschreiben. Er wurde 1910 in Lahore geboren, sein Name ist Subrahmanyan Chandrasekhar. Schon als junger Student war er an der Universität von Madras aufgefallen. Damals gewann er mit einem Aufsatz einen Wettbewerb und erhielt als Preis Eddingtons Buch über den inneren Aufbau der Sterne! Vielleicht hat ihn das für den Rest seines Lebens beeinflußt. Er hat bis heute zu vielen Gebieten der Astrophysik wichtige Beiträge geliefert. Er war es, der in der Theorie der Weißen Zwerge gezeigt hat, daß sie nicht aus beliebig viel Materie zusammengesetzt sein können. Ich will dies in Form eines Gedankenexperiments beschreiben.

Denken wir uns, wir wären Lebewesen, die so groß sind, daß sie mit Sternen experimentieren könnten. Es möge für uns keine Schwierigkeit sein, von einem Stern Masse wegzunehmen und sie auf einen anderen zu schütten. Und wir mögen jetzt irgendwo in der Nähe des Siriussystems schweben, wo sich um Sirius A der Weiße Zwerg Sirius B bewegt. Sirius B, aus nahezu einer Sonnenmasse zusammengesetzt, ist klein im Vergleich zur Sonne. Sein Radius ist nur sieben tausendstel ihres Radius. Und nun nehmen wir an, wir hätten einen großen Vorrat an Weißer-Zwerg-Materie und würden die Masse des Weißen Zwerges vergrößern, indem wir diesen Stoff langsam auf seine Oberfläche schütten. Wir beobachten dann, daß er in dem Maße, in dem wir seine Masse vergrößern, schrumpft. Haben wir so viel Materie aufgeschüttet, daß unser Weißer Zwerg jetzt aus 1.33 Sonnenmassen besteht, dann ist sein Radius nur noch vier tausendstel des Radius der Sonne. So vorsichtig wir auch Materie nachfüllen, das Schrumpfen wird mit zunehmender Masse immer stärker. Der Druck im Innern des Weißen Zwerges kann der Schwerkraft immer weniger gut das Gleichgewicht halten. Der Stern zieht sich weiterhin zusammen, aber dann wird, weil die Schwerkraft weiter steigt, alles noch schlimmer. Bei einer Masse vom 1.4fachen der Sonne gewinnt die Schwerkraft endgültig die Oberhand, der Stern ist nicht mehr im Gleichgewicht. Man nennt diese kritische Masse die *Chandrasekhar'sche Grenzmasse*. Haben wir sie überschritten, stürzt das Gebilde innerhalb von Sekunden in sich zusammen. Die Dichte des zunächst noch aus Elektronen und Heliumkernen bestehenden Gases steigt, und bald beginnt ein uns schon bekannter Prozeß: Die Elektronen, die nahe an die Atomkerne herankommen, dringen in sie ein, neutralisieren die Protonen dort zu Neutronen, die Atomkerne zerfallen. Übrig bleiben Neutronen, die nun die in sich zusammenstürzende Materie bilden. Dabei steigt die Geschwindigkeit des Zusammenfallens immer mehr an. Die Neutronen schießen mit großer Geschwindigkeit auf das Zentrum zu. Erst wenn die Materie auf einen Radius von etwa 10 Kilometern geschrumpft ist, wird der Druck des Neutronengases so groß, daß er der Schwerkraft wieder Einhalt gebieten kann. Das Zusammenfallen hört auf, die Materie wird in ihrer Bewegung gestoppt. Die Energie dieser Bewegung wird abgestrahlt, und übrig bleibt ein Körper im Gleichgewicht. Da er hauptsächlich aus Neutronen besteht, ist er ein Neutronenstern.

Das war unser Gedankenexperiment. Wir haben dem Weißen Zwerg künstlich Materie zugeführt, aber ganz so unnatürlich ist das Experiment nicht. Wie wir sahen, bilden sich Weiße Zwerge im Innern von Roten Riesen. Sie bestehen aus Materie, die schon die Fusion des Wasserstoffs und vielleicht auch die des Heliums hinter sich hat. An ihrer Oberfläche wird noch Wasserstoff in Helium umgewandelt. Immer mehr von der außenliegenden unverbrauchten Materie durchläuft die Fusion des Wasserstoffs, wahrscheinlich auch die des Heliums, und wird dem dichten Weißen-Zwerg-Kern des Roten Riesen einverleibt. Der Weiße Zwerg gewinnt an Masse. Ähnlich wie in unserem Gedankenexperiment bekommt er mehr und mehr Materie zugeführt (vgl. Abb. 11-1 rechts). Was geschieht nun, wenn er mehr als 1.4 Sonnenmassen hat, wenn er die Chandrasekharsche Grenzmasse erreicht, wenn er zu schrumpfen beginnt und in einen Neutronenstern zusammenfällt?

Manche Forscher glauben, daß es hierbei gar nicht zum Neutronenstern kommt. Es könnte sich nämlich vorher eine Kohlenstoffexplosion ereignen. Darüber weiß man vorläufig nur sehr wenig. Gesetzt, der Weiße-Zwerg-Kern unseres Sterns besteht hauptsächlich aus Kohlenstoff. Dieser wird wahrscheinlich noch vor dem Zusammenfallen zünden und in einer Explosion den ganzen Stern zerreißen, noch ehe sich ein Neutronenstern gebildet hat.

Bei dieser Supernova fände man in der Explosionswolke keinen Neutronenstern. Keine Pulsarsignale kämen aus der Wolke zu uns. In der Tat hat man weder am Ort der Supernova von Tycho de Brahe noch an dem der Keplerschen einen Pulsar finden können, obwohl beide Wolken jünger als der Krebs-Nebel sind. Das um die Erde kreisende Einstein-Observatorium hat in der Kassiopeia den Überrest einer Supernova vermessen, die hinter absorbierenden Staubwolken und daher von der Menschheit unbemerkt erst vor 300 Jahren ausgebrochen ist. In der Wolke scheint kein Neutronenstern zu stehen. Ob dort wohl ein Stern an einer Kohlenstoffdetonation zugrunde gegangen ist?

Enden alle masseärmeren Sterne in einer Kohlenstoffexplosion? Niemand weiß es heute genau. Es wäre auch denkbar, daß der Kohlenstoff nach dem Zünden verhältnismäßig harmlos abbrennt, ohne den Stern zu zerreißen. Dann würde der Weiße Zwerg im Sternzentrum immer mehr Masse gewinnen, bis er seine Grenzmasse erreicht und wie in unserem Gedankenexperiment in einen Neutronenstern zusammenstürzt. Wie im Fall der Eisenkatastrophe würde die dabei freiwerdende Energie bei weitem ausreichen, um uns das gewaltige Schauspiel einer Supernova-Explosion zu bescheren. Vielleicht brachte genau dieser Vorgang die chinesische Supernova von 1054 hervor, die den Krebs-Nebel entstehen ließ. Vielleicht ist dies ihre Geschichte:

Es war einmal ein Stern von fünf Sonnenmassen, der brannte in seinem Zentrum Wasserstoff, und nach dem Erschöpfen des Kernbrennstoffes im Innern verwandelte er sich in einen Roten Riesen. In seiner Mitte entzündete sich das Helium und erschöpfte sich, und er bekam einen Kohlenstoffkern. Sein Inneres war eine Heliumkugel, in die eine Kohlenstoffkugel eingebettet war, und die Materie war dort so dicht wie in einem Weißen Zwerg. An der Oberfläche der Heliumkugel verbrannte Wasserstoff zu Helium, und an der Grenze zwischen Helium und Kohlenstoff verbrannte Helium zu Kohlenstoff. Die Masse dieses Kerns, der eigentlich ein Weißer Zwerg war, wuchs dabei immer mehr, und gleichzeitig schrumpfte die Kugel im Zentrum des Roten Riesen, und als sie im Jahre 1054 etwa 1.4 Sonnenmassen hatte, fiel sie in sich zusammen. Auch das Brennen des Kohlenstoffs konnte dem nicht mehr Einhalt gebieten. Gewaltige Energiemengen setzten sich frei, und in einer Explosion flog die Hülle davon. Sie steht noch heute als Krebs-Nebel am Himmel. Der Weiße Zwerg aber hatte sich innerhalb einer Minute in einen Neutronenstern verwandelt, der noch heute die Signale des Krebs-Pulsars aussendet.

Welche der drei Möglichkeiten verursacht nun wirklich die Supernova-Explosion? Ist es der sich im Innern des Sterns bildende Eisenkern, der in einer Implosion in sich zusammenfällt; oder ist es der Weiße Zwerg, der wie eine Krebsgeschwulst immer mehr Materie des Sterns in sich aufnimmt, bis er seine kritische Masse überschreitet und ebenfalls in einer Implosion in sich zusammenrutscht; oder ist es die Kohlenstoffdetonation, die den Stern zerreißt, noch ehe sich aus dem Weißen Zwerg ein Neutronenstern bilden konnte?

In anderen Galaxien sieht man zwei Arten von Supernovae. Sie unterscheiden sich im Lichtausbruch. Vielleicht können alle der oben diskutierten Mechanismen wirken. Vielleicht gehen massereichere Sterne wegen ihres Eisenkerns, Sterne zwischen 10 und 1.4 Sonnenmassen wegen des in ihrem Innern wuchernden Weißen Zwergs zugrunde – sei es durch die Kohlenstoffdetonation, sei es bei der Bildung eines Neutronensterns.

Nur Sterne von weniger als 1.4 Sonnenmassen und solche, die sich durch Sternwind oder durch Abblasen eines Planetarischen Nebels rechtzeitig von überflüssiger Masse befreit haben, sehen einem ruhigen Ende entgegen. Sie werden Weiße Zwerge, in denen keine Kernreaktionen mehr ablaufen und die ihr stabiles Gleichgewicht behalten.

Ein Gedankenexperiment mit einem Neutronenstern

Aber auch Neutronensterne haben ihr Problem mit dem Gleichgewicht. Machen wir wieder ein Gedankenexperiment. Nehmen wir den Krebs-Pulsar, der vielleicht aus einer Sonnenmasse Neutronenmaterie besteht, und nehmen wir an, wir könnten in einem Weltraumexperiment die Masse des Neutronensterns vergrößern, indem wir vorsichtig Neutronenmaterie auf seine Oberfläche schütten. Wiederum würde dann der Radius des Sterns mit zunehmender Masse schrumpfen – wieder ein Zeichen, daß die Schwerkraft immer mehr die Oberhand über den Druck gewinnt. Wenn dann dieses angereicherte Gebilde die Masse von etwa zwei Sonnenmassen erreicht, stürzt es weiter in sich zusammen. Dies geht in winzigen Bruchteilen einer Sekunde vor sich. Gibt es noch einmal die Möglichkeit, dem Einhalt zu gebieten? Kann sich die Materie in eine neue Art von Stoff verwandeln, dessen Druck wieder ausreicht, um der Schwerkraft das Gleichgewicht zu halten, so wie sich die Weiße-Zwerg-Materie in Neutronenmaterie umgewandelt hat, wodurch noch einmal ein Gleichgewicht entstand? Die Physiker sind heute der Meinung, daß nichts mehr die zusammenfallende Neutronenmaterie retten kann.

Immer wird die Schwerkraft stärker sein, und bald spielt der Druck überhaupt keine Rolle mehr, das Gebilde fällt ewig in sich zusammen. In der Umgebung der zusammenstürzenden Masse wird die Schwerkraft sehr groß; dieses Verhalten der Natur wird durch Albert Einsteins Allgemeine Relativitätstheorie beschrieben. Sie lehrt zum Beispiel, wie die Schwerkraft die Ausbreitung des Lichtes beeinflußt. Auf das Sternenlicht, das, an der Sonne vorbeigehend, auf die Erde kommt, wirkt die Sonne wie eine Linse (vgl. Abb. 11-2). Das Sternfeld, vor dem sie steht, erscheint etwas vergrößert. Aber der Effekt ist sehr klein, hart an der Grenze unserer Meßgenauigkeit und überhaupt nur zu beobachten, wenn die Sonnenscheibe bei einer totalen Sonnenfinsternis durch den Mond abgedeckt ist und die Sterne bei Tage am Himmel erschei-

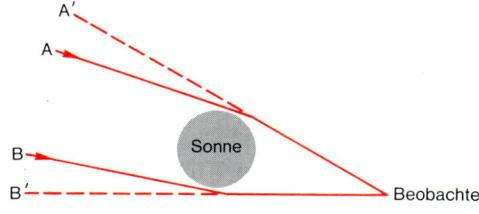

Abb. 11-2. Die Lichtablenkung durch die Schwerkraft der Sonne. Zwei entfernte Fixsterne senden Licht nach allen Richtungen aus. Zwei nahe an der Sonne vorbeigehende Lichtstrahlen A, B sind als durchgezogene rote Linien gezeichnet. Die Schwerkraft der Sonne lenkt das Licht ab. Wenn ein Beobachter auf der Erde die beiden Strahlen beobachtet, scheinen sie ihm aus den durch gestrichelte rote Linien angedeuteten Richtungen A' und B' zu kommen. Es scheint ihm, als ob die Sterne am Himmel jetzt weiter auseinander stehen als zu einer anderen Jahreszeit, zu der die Sonne an einer anderen Stelle des Fixsternhimmels steht und das Licht der von den beiden Sternen zu uns kommenden Strahlen nicht beeinflußt. Die Sonne wirkt durch ihre Schwerkraft wie eine Lupe, die im Laufe eines Jahres über den Himmel zieht und den dahinterstehenden Sternhimmel (soweit er nicht durch die Sonne selbst verdeckt wird) vergrößert. Der Effekt ist sehr klein und nur bei totalen Sonnenfinsternissen zu messen.

Abb. 11-3. Die Ablenkung des Lichtes in der Nachbarschaft eines zusammenstürzenden Neutronensterns. (a) In der Nähe der Sternoberfläche wird das vom Stern ausgesandte Licht gekrümmt. (b) Je kleiner der Radius des Sterns, um so stärker wird die Krümmung, so daß bei (c) ein schräg von der Oberfläche abgehender Lichtstrahl erst in mehreren Spiralwindungen gegen die Schwerkraft ankämpfen muß, bis ihn der Stern freigibt. (d) Der Stern ist jetzt kleiner als sein Schwarzschild-Radius geworden. Jeder von seiner Oberfläche ausgehende Lichtstrahl krümmt sich wieder auf den Stern zurück. Das linke Teilbild von (d) ist gegenüber (c) etwa zweifach vergrößert gezeichnet. Da der Stern sehr klein geworden ist im Vergleich zu den vorangegangenen Phasen, wurde er rechts noch mal vergrößert gezeichnet. Die gestrichelten Kreise stellen Kugeln vom Schwarzschild-Radius dar.

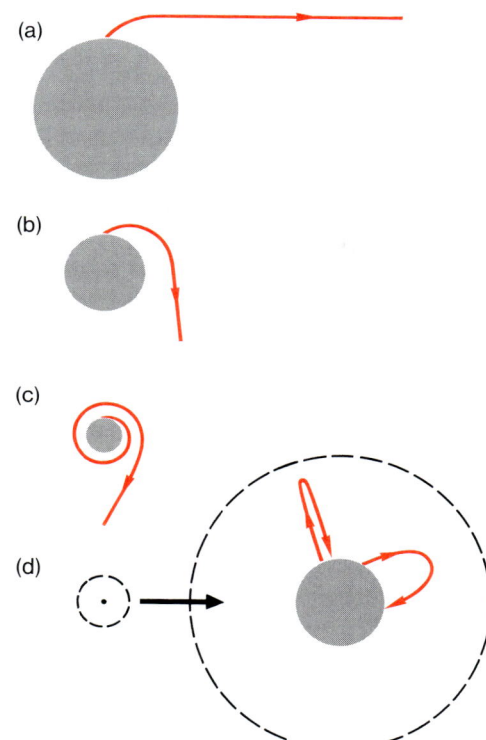

nen. Während der wenigen Minuten, die dieses Naturschauspiel währt, kann man die Krümmung der Lichtstrahlen beim Vorübergehen an der Sonne messen. Man fand, daß das Licht tatsächlich so abgelenkt wird, wie es die Relativitätstheorie voraussagt.

Der Effekt der Ablenkung der Lichtstrahlen durch die Schwerkraft spielt eine wichtige Rolle, wenn die Materie unseres Neutronensterns keinen Halt mehr findet und in sich zusammenfällt. Stellen wir uns vor, wir könnten diesen Vorgang verlangsamt verfolgen. Zuerst ist der Neutronenstern noch im Gleichgewicht. An seiner Oberfläche macht sich aber die Krümmung der Lichtstrahlen schon bemerkbar, da die Schwerkraft sehr groß ist. Ein von seiner Oberfläche schräg nach oben geschickter Lichtstrahl zeigt eine deutliche Krümmung, bis er sich hinreichend weit vom Gebiet der starken Schwerkraft entfernt hat und dann geradlinig weiter durchs Weltall geht (vgl. Abb. 11-3(a)).

217

Wenn nun die Masse des Neutronensterns langsam erhöht wird und das Zusammenstürzen beginnt, weil der Innendruck nicht mehr ausreicht, dann wird die Schwerkraft immer stärker. Bald wird die Krümmung des Lichtes so stark, daß ein horizontal von seiner Oberfläche weggerichteter Strahl den Körper mehrmals umkreist, bevor er ins Weltall entfliehen kann. Immer schwerer wird es für das Licht, gegen die Schwerkraft anzukämpfen, und wenn der zusammenfallende Körper, von dem wir annehmen wollen, daß er jetzt die dreifache Sonnenmasse enthält, den Radius von 8.85 Kilometern erreicht, dann kann überhaupt nichts mehr von seiner Oberfläche nach außen dringen. Jeden Lichtstrahl, der ausgesandt wird, biegt die Schwerkraft so stark, daß er wieder auf den Körper zurückkommt. Die Lichtquanten, die der Körper aussendet, fallen auf ihn zurück wie Steine, die man nach oben geworfen hat. Kein Strahl gibt nun der Außenwelt mehr Kunde vom tragischen Schicksal unseres Sterns. Man nennt solch ein Gebilde ein *Schwarzes Loch.*

Schwarze Löcher

Wir haben gesehen, daß ein Körper, der hinreichend stark zusammengedrückt wird, nach einiger Zeit kein Licht mehr nach außen verliert.Der Radius, bei dem das passiert, wurde zuerst von Karl Schwarzschild berechnet. Schwarzschild war wahrscheinlich der größte Astrophysiker der ersten Hälfte dieses Jahrhunderts. Zu vielen Gebieten der Astrophysik hat er richtungweisende Beiträge geschrieben. Als Einstein seine Gleichungen der Allgemeinen Relativitätstheorie aufgestellt hatte, lieferte Karl Schwarzschild kurz vor seinem Tod die erste exakte Lösung. In ihr ist der Effekt des Schwarzen Loches enthalten. Karl Schwarzschild war Direktor der Sternwarten in Göttingen und in Potsdam. Dreiundvierzigjährig starb er 1916 an einem Leiden, das er sich als Soldat im Krieg zugezogen hatte. Auf dem Zentralfriedhof in Göttingen ist sein Grab.

Den Radius, auf den man einen Körper zusammendrücken muß, damit kein Licht mehr von ihm nach außen geht, nennt man den *Schwarzschild-Radius.* Für die Sonne beträgt er etwa drei Kilometer. Würde man die Sonne auf eine Kugel dieses Radius oder noch weiter zusammendrücken, würde kein Licht mehr von ihr nach außen dringen können. Für jeden Körper kann man dessen Schwarzschild-Radius berechnen. Je kleiner die Masse ist, um so kleiner ist dieser Radius. Für die Materiemenge, aus der ein Mensch besteht, ist der Schwarzschild-Radius so klein, daß – drückt man ihn in Zentimetern aus – eine Null vor dem Komma und dann 21 Nullen hinter dem Komma stehen, ehe die ersten von null verschiedenen Ziffern kommen. Drückt man die Masse eines Menschen auf einen so kleinen Radius zusammen, dringt kein Licht von ihm mehr in die Außenwelt.

Wenn sich ein Himmelskörper in einem Schwarzen Loch verliert, ist er keineswegs aus der Welt verschwunden. Seine Schwerkraft macht ihn von außen immer noch erkennbar. Licht, das in seine Nähe kommt, wird von ihm eingefangen; Licht, das in größerer Entfernung an ihm vorbeigeht, wird abgelenkt. Mit seiner Schwerkraft kann er andere Körper an sich binden, kann Planeten um sich halten und kann mit einem anderen Stern in einem Doppelsternsystem gebunden sein.

Bisher war alles Gedankenexperiment. Kommen Schwarze Löcher in der Natur vor? Wir können uns schwer vorstellen, daß so viel Materie auf einen Neutronenstern fällt, daß er sich bei wachsender Masse nicht mehr halten kann. Bei Röntgendoppelsternen fließt die auf den Neutronenstern auftreffende Materie so spärlich, daß sich während der Lebenszeit des spendenden Sterns die Masse des Neutronensterns nicht merklich vergrößert. Aber was wissen wir schon von der Entstehung der Neutronensterne? Doch nur, daß der Krebs-Pulsar das Überbleibsel einer Supernova ist. Und was wissen wir schon vom Supernova-Ausbruch? Kann es nicht sein, daß manchmal nach dem Wegfliegen der Hülle zuviel Masse übrigbleibt, zuviel, um als Neutronenstern ins Gleichgewicht zu kommen, und daß sich dann ein in sich zusammenstürzendes Schwarzes Loch bildet? Einige Röntgendoppelsterne stehen unter starkem Verdacht, daß bei ihnen das kompakte Gebilde, das die Röntgenstrahlung aussendet, kein Neutronenstern ist, sondern ein Schwarzes Loch. Die vom Begleitstern kommende Materie kann sich, bevor sie im Innern des Schwarzen Loches unsichtbar wird, noch stark erhitzen und Röntgenstrahlung aussenden. Aus der mit Hilfe des Dopplereffektes (vgl. Anhang A) erkennbaren Bewegung des sichtbaren Sterns kann man nämlich auf die Masse der Röntgenquelle schließen (vgl. Anhang C). Bei der Quelle Cygnus X-1 glaubt man, daß mehr als drei Sonnenmassen im kompakten Gebilde sind. Das kann kein Neutronenstern mehr sein; ist es ein Schwarzes Loch? Aber die Massenbestimmung ist nicht sehr sicher. Und so hat man bisher keinen eindeutigen Beweis für die Existenz Schwarzer Löcher.

Vorläufig kommen sie in der wissenschaftlichen Literatur, aber auch in der Tagespresse, viel häufiger vor als bisher in der Natur. Es ist heute Mode geworden, bei Dingen, die man auf natürliche Weise nicht erklären kann, ein Schwarzes Loch zu Hilfe zu rufen und es für die verschiedensten bisher noch unverstandenen kosmischen Erscheinungen verantwortlich zu machen. In einer Buchhandlung in London sah ich ein Buch über »Black Holes« eingeordnet in einem Bücherregal über Okkultismus. Der englische Buchhändler hatte offensichtlich ein gutes Einfühlungsvermögen in die Situation der modernen Astrophysik.

Es scheint das Schicksal eines Sterns zu sein, entweder als biederer, sich abkühlender Weißer Zwerg zu enden oder als ein Neutronenstern, der in seiner frühen Zeit Radiopulse aussendet und – wenn aus irgendwelchen Gründen Materie auf ihn regnet – sich als Röntgenstern bemerkbar macht.

Falls am Ende der Entwicklung eines Sterns viel Masse übrigbleibt, zuviel, um einen Weißen Zwerg zu bilden, zuviel, um als Neutronenstern ins Gleichgewicht zu kommen, dann ist es das Schicksal dieses Restgebildes, in einem Schwarzen Loch ewig in sich zusammenzufallen.

Sterne enden als kompakte Gebilde, in denen die Materie für immer zusammenbleibt. Zwar stoßen sie vorher Teile ihrer Masse in den Raum, Materie, die dann zur Bildung von neuen Sternen zur Verfügung steht. Auch die Materie, aus denen unsere Körper aufgebaut sind, hat mit Sicherheit mindestens einmal im Innern eines Sterns gebrodelt. Aber fast immer bleibt ein kompakter Körper zurück, und am Ende wird vielleicht alle Materie der Welt in sich abkühlende Weiße Zwerge, Neutronensterne oder in Schwarze Löcher kondensiert sein, um die erkaltete Planeten lustlos kreisen. Es sieht so aus, als ob das Weltall einer recht langweiligen Zukunft entgegenstrebt.

12. Wie Sterne geboren werden

Wie Sterne sich bilden, wie Sterne vergehn,
das möchten die Fachleute gerne verstehn.
(Kennwort einer bei einem Preisausschreiben der Gesellschaft Deutscher
Naturforscher und Ärzte 1958 eingegangenen und später prämierten Abhandlung)

Wir haben das Leben der Sterne vom Zünden des Wasserstoffs in jungen Jahren bis ins Greisenalter verfolgt. Was aber war vorher? Woher kamen die Sterne, deren Lebensschicksal wir nachgegangen sind? Wie sind sie entstanden und woraus?

Da die Sterne nur eine endliche Lebenslänge haben, müssen sie sich vor endlicher Zeit gebildet haben. Wie können wir etwas über den Vorgang erfahren? Sehen wir irgendwo am Himmel, wie sich Sterne bilden? Sind wir Zeugen ihrer Geburt? Hundertmilliarden von Sternen bilden die flache Scheibe unserer Galaxis; entdecken wir irgendwo einen Hinweis dafür, wie sie entstehen?

Sterne entstehen noch heute

Den Schlüssel gibt uns unser bisheriges Wissen. Wir haben gesehen, daß massereiche Sterne, also solche von 10 Sonnenmassen und mehr, schnell alt werden. Sie gehen leichtsinnig mit ihrem Wasserstoff um und bleiben nicht lange Hauptreihensterne. Wann immer wir also einen massereichen Hauptreihenstern sehen, wissen wir, daß er noch nicht alt sein kann. Wir erkennen ihn an seiner großen Leuchtkraft; wegen seiner hohen Oberflächentemperatur ist sein Licht blau. Blaue, leuchtkräftige Sterne sind also noch jung, kaum älter als eine Million Jahre, und das ist wirklich jung im Vergleich zu den Jahrmilliarden, die unsere Sonne bereits strahlt. Wer also nach Stellen im Weltall suchen will, wo kürzlich Sterne entstanden sind, der lasse sich von hellen, blauen Hauptreihensternen leiten! Wo man sie findet, sind vor kurzem erst Sterne entstanden, ja es mag sein, daß sich dort sogar heute noch Sterne bilden.

Man findet ganze Nester leuchtkräftiger, blauer Sterne am Himmel. Was fällt uns an ihnen auf? Geben sie uns Hinweise, wie Sterne entstehen? Meist sieht man dort zwischen den Sternen starke Gas- und Staubkonzentrationen. Der Orion-Nebel ist ein solcher Platz (vgl. Abb. 12-1). In ihn eingebettet sind helle, blaue Sterne, nicht älter als eine Million Jahre. Im Sternbild des Schützen sind die jungen Sterne hinter einer dicken Staubwolke verborgen. Erst bei Beobachtungen im langwelligen Infrarotlicht gelang es Hans Elsässer und seinen Mitarbeitern von der Deutsch-Spanischen Sternwarte auf dem Calar Alto aus, durch den Staub hindurch zu fotografieren und die neu entstandenen Sterne zu untersuchen.

Wir wissen schon, daß der Raum zwischen den Sternen nicht leer ist. Er ist ausgefüllt von Gas- und Staubmassen. Die Dichte des Gases beträgt etwa ein Wasserstoffatom pro Kubikzentimeter, und die Temperatur liegt in der Gegend von minus 170 Grad Celsius. Der interstellare Staub mit seinen minus 260 Grad Celsius ist wesentlich kühler. Aber dort, wo junge Sterne stehen, ist die interstellare Materie anders. Dunkle Staubwolken verdecken das Licht dahinterstehender Sterne. Gaswolken leuchten, durch benachbarte junge Sterne bei Dichten von Zehntausenden von Atomen im Kubikzentimeter auf Temperaturen bis zu 10 000 Grad erhitzt. Komplizierte Moleküle wie Ameisensäure und Alkohol strahlen in ihren charakteristischen Radiowellenlängen. Die Konzentration der interstellaren Materie an diesen Orten legt den Gedanken nahe, daß sich Sterne aus interstellarem Gas bilden.

Dafür spricht auch eine Überlegung, die auf den englischen Astrophysiker James Jeans – einen Zeitgenossen Eddingtons – zurückgeht. Denken wir uns den Raum erfüllt mit interstellarem Gas. Jedes seiner Atome übt Schwerkraft auf die übrigen aus, das Gas möchte sich zusammenziehen. Meist verhindert der Gasdruck das Zusammenfallen. Wir haben ein ganz ähnliches Gleichgewicht wie im Inneren der Sterne, wo sich ja auch Schwerkraft und Gasdruck die Waage halten. Nehmen wir nun eine bestimmte Menge des interstellaren Gases und drücken sie in Gedanken etwas zusammen. Beim Zusammendrücken nähern sich die Atome einander, die Anziehung wächst. Es steigt aber auch der Gasdruck an, meist stärker als die Schwerkraft, und das von uns zusammengedrückte Gas wird wieder ausgedehnt und in die alte Lage zurückgebracht. Man sagt: Das interstellare Gas ist *stabil*. Nun hat Jeans gefunden, daß es mit dieser Stabilität nicht weit her ist. Wenn man nur genügend viel Materie gleichzeitig zusammendrückt, dann wächst die Schwerkraft schneller als der Gasdruck, und die Wolke rutscht weiter in sich zusammen. Wenn also überhaupt, dann verdichtet sich, durch die eigene Gravitation getrieben, sehr viel Materie auf einmal. Etwa 10 000 Sonnenmassen interstellaren Mediums werden gleichzeitig *instabil*. Vielleicht ist das der Grund, weswegen wir junge Sterne immer nur in Gruppen beobachten. Sie werden eben immer gleich in großen Würfen geboren. Während 10 000 Sonnenmassen interstellaren Gases und Staubes mit immer größer werdender Geschwindigkeit in sich zusammenfallen, bilden sich wahrscheinlich im Gas Teilwolken, die sich wiederum einzeln verdichten. Aus jeder Einzelwolke wird später ein Stern.

Sterngeburt im Computer

Wie das vor sich geht, hat im Jahre 1969 ein junger kanadischer Astrophysiker, Richard B. Larson in seiner Doktorarbeit am California Institute of Technology beschrieben. Seine Dissertation wurde zu einem Standardwerk der modernen astrophysikalischen Literatur. Larson untersuchte die Bildung eines einzelnen Sterns aus interstellarer Materie. Seine Rechnungen sind die detaillierte Betrachtung des Schicksals einer Einzelwolke.

Larson dachte sich eine kugelförmige Wolke von genau einer Sonnenmasse und verfolgte ihre Zukunft mit einem Rechenmaschinenprogramm, welches das Zusammenstürzen einer Gaswolke nachvollzog – so gut, wie es damals möglich war. Er ging nicht vom interstellaren Medium aus, sondern von einer bereits verdichteten Teilwolke, von einem Fragment des größeren Kollapsvorganges also. Dementsprechend ist die Wolke auch schon stärker verdichtet als das interstellare Medium: 60 000 Wasserstoffatome sind bereits im Kubikzentimeter. Der Durchmesser der Larsonschen Ausgangswolke ist etwa fünfmillionenmal so groß wie der der Sonne, die sich später aus dieser Materie bilden wird. Alles, was nun folgt, läuft in einer astrophysikalisch sehr kurzen Zeit ab, nämlich in 500 000 Jahren.

Das Gas ist am Anfang durchsichtig: Jedes Staubteilchen strahlt in jedem Augenblick Licht und Wärme ab, und diese Strahlung wird nicht etwa durch das umgebende Gas zurückgehalten, sie geht vielmehr ungehindert in den Raum hinaus. Mit diesem durchsichtigen Anfangsmodell beginnend, liegt die Zukunft der Gaskugel fest. Das Gas fällt im freien Fall auf die Mitte zu; dementsprechend sammelt sich im Zentralgebiet Materie an. Aus der anfangs homogenen Masse bildet sich eine Gaskugel, deren Dichte nach innen immer mehr ansteigt (vgl. Abb. 12-2). Dadurch wird die Schwerebeschleunigung in der Nähe des Zentrums immer größer, die Geschwindigkeit der Materie wächst vor allem im inneren Bereich weiter an. Zu Beginn war fast aller Wasserstoff zu Wasserstoffmolekülen vereinigt: Je zwei Wasserstoffatome halten einander fest und bilden zusammen ein Molekül. Die niedrige Temperatur des Gases steigt anfangs kaum an. Es ist eben immer noch so dünn, daß alle Strahlung nach außen dringt und sich die zusammenstürzende Gaskugel nicht merklich erhitzt. Erst nach einigen hunderttausend Jahren ist im Zentralgebiet die Dichte so groß geworden, daß dort das Gas gegen die Strahlung, die bisher die Wärme abgeführt hat, undurchsichtig wird. Dadurch erhitzt sich im Innern unserer großen Gaskugel ein Kern, dessen Durchmesser 1/250 des ursprünglichen, noch immer von fallender Materie ausgefüllten Raumgebietes ausmacht. Mit der Temperatur steigt nun der Druck, der schließlich das Zusammenfallen stoppt. Der Radius des verdichteten Gebietes ist nahezu der der Jupiter-Bahn, aber er enthält nur ein halbes Prozent aller bei dem ganzen Kollaps beteiligten Masse. Ständig fällt Materie auf den kleinen Kern im Inneren. Sie bringt Energie mit, die sie beim Auftreffen abstrahlt. Der Kern aber zieht sich gleichzeitig zusammen und wird dabei immer heißer.

Das geht so lange gut, bis eine Temperatur von etwa 2 000 Grad erreicht ist. Dann beginnen die Wasserstoffmoleküle zu zerbrechen; sie verwandeln sich zurück in Atome. Dieser Vorgang hat eine wichtige Konsequenz für den Kern. Er fällt von neuem in sich

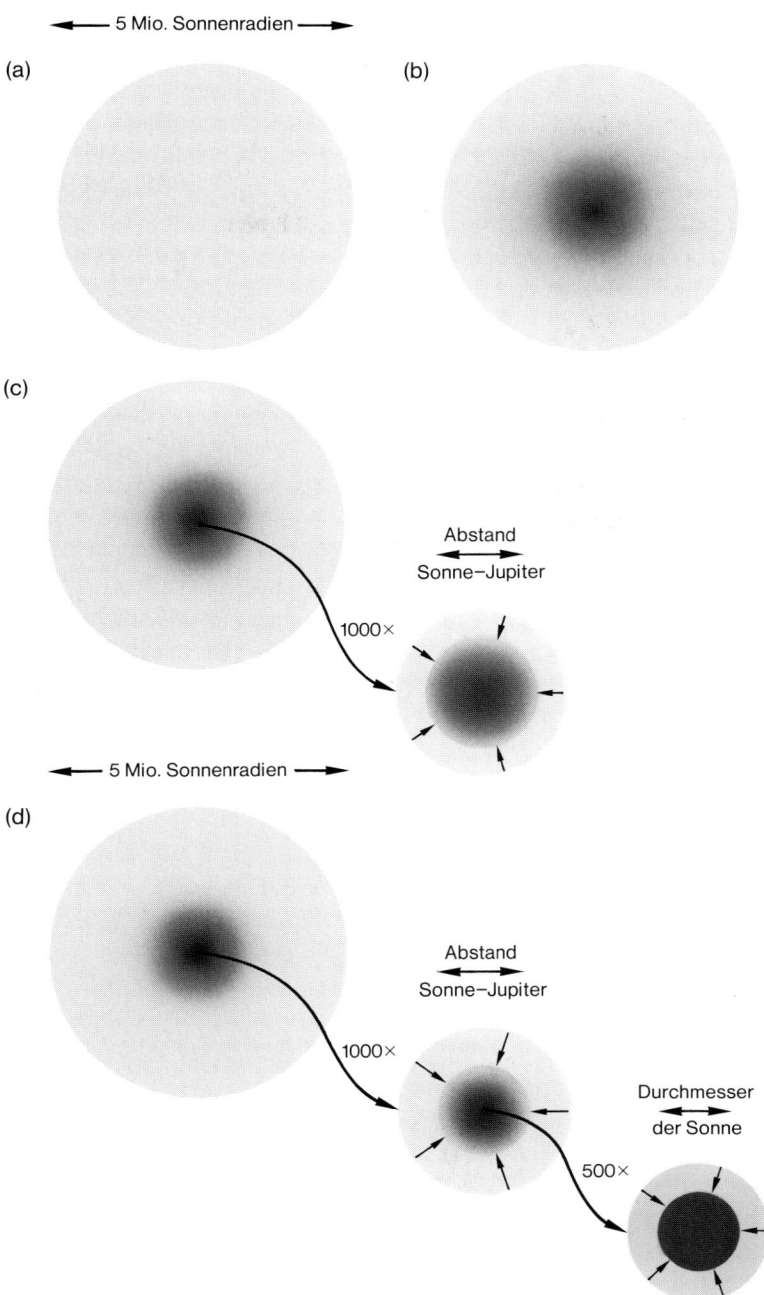

zusammen, so lange, bis die beim Zusammenstürzen freiwerdende Energie allen Wasserstoff in Atome zurückverwandelt hat. Der neu entstehende Kern ist nur noch wenig größer, als die Sonne heute ist. Auf diesen zentralen Kern wird letztlich die gesamte außen noch nachfallende Masse stürzen, aus ihm wird sich ein Stern von einer Sonnenmasse bilden. Praktisch ist von jetzt an nur noch dieser Kern wichtig.

Da er sich allmählich zum Stern wandelt, nennt man ihn einen »Protostern«. Seine Abstrahlung deckt er hauptsächlich durch die auf ihn regnende Materie. Dichte und Temperatur steigen an, die Atome verlieren ihre Elektronenhüllen; man sagt, sie werden ionisiert. Noch kann man von außen verhältnismäßig wenig sehen. Er ist von der dichten Hülle der auf ihn fallenden Gas- und Staubmassen umgeben, die keine sichtbare Strahlung nach außen dringen lassen. Der Protostern beleuchtet die Hülle von innen. Erst wenn sich immer mehr von der nachfallenden Materie mit dem Kern vereinigt hat, wird die Hülle durchsichtig, und der Stern bricht im sichtbaren Licht hervor. Und während der Rest der Wolke auf ihn regnet, verdichtet er sich und erhöht dadurch seine Innentemperatur, bis in seinem Zentrum 10 Millionen Grad erreicht sind und der Wasserstoff zündet. Dann ist aus der zusammenfallenden Wolke von einer Sonnenmasse ein ganz normaler Hauptreihenstern geworden: die Ursonne, und von hier an geht die Geschichte so weiter, wie wir sie am Anfang des Buches beschrieben haben.

Gegen Ende der Protostern-Zeit, noch ehe der Stern die Haupt-

Abb. 12-2. Larsons Modell von der Entstehung der Sonne. (a) Eine Wolke interstellaren Gases beginnt in sich zusammenzufallen. Anfangs ist die Dichte in ihrem Innern noch überall dieselbe. (b) Nach 390000 Jahren hat sich im Zentrum der Wolke die Dichte verhundertfacht. (c) 423000 Jahre nach dem Beginn des Vorganges entsteht im Innern der Verdichtung ein heißer Kern, der vorerst nicht weiter in sich zusammenfällt. Er ist in der Zeichnung vergrößert herausgezeichnet. Seine Dichte ist zehn Millionen mal größer als die Anfangsdichte. Die Hauptmasse ist aber nach wie vor in der ihn umgebenden zusammenfallenden Wolke. (d) Kurze Zeit danach, wenn sich im Kern die Wasserstoffmoleküle in Einzelatome auflösen, fällt der Kern noch einmal in sich zusammen und bildet einen neuen Kern, der (in der Abbildung zweimal herausvergrößert) schon in etwa die Größe der Sonne hat. Obwohl er vorläufig nur wenig Masse besitzt, wird im Laufe der Zeit alle Materie der Wolke auf ihn fallen. Der Kern wird dann in seinem Zentralgebiet so heiß werden, daß in ihm der Wasserstoff zündet und ein Hauptreihenstern von einer Sonnenmasse entsteht.

reihe erreicht hat, wird in seinem Inneren die Energie über weite Regionen durch Konvektion transportiert. Die Sonnenmaterie wird – ehe sie als Ursonne auf der Hauptreihe landet – noch einmal kräftig durchmischt. Damit löst sich nun endlich das Lithium-Problem der Sonne, von dem in Kapitel 5 die Rede war. Die Atome dieses leicht zerstörbaren Elements werden nach innen, in heißere Gebiete, gebracht, wo sie in der in Abbildung 5-3 wiedergegebenen Reaktion, noch ehe der Stern zum Hauptreihenstern geworden ist, in Heliumatome umgewandelt werden.

Sterngeburt in der Natur

Soweit Larsons Rechnungen, durchgeführt mit all den Idealisierungen, die man anbringen muß, um die Aufgabe auf der Rechenmaschine zu lösen. Ist der hier beschriebene Vorgang aber wahr? Läuft er nicht nur in der Rechenmaschine ab, sondern auch wirklich in der Natur? Also zurück zu den Stellen am Himmel, wo noch Sterne entstehen, zurück zu den hellen, blauen, also jungen Sternen! Suchen wir dort nach Spuren der Sternentstehung, suchen wir nach Objekten, wie sie nach Larsons Rechnungen zu erwarten sind!

Helle, blaue Sterne sind sehr heiß, ihre Oberflächentemperaturen liegen bei 35 000 Grad. Dementsprechend hat die von ihnen ausgesandte Strahlung sehr hohe Energie. Ihre Lichtquanten können den Wasserstoffatomen des interstellaren Mediums das Elektron entreißen, so daß der positive Atomkern allein zurückbleibt. Der Wasserstoff wird ionisiert. Helle, massereiche Sterne ionisieren die umgebenden Gasmassen. Diese Bereiche in unserer Galaxis fallen uns durch das Leuchten auf, das entsteht, wenn sich die ionisierten Wasserstoffatome ihre Elektronen zurückholen und dabei Licht aussenden. Die Gebiete ionisierten Wasserstoffs fallen also durch ihr Leuchten auf. Ihre Wärmestrahlung läßt sich auch im Radiobereich messen.

Die Radiomessungen haben den Vorteil, daß sie nicht durch absorbierende Staubmassen verfälscht sind. Das schönste Beispiel für eine Stelle am Himmel, an der helle, massereiche Sterne die interstellare Materie zum Leuchten anregen, ist wieder der Orion-

Nebel (vgl. Abb. 12-1). Gibt es dort Gebilde, die irgend etwas mit den von Larson gerechneten Vorgängen zu tun haben? Wonach müßte man suchen? Für einen Großteil der Zeit ist der Protostern durch seine Staubhülle verdeckt, die langsam auf ihn herabregnet. Der Staub der Hülle absorbiert die Strahlung des Kerns, er erhält also Energie, erwärmt sich dabei um mehrere hundert Grad und strahlt entsprechend dieser Temperatur. Diese Wärmestrahlung müßte man im Infrarotbereich finden.

Im Jahre 1967 entdeckten Eric Becklin und Gerry Neugebauer vom California Institute of Technology in Pasadena einen infraroten Stern im Orion-Nebel, dessen Leuchtkraft etwa 1000 Sonnenleuchtkräften entspricht und dessen Strahlungstemperatur 700 Grad beträgt. Der Durchmesser des Gebildes dürfte bei einigen 1000 Sonnendurchmessern liegen. Das wäre genau der Anblick der Gas-Staub-Hülle eines Protosterns. In letzter Zeit wurde immer deutlicher, daß in den Gebieten unserer Milchstraße, in denen man auch heute noch Sternbildung erwartet, kompakte Strahlungsquellen nicht nur im infraroten, sondern auch im Radiobereich stehen. So fanden der Bonner Radioastronom Peter Mezger und seine Mitarbeiter im Orion-Nebel Stellen hoher Wasserstoffdichte. Sie senden besonders starke Radiostrahlung aus. In ihnen ist die Zahl der freien, vom Wasserstoffatom abgetrennten Elektronen im Kubikzentimeter etwa hundertmal größer als im umgebenden Orion-Nebel. Die Gebilde sind im Vergleich zu den Dimensionen der ganzen Orion-Region sehr klein. Man schätzt ihre Größe auf etwa 500 000 Sonnendurchmesser, etwa viermal kleiner als die Larsonsche Wolke, die auf den Kern seines Modells regnet.

Man findet weiter in der Region des Orion-Nebels Gebiete kleinen Durchmessers, aus denen Strahlung von Molekülen, im besonderen Strahlung des Wassermoleküls, kommt. Die Moleküle strahlen im Radiogebiet und können im Radioteleskop wahrgenommen werden. Wiederum stehen sie in kleinen, kompakten Raumgebieten von sogar nur etwa 1000 Sonnendurchmessern. Beachten wir, daß die Larsonsche Wolke ursprünglich einen Durchmesser von einigen Millionen Sonnenradien hatte! Die Radiostrahlung der Moleküle muß aus dem Kerngebiet stammen.

Man sollte jedoch bei diesen Interpretationen vorsichtig sein. Sicher ist nur, daß man in der Region des Orion-Nebels Objekte

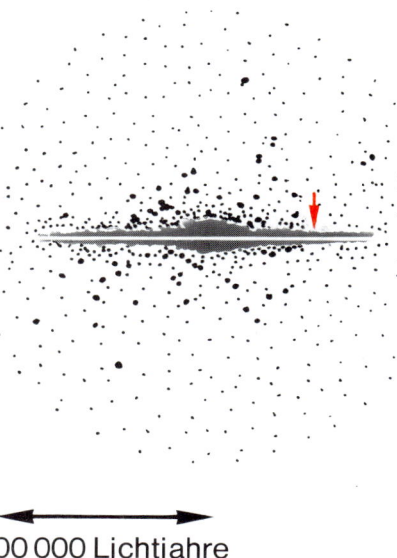

Abb. 12-3. Der schematische Aufbau unseres Milchstraßensystems. Die meisten Sterne sind in einer flachen Scheibe, die man im Bild von der Seite sieht. Der Pfeil gibt den Ort der Sonne, der helle Mittelstreifen stellt die absorbierenden Staubmassen dar. Die Kugelsternhaufen (dicke Punkte) und sehr alte Sterne (im Bild als dünne Punkte gezeichnet) bilden den Halo der Milchstraße. Die Halo-Sterne sind vor langer Zeit entstanden. Heute entstehen Sterne nur noch in unmittelbarer Nähe der von den Staubmassen eingehüllten Mittelebene.

100 000 Lichtjahre

beobachtet, bei denen es sich – obwohl sie im Sichtbaren nicht auffallen – um sehr stark konzentrierte Ansammlungen von Gas und Staub handelt, gerade so, wie man sie bei den Larsonschen Wolken erwarten müßte.

Es spricht aber noch mehr dafür, daß die konzentrierten Radio- und Infrarotquellen wirklich Protosterne sind. An unserem Institut hat kürzlich eine Gruppe um den österreichischen Astronomen Werner Tscharnuter die Larsonschen Rechnungen mit verbesserten Methoden wiederholt. Die Wissenschaftler haben auch den Strahlungsverlauf im Infraroten mitberechnet. Die Übereinstimmung mit der Beobachtung war verblüffend. Es sieht so aus, als ob man wirklich die Protosterne beobachtet, die uns der Computer simuliert.

Da wir der Sternentstehung so dicht auf der Spur sind, kann man fragen, ob sich auf diese Weise die Entstehung aller hundert Milliarden Sterne unserer Galaxis erklären läßt. In Abbildung 12-3 ist schematisch der Aufbau unseres Sternsystems dargestellt. Nicht alle Sterne stehen in der Scheibe, die ältesten findet man in einem nahezu kugelförmigen Raumbereich; man nennt ihn den *Halo*. Die Halosterne sind alt, wie man aus den HR-Diagrammen der dort stehenden Kugelsternhaufen entnimmt. Im Vergleich zur chemischen Zusammensetzung der Sonne sind sie ärmer an Elementen, die schwerer sind als Helium. Oft haben sie über zehnmal weniger. Alle jüngeren Sterne stehen in der Scheibe und haben mehr schwerere Elemente in ihrer Materie. Obwohl auch dort nur wenige Prozent zu den Elementen, die schwerer als Helium sind, gehören, liefern sie uns doch wichtige Spuren für die Entschlüsselung der Geschichte unserer Milchstraße. Wasserstoff und Helium sind nämlich schon seit dem Anfang der Welt da. Sie sind sozusagen gottgegeben. Die schwereren Elemente dagegen müssen später entstanden sein, in Sternen und bei Supernova-Explosionen. Die chemischen Unterschiede zwischen Halo- und Scheibensternen haben also mit Kernreaktionen in Sternen zu tun.

Man glaubt heute die Gesetzmäßigkeiten des Baus unserer Milchstraße zu verstehen. Wir müssen dazu kurz ein Kapitel Physik aus unserer Schulzeit wiederholen.

Drehimpuls und zusammenfallende Wolken

Die Beschreibung der physikalischen Welt wird ganz wesentlich vereinfacht durch eine Anzahl von »Erhaltungssätzen«. Man macht im Leben immer wieder Gebrauch von ihnen, ohne sich ihrer genauer bewußt zu sein. Wir haben den Satz von der Erhaltung der Masse aus der Schule in Erinnerung und den von der Erhaltung der Energie. Beide wenden wir täglich an. Daß auch der Drehimpuls eines rotierenden, sich selbst überlassenen Körpers nicht einfach verschwinden kann, ist uns weniger bewußt. Dabei kennen wir alle ein schönes Anwendungsbeispiel. Wenn eine Eiskunstläuferin ihre Pirouette dreht, rotiert sie zuerst langsam mit ausgestreckten Armen. Wenn sie dann die Arme anwinkelt, dreht sie sich ohne äußeres Zutun schneller. Das kommt von der Erhaltung des Drehimpulses. Klarer, wenn auch weniger anmutig, wird das, wenn wir statt der Eistänzerin eine rotierende Wolke betrachten. Sie möge sich in zehn Millionen Jahren einmal um sich selbst drehen. Wenn sie dann in sich zusammenfällt – sagen wir auf ein Zehntel ihres ursprünglichen Durchmessers –, dann rotiert sie hundertmal schneller, vollführt also schon alle hunderttausend

Jahre eine Umdrehung. Wenn sie noch kleiner wird, rotiert sie noch schneller. Grob kann man sagen: Die Zahl der Umdrehungen pro Zeiteinheit mal der Oberfläche der (genähert als kugelförmig angenommenen) Wolke ergibt während des Kollaps immer dieselbe Zahl. Wird die Wolke also kleiner, dreht sie sich schneller.

Dabei wird aber die Fliehkraft immer stärker, sie wirkt am Äquator der rotierenden Wolke gegen die Schwerkraft: Die zusammenfallende Wolke plattet sich ab. Das hat Folgen für die Entstehung einzelner Sterne; es hat aber auch mit der Entstehung unserer Milchstraße zu tun.

Der Geschichte unserer Milchstraße auf der Spur

Wir wissen nicht, woher sie kommt. Irgendwann muß sich aus der am Anfang der Welt entstandenen und seither auseinanderfliegenden Materie eine Teilwolke von etwa hundert Milliarden Sonnenmassen herausgebildet und verdichtet haben. Wie alle Materie, so hatte auch dieses Gas, das sich aus der turbulent bewegten Masse herausschälte, Rotationsbewegung mitbekommen. Langsam fiel es zusammen, wurde dicht genug, daß sich aus ihm Teilwolken ausbilden konnten, die sich in kleinere, sich weiter verdichtende Gaswolken aufspalteten. Die ersten Sterne entstanden. Noch waren sie allein aus Wasserstoff und Helium aufgebaut, brannten ihren Wasserstoff nach der Proton-Proton-Kette ab. Aber schon bald waren die massereichsten unter ihnen mit ihrem Kernvorrat am Ende und zerbarsten in Supernovae. Sie reicherten nunmehr die Gasmassen mit Elementen, schwerer als Helium, an. Dies alles geschah, als die gesamte galaktische Wolke noch nahezu kugelförmig war (vgl. Abb. 12-4(a)). Deshalb finden wir die ältesten Sterne und sehr alte Sternhaufen unserer Galaxis im Halo. Die Sterne im Halo sind zuerst entstanden, lange bevor unsere Milchstraße eine Scheibe war, lange bevor die Sonne kam. In ihnen sind die schwereren Elemente noch in recht geringer Beimengung. Sie entstanden aus Materie, noch wenig angereichert mit Atomen, die schon einmal in anderen Sternen an Kernreaktionen teilgenommen hatten.

(a)

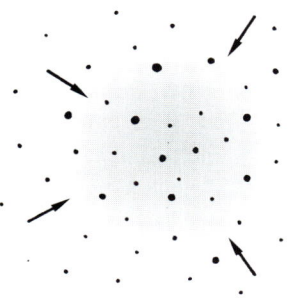

Abb. 12-4. Das Schema der Entstehung unseres Milchstraßensystems. Vor etwa 10 Milliarden Jahren löste sich aus der Urmaterie der Welt eine Teilwolke heraus, die durch ihre eigene Schwerkraft in sich zusammenfiel. Mit zunehmender Dichte bildeten sich die ersten Sterne (Punkte) und die Kugelsternhaufen (dikke Punkte (a)). Sie erfüllen noch heute das kugelförmige Raumgebiet, in dem sie entstanden sind, und beschreiben Bahnen um das Zentrum von der Art, wie sie in (b) rot eingezeichnet ist. Die massereicheren Sterne durchlaufen ihre Entwicklung schnell und geben mit schwereren Elementen angereicherte Materie an das Gas zurück, in dem sich nun neue, mit schwereren Elementen angereicherte Sterne bilden können. Mit zunehmender Verdichtung des Gases macht sich die Rotation bemerkbar, das Gas bildet eine Scheibe. Dort entstehen weiter Sterne, bis zum heutigen Tag (c). Dieses Schema erklärt den räumlichen Aufbau unseres Systems und den chemischen Unterschied zwischen Halo-Objekten und den Sternen der Scheibe.

(b)

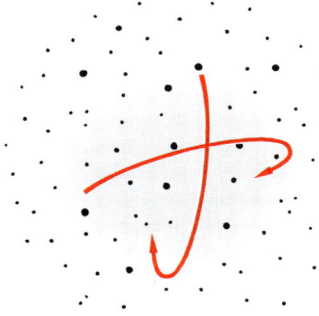

(c)

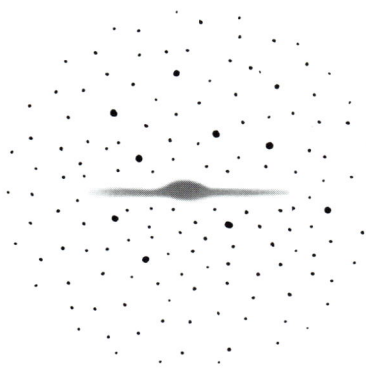

Aber die Entwicklung ging weiter. Ständig reicherte sich das interstellare Gas mit höheren Elementen an. Es schlug sich an von entwickelten Sternen abgeblasenen Kondensationskernen nieder und bildete Staubkörner. Bald machte sich die Drehbewegung bemerkbar. Die sich weiter verdichtenden Gas-Staub-Massen wurden mehr und mehr zu einem flachen Gebilde – die bereits entstandenen Sterne und Sternhaufen in dem kugelförmigen Halo zurücklassend (vgl. Abb. 12-4(b)). Neue Sterne bildeten sich nur noch in einer flacher und flacher werdenden Linse aus immer mehr an schwereren Elementen angereicherter Materie. Das meiste Gas war aufgebraucht, als die letzten Sterne schließlich in einer Scheibe entstanden. Die erste Phase der Sternentstehung war vorüber.

Dieses Bild erklärt die wesentlichen Eigenschaften unserer Galaxis: Die ältesten Sterne findet man im kugelsymmetrischen Halo, arm an schwereren Elementen. Die jüngsten Sterne entstehen heute in einer dünnen Scheibe, denn nur dort ist noch Gas vorhanden.

Der von der Wolke, aus der unsere Galaxis wurde, mitgebrachte Drehimpuls ist schuld daran, daß unser Sternsystem eine Scheibe ist. Damit ist er auch dafür verantwortlich, daß wir am Himmel das Band der Milchstraße sehen.

Wer löst die Sternbildung aus?

Was veranlaßt die interstellare Materie heute, an gewissen Stellen in unserer Milchstraßenscheibe zu kondensieren und Sterne zu bilden? Warum gibt es an anderen Stellen in unserem System keine Sternbildung? Aus der Ferne des Weltraumes gesehen, sähe unsere Milchstraße wie der Andromeda-Nebel aus: eine flache Scheibe mit deutlicher Spiralstruktur (vgl. Abb. 0-1). Andere Sternsysteme zeigen die Spiralstruktur sehr viel deutlicher (vgl. Abb. 0-4). Die Spiralarme heben sich aus den Bildern ferner Sternsysteme deshalb heraus, weil in ihnen ionisierter Wasserstoff zum Leuchten angeregt wird. Wasserstoff wird aber, wie wir vom Orion-Nebel wissen, von hellen, massereichen Hauptreihensternen ionisiert. So sind die Spiralarme die Orte, an denen junge Sterne stehen, Orte also, an denen gerade Sterne entstanden sind. Auch in unserer Milchstraße reihen sich die jungen Sterne längs der Spiralarme aneinander.

Mit Hilfe von radioastronomischen Untersuchungen kann man andererseits die Verteilung des interstellaren Gases in unserer Milchstraße sehr genau untersuchen, und man findet, daß längs der Spiralarme das Gas dichter ist als im Rest der Scheibe. Fazit: Spiralarme sind Orte höherer Gasdichte, sie sind aber auch die Orte, an denen junge Sterne stehen. Frage: Woher kommt die Spiralstruktur, die Galaxien wie sich drehende Feuerräder erscheinen läßt?

Die Spiralarme haben lange Zeit dem Verständnis besondere Schwierigkeiten bereitet. Auch heute ist ihre Erscheinung noch nicht restlos aufgeklärt. Sternsysteme rotieren. Ihre Rotationsgeschwindigkeit kann man messen (vgl. Anhang A), und man weiß, daß sie sich nicht wie starre Körper drehen. Die Rotationsgeschwindigkeit fällt nach außen ab, die inneren Teile der Galaxien vollenden ihren Umlauf schneller.

Auf den ersten Blick scheint es kein Wunder zu sein, daß man in den Galaxien Spiralstrukturen erkennt. Auch ein Kaffee-Milch-Gemisch in der Tasse zeigt beim Umrühren spiralige Strukturen, weil die Flüssigkeit in verschiedenen Abständen von der Mitte verschieden rasch rotiert. So würde man erwarten, daß jede anfängliche Struktur einer Galaxie durch die unterschiedlichen Umlaufgeschwindigkeiten nach einiger Zeit spiralartig wird.

Carl Friedrich von Weizsäcker sagte einmal, daß die Milchstraße heute Spiralen zeigen müßte, selbst wenn sie anfangs wie eine Kuh ausgesehen hätte. Wir sind vor Jahren in Göttingen von Weizsäckers galaktischer Kuh nachgegangen; Alfred Behr, der bis vor kurzem in Hamburg lehrte, hat uns geholfen. Das Ergebnis ist in Abbildung 12-5 dargestellt. Noch ehe das Gros der Sterne auch nur einen Umlauf um das Zentrum beendet hatte, wurde aus der Kuh-Galaxie die wunderschönste Spiralgalaxie. Leider hat die Sache einen Haken.

Um aus der willkürlichen Anfangsstruktur die Spiralform zu bilden, braucht es weniger als hundert Millionen Jahre. Unser Milchstraßensystem ist aber hundertmal so alt. Die ursprüngliche Struktur müßte sich inzwischen noch sehr viel weiter aufgewickelt ha-

Abb. 12-5. Die Milchstraße rotiert nicht starr. Deshalb entsteht aus jeder beliebigen anfänglichen Struktur nach 100 Millionen Jahren ein Gebilde mit Spiralen. Leider lassen sich die Spiralen der Galaxie so nicht erklären.

0 Jahre

5 Mio. Jahre

100 Mio. Jahre

200 Mio. Jahre

30 000 Lichtjahre

ben. Wie die Rillen einer Langspielplatte müßten sich die Spiralen hundertmal und mehr um das Zentrum winden. Das aber beobachten wir nicht. Die Spiralarme einer Galaxie sind – wie man an der Abbildung 0-4 sieht – nicht fein aufgewickelt, sie können also nicht die Überbleibsel einer anfänglichen Struktur sein. Da keines der beobachteten Spiralsysteme sehr feine Spiralen zeigt, müssen wir annehmen, daß sich die Spiralen nicht aufwickeln. Dabei bestehen sie aber doch aus Sternen und aus Gas, die beide an der aufwickelnden Rotationsbewegung teilnehmen. Wie kommt man aus diesem Dilemma?

Es gibt nur einen Ausweg. Wir müssen davon abgehen zu glauben, die Spiralen bestünden immer aus derselben Materie, und statt dessen annehmen, daß Sterne und Gas durch die Spiralen strömen. Zwar nehmen Sterne und Gas an der Rotationsbewegung teil, die Spiralen selbst aber stellen nur einen besonderen Zustand dar, durch den Sterne und Gas vorübergehend hindurchgehen.

Wir kennen aus dem täglichen Leben eine ähnliche Erscheinung. Eine Gasflamme besteht auch nicht immer aus der gleichen

235

Materie. Sie ist nur ein besonderer Zustand eines Gasstromes, der durch sie hindurchströmt und zwischen dessen Molekülen an ihrem Ort eine besondere chemische Reaktion stattfindet. So sind auch die Spiralarme Orte in der rotierenden Galaxienscheibe, an denen der durchgehende Stern- und Gas-Strom einen besonderen Zustand hat. Dieser Zustand wird aufrechterhalten durch die Eigenschaften der Schwerkraft der die ganze Galaxie bildenden Materie. Ich will das erläutern.

Was sind die Spiralarme?

Strömungsvorgänge in der Natur erzeugen oft regelmäßige Formen. Das Wechselspiel zwischen Wind und Wasser ruft die Brandungswellen hervor, die in gleichmäßigem Rhythmus am Strande auslaufen. An flachen Sandstränden ist der Meeresboden regelmäßig gewellt. Auch beim vorsichtigen Mischen von Flüssigkeiten verschiedener Dichte und Temperatur treten oft Strukturen auf. Erkaltender Kakao zeigt an seiner Oberfläche regelmäßige Muster.

Den Hang, Strukturen zu bilden, zeigen auch Sterne, die sich in einer Scheibe um ihr gemeinsames Zentrum bewegen, gesteuert durch das Wechselspiel von Anziehung und Fliehkraft.

Denken wir uns eine große Anzahl von Sternen in einer rotierenden Scheibe angeordnet. Dann halten sich an jeder Stelle der Scheibe Fliehkraft und Schwerkraft die Waage. Dieses Gleichgewicht ist aber im allgemeinen nicht stabil. Sind an einer Stelle zufällig die Sterne dichter, so ziehen sie sich weiter an, ähnlich der Instabilität des interstellaren Gases, die zur Sternbildung führte. Aber jetzt ist die Fliehkraft wichtig, und deshalb ist der Vorgang komplizierter. Die Lösung kann man auf der Rechenmaschine simulieren. In Abbildung 12-6 ist die Bewegung von 200 000 Sternen in einer rotierenden Scheibe dargestellt, so wie sie auf der Rechenmaschine gerechnet wurde. Ganz von selbst bilden sich lange, spiralige Filamente größerer Sterndichte heraus. Die Sterne bilden Spiralarme! Die Arme wickeln sich jedoch nicht auf, denn sie bestehen nicht aus stets ein und denselben Sternen. Sie werden von den Sternen *durchströmt*! Wenn Sterne auf ihren kreisähnli-

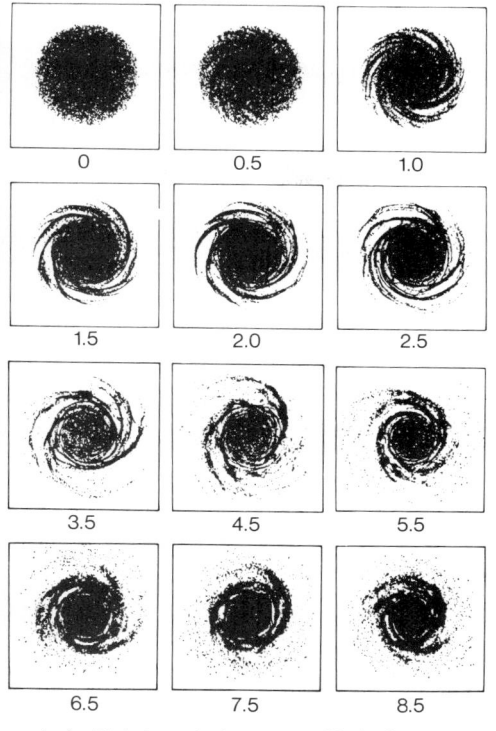

Abb. 12-6. Ein vereinfachtes Computermodell für die Bewegung der Sterne in unserer Galaxis. 200 000 Sterne bewegen sich um das Zentrum einer flachen Scheibe, die man hier von oben sieht. Die Zahlen unter den Bildern geben die Zeit an, die seit der im ersten Teilbild dargestellten Anfangsverteilung verstrichen ist. Als Einheit wurde die mittlere Umlaufdauer genommen. Zwischen erstem und drittem Bild liegt also gerade die Zeit einer Milchstraßenrotation. Bald bildet sich eine Spiralstruktur heraus. Daß die Spiralen *durchströmt* werden, also in jedem Augenblick aus anderen Sternen bestehen, sieht man am oberen Spiralarm der zu den Zeiten 4.5 und 5.5 gehörenden Abbildungen. Dort läßt sich noch erkennen, wie der Arm des späteren Bildes aus dem des vorangegangenen hervorging. Zwischen beiden Bildern hat sich der Arm nur wenig gedreht. Die Sterne aber haben in der Zwischenzeit einen ganzen Umlauf um das Zentrum ausgeführt. Die hier dargestellte Rechnung wurde von dem amerikanischen Astronomen Frank Hohl am NASA Langley Center in Hampton, Virginia, USA, durchgeführt.

chen Bahnen in einen Spiralarm wandern, rücken sie dichter zusammen. Wenn sie ihn wieder verlassen, vergrößern sie ihre Abstände. Die Spiralarme sind also die Orte, an denen die Sterne näher beieinanderstehen, so wie die Flamme der Ort ist, wo die Moleküle des Gases chemisch reagieren.

Die Spiralarme sind Stellen, an denen die Sterndichte etwas größer ist als sonst in der Scheibe. So schön man das in der Abbildung 12-6 sieht, in einer richtigen Galaxie sind diese Verdichtungen so gering, daß man sie nicht beobachten könnte. Aber die interstellare Materie, die mit den Sternen an der Rotationsbewegung teilnimmt, verdichtet sich mit ihnen, wenn sie durch einen Spiralarm geht! Mit dieser Erhöhung der Dichte werden die Bedingungen geschaffen, die für die Geburt von Sternen nötig sind.

Deshalb entstehen Sterne im Spiralarm. Unter ihnen sind massereiche, die hell und blau sind und das umgebende Gas zum Leuchten anregen. Nicht die dichter beieinanderstehenden Sterne, die leuchtenden Wasserstoffwolken sind es, die die Spiralarme zu einer spektakulären Erscheinung machen.

Wir haben schon die Galaxie in den Jagdhunden kennengelernt; sie ist in Abbildung 0-4 gezeigt. Von ihr erfahren wir noch mehr über die Sternbildung in Spiralarmen. Wir sehen das System weit draußen, zwischen den nahen Sternen unserer eigenen Galaxis hindurchschimmernd. Zwölf Millionen Jahre ist ihr Licht unterwegs, bis es in unsere Fernrohre fällt. Da wir auf diese Galaxie sozusagen von oben herabschauen, also senkrecht auf ihre Scheibe blicken, sehen wir die Spiralarme besonders schön.

Sternentstehung in der Galaxie in den Jagdhunden

Von dieser Galaxie kommt Radiostrahlung. Schnell bewegte Elektronen, wahrscheinlich bei früheren Supernova-Explosionen auf große Geschwindigkeit gebracht, durchströmen den Raum des Systems und senden dabei Radiowellen aus. Empfindliche Radioteleskope fangen sie auf. Man kann sogar unterscheiden, welche Teile der Galaxie mehr und welche weniger Radiostrahlung aussenden. Im Jahre 1971 haben die Radioastronomen Donald Mathewson, Piet van der Kruit und Wim Brouw in Holland ein »Radiobild« dieser Galaxie angefertigt (vgl. Abb. 12-7). In ihm ist Radiostrahlung durch Helligkeit wiedergegeben: Je heller eine Stelle, um so stärker die Strahlung. Obwohl das Radioteleskop nicht so scharf sieht wie das optische Fernrohr, läßt sich doch leicht die

Abb. 12-7. Das Radiobild der Galaxie von Abb. 0-4. Dieses vom Computer angefertigte Bild zeigt die Galaxie, wie sie uns erschiene, wenn unsere Augen für Radiostrahlung von 21 cm Wellenlänge empfindlich wären und so gut »sehen« würden wie das große Radioteleskop in Westerbork in Holland. Die Radiostrahlung kommt hauptsächlich aus Gebieten, in denen die Dichte des interstellaren Gases erhöht ist. Das Radiobild lehrt uns also, daß das Gas in dieser Galaxie nahezu die gleiche Spiralstruktur zeigt wie die Verteilung junger Sterne.

(Aufnahme: Sterrewacht Leiden)

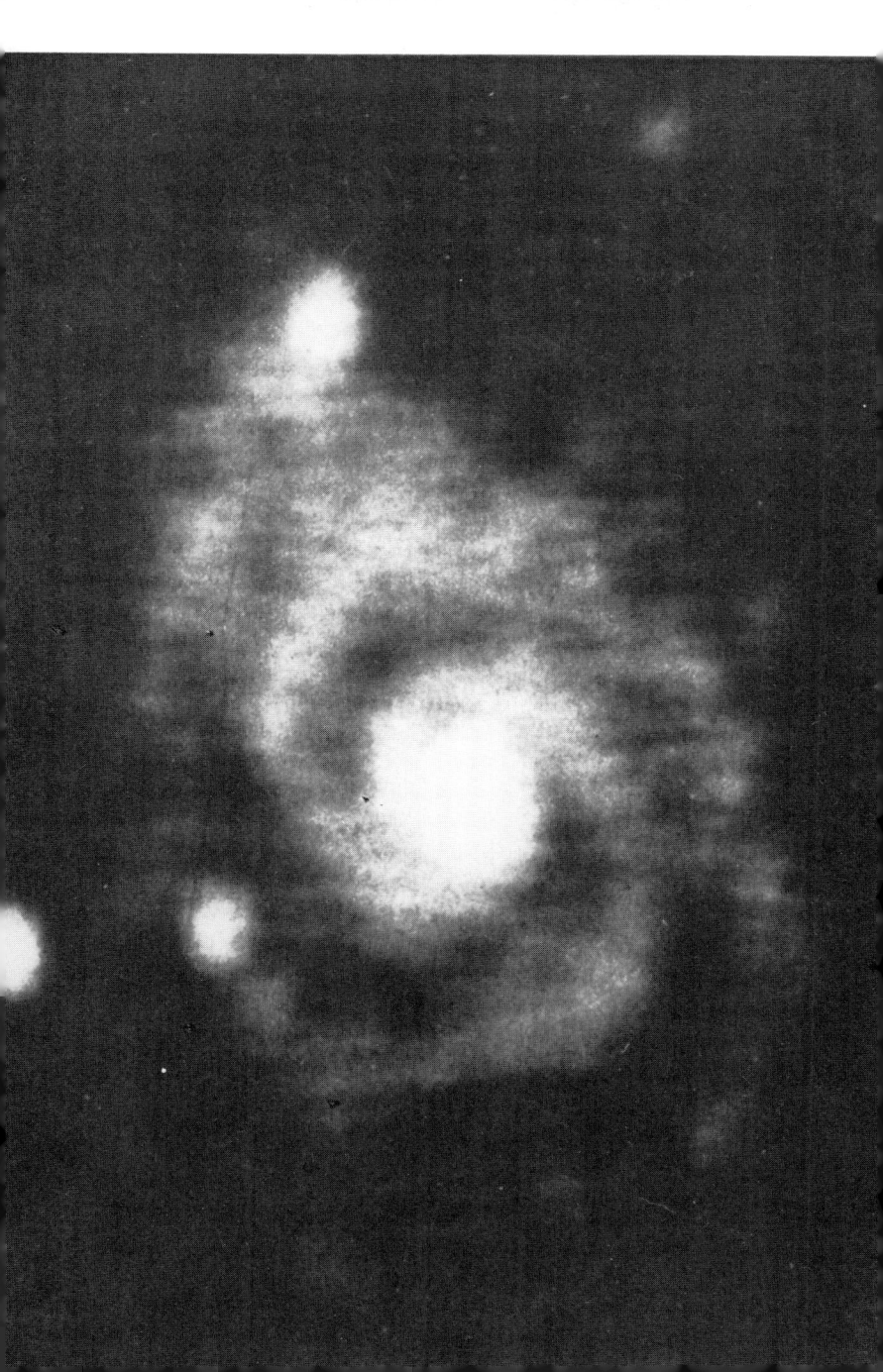

Spiralstruktur erkennen. Die Spiralarme sind also nicht nur im sichtbaren Licht hell, sie senden auch Radiostrahlung aus.

Wie kommt es, daß in einer Galaxie die Elektronen an einer Stelle mehr, an der anderen weniger Radiostrahlung aussenden? Der Grund hängt mit dem Entstehungsmechanismus dieser Strahlung zusammen. Er soll hier nicht abgehandelt werden. Für uns genügt es zu wissen, daß dort, wo das interstellare Gas eine größere Dichte hat, auch mehr Radiostrahlung entsteht. Also beweist auch das Radiobild der Galaxie in den Jagdhunden, daß in den Spiralarmen nicht nur die Sterne enger beisammenstehen, sondern auch das interstellare Gas eine größere Dichte hat.

Aber der Jagdhunde-Nebel sagt uns noch mehr. Beim genaueren Vergleich sieht man, daß die Stellen stärkster Radiostrahlung nicht genau mit den sichtbaren Spiralarmen zusammenfallen (vgl. Abb. 12-8). Die größte Dichte des interstellaren Gases liegt mehr auf der Innenseite der gekrümmten Spiralarme. Was bedeutet das? Die Spiralarme werden von der rotierenden Galaxie durchströmt. Sterne und mit ihnen die interstellare Materie bewegen sich durch den Spiralarm so, daß sie an der Innenseite des ge-

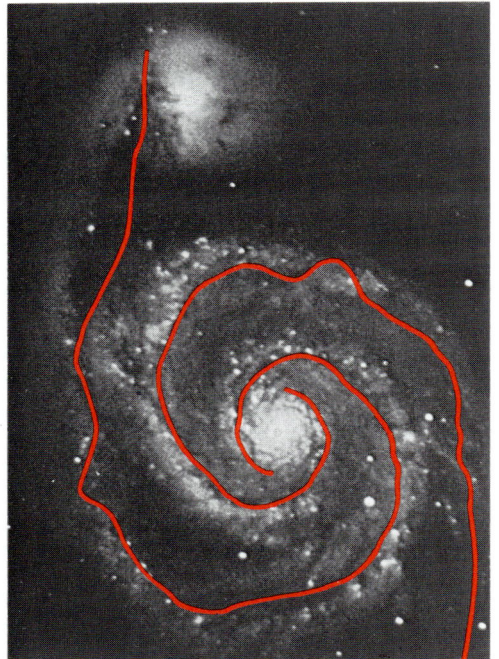

Abb. 12-8. Die Überlagerung des optischen Bildes der Jagdhunde-Galaxie mit den (hier schematisch als rote Linien gezeichneten) Orten maximaler Radiostrahlung zeigt, daß die Spiralarme maximaler Gasdichte und die Spiralarme der jungen Sterne nicht genau zusammenfallen. Man muß also zwischen Radio- bzw. Dichtearmen und den sichtbaren Armen unterscheiden.

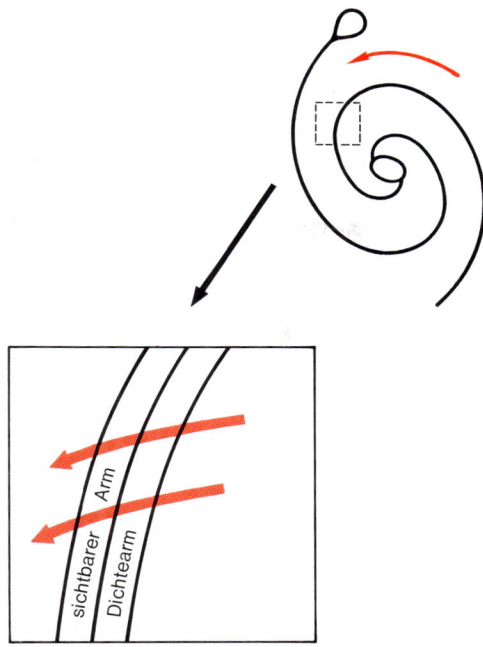

Abb. 12-9. Sternbildung in der Galaxie in den Jagdhunden. Rechts oben das schematische Bild der Galaxie von Abb. 0-4. Das gestrichelt angedeutete Quadrat ist links vergrößert herausgezeichnet. Die Materie der sich im Bild entgegen dem Uhrzeigersinn drehenden Galaxie strömt erst durch den Dichtearm (Radioarm). Das interstellare Gas wird dabei komprimiert. Sternbildung beginnt. Nach einiger Zeit sind die ersten jungen Sterne da und erleuchten die benachbarten Gasmassen, die dann im sichtbaren Licht strahlen (sichtbarer Arm). Da sich das Gas zwischen Verdichtung und Ende der Sternbildung bewegt hat, fallen Radioarm und sichtbarer Arm nicht zusammen. Das erklärt den beobachteten und in Abb. 12-8 sichtbar gemachten Unterschied zwischen den Radioarmen und den sichtbaren Armen dieser Galaxie. Die Bewegung der Materie ist durch rote Pfeile angegeben.

krümmten Armes eintreten, um ihn später an der Außenseite zu verlassen. Der Vergleich von sichtbarem Spiralarm, der von den neu entstandenen Sternen herrührt, und Radiospiralarm, der zeigt, wo das interstellare Gas zusammengedrückt ist, läßt nun folgendes Bild entstehen.

Sterne und interstellare Materie kreisen gemeinsam in der Galaxie (vgl. Abb. 12-9), sich einem Spiralarm nähernd. Die Sterne rücken näher zusammen, das Gas verdichtet sich, und damit werden die Bedingungen für Sternentstehung geschaffen. Teilwolken bilden sich heraus und fallen in sich zusammen. Die ersten Protosterne entstehen. Nach einiger Zeit verlassen Sterne und interstellare Materie wieder die Zone größerer Dichte, die den im Radiobereich beobachtbaren Spiralarm bildet. Bald ist alles wie zuvor. Aber nicht ganz; die Wolken, die inzwischen ihren Kollaps begonnen haben, setzen ihn fort; die durch die vorübergehende Verdichtung ausgelöste Sternbildung läuft weiter. Nach einiger

Zeit haben sich aus Protosternen die ersten massereichen Sterne gebildet. Ihr helles, blaues Licht regt die benachbarten Gasmassen zum Leuchten an. Die neu entstandenen Sterne erzeugen den im sichtbaren Licht wahrnehmbaren Spiralarm.

Zuerst geht also die Materie durch den Arm höherer Dichte. Dort wird die Sternbildung ausgelöst. Nach einiger Zeit sind die ersten Sterne fertig, und der sichtbare Arm leuchtet auf. Da wir wissen, mit welcher Geschwindigkeit sich Sterne und Gas in der Jagdhund-Galaxie bewegen, und da wir den Abstand der beiden gegeneinander verschobenen Spiralarme messen können, läßt sich errechnen, wie lange es dauert, bis nach der Verdichtung des interstellaren Gases die ersten Sterne erscheinen: Es sind etwa sechs Millionen Jahre. Während der letzten 500 000 Jahre dieser Zeit läuft dabei in jeder Einzelwolke ein Vorgang von der Art ab, wie ihn Larsons Rechnungen beschreiben. Fünfeinhalb Millionen Jahre sind nötig, bis sich aus der interstellaren Materie die Wolke herausbildet, mit der Larson bei seinen Rechnungen begann.

Noch ehe ein merklicher Teil eines einzigen Umlaufs um den Mittelpunkt der Galaxie zurückgelegt ist, sind die massereichen Sterne bereits mit ihrem Leben wieder am Ende. Sie haben einen Großteil ihrer Materie an das interstellare Gas zurückgegeben, sind Weiße Zwerge geworden oder als Supernovae explodiert. Die dem interstellaren Gas zurückgeführte Materie, die nun schon angereichert ist mit Atomen der in den Sternen entstandenen schwereren Elemente, steht beim nächsten Durchgang durch einen Spiralarm wieder der Sternbildung zur Verfügung. Von diesem Kreislauf ist die Materie ausgeschlossen, die als kompaktes Gebilde, als Weißer Zwerg oder als Neutronenstern, am Ende des Lebens eines Sterns übrigbleibt.

Irgendwann einmal, lange, nachdem sich die Halo-Sterne gebildet hatten, ging auch die Materie unserer Sonne als interstellares Gas durch einen Spiralarm, und als Folge davon bildeten sich viele Sterne. Die massereicheren Geschwister der Sonne sind längst schon wieder verlöscht, die Geschwister, die – wie die Sonne selbst – aus weniger Masse zusammengesetzt waren, sind inzwischen durch die ungleichförmige Rotation in unserer Galaxis auseinandergetrieben worden, haben sich aus den Augen verloren.

13. Planeten und ihre Bewohner

> Ob der Mond bewohnt ist, weiß der Astronom ungefähr mit der Zuverlässigkeit, mit der er weiß, wer sein Vater war, aber nicht mit der, womit er weiß, wer seine Mutter gewesen ist.
>
> Georg Christoph Lichtenberg, 1742–1799

Daß die Bildung von Sternen doch etwas anders abläuft, als im letzten Kapitel beschrieben, daran ist der Drehimpuls schuld. Sterne und interstellare Materie bewegen sich um den Mittelpunkt unserer Milchstraße. Jede Teilwolke dreht sich dabei auch noch um ihr eigenes Zentrum, und diese Drehbewegung bleibt erhalten, ja verstärkt sich sogar, wenn sich interstellare Gas- und Staubwolken

Abb. 13-1. Schema der Entstehung unseres Planetensystems. Aus einer Wolke interstellaren Gases löst sich ein Teil heraus, um in sich zusammenzufallen. Dabei plattet sich das Gebilde ab, denn die Fliehkraft behindert in der Äquatorebene die nach innen gerichtete Bewegung. Es entsteht eine flache Scheibe, in deren Zentrum sich die Sonne bildet. In der die Sonne umgebenden flachen Scheibe kondensiert die Materie zu Planeten, die nach ihrer Entstehung in der Ebene der vorher vorhandenen Scheibe kreisen. Die Zeichnung ist nicht maßstabsgetreu. So einfach der Vorgang auch erscheint, es ist bis heute noch nicht möglich, ihn zwingend in allen Einzelheiten zu verstehen.

zusammenziehen, um Sterne zu bilden. Das hat einschneidende Folgen. Mit der Verdichtung wird die Rotation schneller, wächst die Fliehkraft. Sie aber wirkt am Äquator der Wolke der Schwerkraft entgegen. Die zusammenfallende Wolke plattet sich ab und kann nur, anstatt wie in Larsons Rechnungen einen schönen kugelförmigen Protostern zu bilden, in einer rotierenden Scheibe zur Ruhe kommen (vgl. Abb. 13-1). Alles scheint anders zu laufen, als wir es uns im vorigen Kapitel dachten.

Unser Planetensystem beweist, daß die Rotation der ursprünglichen Materie bei der Bildung der Sonne eine wichtige Rolle gespielt hat. Die Planeten bewegen sich im gleichen Umlaufsinn um die Sonne, ihre Bahnen sind alle nahezu in derselben Ebene, so als ob sie tatsächlich ihren Ursprung in einer flachen Scheibe hatten und als ob sie noch deren Rotation widerspiegeln. Es gibt noch einen anderen Hinweis. Während in unserem Sonnensystem nahezu alle Masse im Zentralkörper Sonne sitzt – nur 13 ‰ der Materie sind in den Planeten –, hat die Sonne fast keinen Drehimpuls. Er steckt in der Umlaufbewegung der Planetenkörper. Es sieht so aus, als habe sich die Materie beim Zusammensturz der interstellaren Wolke sehr wohl zu helfen gewußt. Sie hat den Drehimpuls, der sie an der Sternbildung hinderte, umverteilt. Ein kleiner Teil der ursprünglichen Masse riß nahezu allen Drehimpuls an sich und formte die Planeten, während der größte Teil – nunmehr von nahezu allem Drehimpuls befreit – einen Zentralkörper à la Larson bilden konnte.

Das Problem der Planetenentstehung auf dem Computer

Schon der französische Mathematiker Laplace und der deutsche Philosoph Immanuel Kant haben vermutet, daß sich Sonne und Planeten aus einem rotierenden Urnebel gebildet haben. Heute kann man sich an die Aufgabe heranwagen, solche Vorgänge auf der elektronischen Rechenmaschine nachzuvollziehen. Im Folgenden stütze ich mich auf Rechenergebnisse, die der kalifornische Astrophysiker Peter Bodenheimer und Werner Tscharnuter, teils getrennt, teils in München gemeinsam, gewonnen haben. Eigentlich wollten sie die Entstehung der Sonne und der Planeten erklären. Aber es kam ganz anders.

Wie leicht es ist, auf dem Computer Vorgänge zu simulieren, die kugelsymmetrisch ablaufen, merkt man erst, wenn man sich an das nächstschwierigere Problem wagt. Bei Kugelsymmetrie hängt in jedem Augenblick alles nur vom Abstand vom Zentrum ab. Erhitzt sich beim Larsonschen Modell in einem Augenblick ein Materieteilchen, so erhitzt sich gleichzeitig alle Materie, die gerade den gleichen Abstand vom Zentrum hat, also alle Materie, die mit ihm auf einer Kugel liegt. Wenn die Materie nicht rotiert, ist die Kugelsymmetrie eine gute Näherung, denn jedes am Zusammenstürzen beteiligte Massenteilchen erlebt das gleiche Schicksal, gleichgültig, aus welcher Richtung es kommt.

Rotation hingegen stört die Symmetrie. Teilchen, die aus der Polrichtung geflogen kommen, spüren andere Kräfte als die, welche aus einer Äquatorrichtung ankommen. Die Kugelsymmetrie ist dahin. Nicht, daß man damit schon den kompliziertesten Fall vor sich hätte! Es ist immer noch ein gewisser Grad von Symmetrie vorhanden. In der Äquatorebene zum Beispiel nähern sich Teilchen dem Zentrum in Bahnen aus verschiedenen Richtungen. Auf allen diesen Bahnen erleben die Teilchen das gleiche. Man nennt solch einen Vorgang *axialsymmetrisch*. Obwohl also noch nicht das Schlimmste, sind axialsymmetrische Vorgänge auf der Rechenmaschine doch viel schwerer zu behandeln. Aber man kann sie in den Griff bekommen. Bodenheimer und Tscharnuter haben eine zusammenfallende rotierende Wolke auf dem Computer verfolgt (vgl. Abb. 13-2). Anfangs geht alles wie bei Larson: Die Wolke fällt zusammen und bildet eine Verdichtung im Zentrum. Je weiter aber die Wolke fällt, um so mehr macht sich die Fliehkraft bemerkbar: Die Wolke plattet sich ab. Schließlich entsteht eine flache Scheibe. Nur Materie in der Nähe der Rotationsachse fällt weiter, während sich das Gas in der Äquatorebene sehr langsam dem Zentrum nähert und schließlich überhaupt zum Stillstand kommt. Statt einen Kern, auf den von allen Seiten her Materie regnet, hat man nun eine Scheibe, auf die lediglich von der Achse her Materie stürzt. Die Scheibe, deren Äquatorradius achtmal größer ist als ihre Dicke, erstreckt sich weit in den Raum, bis zu etwa 120 Bahnradien des Pluto, unseres fernsten Planeten. Etwa 300 000 Jahre braucht es, bis sie sich einmal um ihr Zentrum gedreht hat.

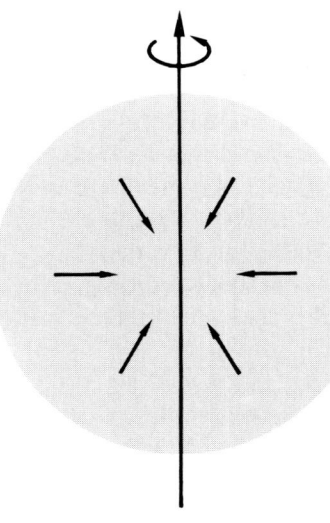

Abb. 13-2. Eine rotierende interstellare Wolke fällt in sich zusammen. Die Rotationsachse ist im obersten Bild eingezeichnet. Anfangs fällt das Gas von allen Richtungen her gleichmäßig zum Zentrum, wie es die geraden Pfeile andeuten. Später (Mitte) hat sich eine rotierende Scheibe gebildet, auf die hauptsächlich Gas aus der Richtung der Pole auf die Scheibe strömt. Es machen sich die ersten Anzeichen eines Ringes in der Scheibe bemerkbar, der hier und im unteren Bild durch die Bildebene so durchschnitten ist, daß er sich nur durch zwei Verdichtungen bemerkbar macht. Derselbe Ring ist im oberen Bild von Abb. 13-3 von oben gesehen dargestellt. Bei diesem von Bodenheimer und Tscharnuter 1978 gerechneten Vorgang entsteht kein Zentralstern.

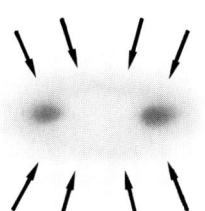

Abb. 13-3. Die in Abb. 13-2 entstandene ringförmige Materiekonzentration ist hier von oben betrachtet. Sie ist gegenüber der unteren Zeichnung von Abb. 13-2 etwa dreimal größer gezeichnet. Sie zerfällt nach einigen hunderttausend Jahren in zwei Verdichtungen, aus denen sich zwei Sterne bilden können, die dann als weites Doppelsternsystem umeinander kreisen.

Es war nicht ganz das Ergebnis, das man haben wollte. Das Wunschbild war eigentlich ein Gebilde, bei dem im Innern die Ursonne entstand. Um die Sonne hätte man dann gerne eine Scheibe gehabt, aus der sich im Laufe der Zeit Planeten bilden können. Die Bodenheimer-Tscharnuter-Scheibe zeigte jedoch keinen sonnenähnlichen Körper im Zentrum – im Gegenteil, die größte Dichte war in einem Ring, der sich in 17 Pluto-Bahnradien Entfernung um das Zentrum schloß. Statt eines Zentralkörpers war ein Ring entstanden! Das untere Bild der Abbildung 13-2 zeigt ihn von der Seite. In Abbildung 13-3 oben blicken wir senkrecht auf den Ring.

Nachträglich ist das Ergebnis nicht verwunderlich. Warum fließt denn die Materie bei dem Modell nicht ins Zentrum, sondern bleibt in einem Ring stehen? Weil die Fliehkraft sie daran hindert. Der Drehimpuls in der Materie ist schuld daran. Wir hatten ja schon vermutet, daß bei der Bildung des Sonnensystems die Natur Materie und Drehimpuls voneinander getrennt hat, so daß heute die Materie in der Sonne, der Drehimpuls in den Planeten sitzt. Bodenheimer und Tscharnuter haben bei ihren Rechnungen jedem Gramm Materie den Drehimpuls belassen, den es von Anfang an hatte. Sie könnten ihre Rechnungen wiederholen und berücksichtigen, daß Drehimpuls durch die Materie hindurchfließen kann, ähnlich vielleicht der Wärme, die durch einen Körper geleitet wird. Dabei taucht aber eine Schwierigkeit auf. Wir kennen mehrere Mechanismen, die den Drehimpuls von einer Stelle der Scheibe zur anderen transportieren könnten, wissen jedoch nicht, welcher der entscheidende ist. Magnetfelder könnten Teile der Scheibe vom Drehimpuls befreien und damit der Materie gestatten, eine Verdichtung im Zentrum zu bilden, aber auch turbulente Bewegung mit Reibungsvorgängen wäre dafür geeignet.

Turbulente Bewegung von Flüssigkeiten und Gasen zählt auch heute noch zu den wenig verstandenen Vorgängen in der Natur. Dabei kennen wir sie sehr gut. Wasser, das unter großem Druck aus dem voll geöffneten Wasserhahn fließt, strömt nicht gleichmäßig, sondern indem es immer wieder seine komplizierte Bewegungsform in nicht vorhersagbarer Weise ändert. Die Strömung in Wildbächen ist ein anderes Beispiel für turbulente, unregelmäßige Bewegung einer Flüssigkeit. Daß bei der Rotation der Scheibe, aus der sich ein Stern bilden soll, Turbulenz eine wichtige Rolle spielen kann, hatte von Weizsäcker schon während des letzten Krieges erkannt. In den späten vierziger und frühen fünfziger Jahren arbeitete eine Gruppe junger Physiker mit ihm in Göttingen an diesem Problem. Unter ihnen war Reimar Lüst, jetzt Präsident der Max-Planck-Gesellschaft, der seine Doktorarbeit über den Transport von Drehimpuls in rotierenden Gasscheiben schrieb. Tscharnuter konnte 1979 durch Computerrechnungen zeigen, daß sich aus der Scheibe ein zentraler Kern und damit ein Stern herausbildet, wenn durch turbulente Bewegung der Materie der Drehimpuls in der Scheibe umverteilt wird. Leider weiß man von der turbulenten Rotation einer Gasscheibe so wenig, daß man nicht voraussagen kann, wie sich quantitativ die Trennung von Materie und Drehimpuls vollzieht.

So sind wir hier vorläufig am Ende. Die Astrophysiker müssen erst die Mechanismen des Transportes von Drehimpuls durch Materie in den Griff kriegen, ehe sie weiterkommen. Aber es scheint so, als ob nicht nur die Astrophysiker nicht genau wissen, was sie mit dem Drehimpuls in der rotierenden Scheibe machen sollen; die Natur selbst scheint sich nicht immer darüber im klaren zu sein.

Ein Doppelsternsystem entsteht

Der bei den oben beschriebenen Rechnungen entstandene Ring hat eine Gruppe von Wissenschaftlern unseres Institutes nicht ruhen lassen. Was geschähe, wenn die Natur gelegentlich genausowenig wie Bodenheimer und Tscharnuter wüßte, wie sie den Drehimpuls umverteilen soll, und was geschähe, wenn tatsächlich solche Ringe entstehen würden? Wir haben in der Natur keinen Hinweis, wir beobachten nur Sterne im Weltall, keine Materieringe, die sich um ein leeres Zentrum drehen. Was also geschieht mit dem Ring?

Will man den Vorgang wieder auf dem Computer verfolgen, so begegnet man einer neuen, großen Schwierigkeit. War der Ring noch axialsymmetrisch, so verliert er diese Eigenschaft jetzt. Neue, kompliziertere Rechenverfahren müssen entwickelt werden, um den Vorgang mit großem Aufwand an Rechenspeicherplatz im Computer nachzuvollziehen. In den Jahren 1977/78 ergab sich an unserem Institut die glückliche Konstellation, daß Werner Tscharnuter, Karl-Heinz Winkler und Harold Yorke zusammen da waren. Zu ihnen stieß der junge polnische Astrophysiker Michał Różyczka. Die vier schrieben ein Rechenmaschinenprogramm und entdeckten, was aus dem Bodenheimer-Tscharnuterschen Ring werden kann.

Ihre Ergebnisse sind in Abbildung 13-3 wiedergegeben. Der Ring entwickelt innerhalb von 10 000 Jahren an einander gegenüberliegenden Stellen zwei Verdichtungen, die sich immer stärker ausbilden und nach 50 000 Jahren zwei umeinander kreisende Wolken formen, aus denen zwei Sterne entstehen können. Der Computer hat uns die Geburt eines Doppelsternsystems vorgeführt!

Vielleicht ist das ein Anzeichen dafür, daß die Natur zwei Wege gehen kann. In einem Fall bleibt der Drehimpuls in der Materie, und über Ringstrukturen entstehen Doppelsterne. Im anderen Fall können sich Materie und Drehimpuls voneinander trennen, und es entstehen Zentralsterne mit wenig Drehimpuls, um die Planeten mit wenig Masse und viel Drehimpuls ihre Bahnen ziehen. Wenn das wahr ist, dann müssen wir schließen, daß alle Einzelsterne Planeten um sich haben.

Sind wir allein?

Wenn wir auch den Weg von der interstellaren Wolke zum Planetensystem noch nicht vollständig verstanden haben, so besteht doch kein Zweifel, daß der Drehimpuls der ursprünglichen Materie für die Entstehung der Planeten und damit für unsere eigene Existenz verantwortlich ist. Dann wären alle Einzelsterne von kleinen – wegen der großen Entfernung von uns nicht wahrnehmbaren – Planeten umgeben. Wenn aber die Planeten um die Sonne nichts Einmaliges sind, sind wir Planetenbewohner vielleicht auch nichts Einmaliges? Vielleicht ist unser Milchstraßensystem erfüllt von Planeten, bewohnt von Lebewesen, die auf einer ähnlichen, einer früheren oder einer späteren Entwicklungsstufe stehen. Sind wir allein in der Galaxis, oder gibt es außer uns zivilisierte Lebewesen, mit denen wir in Verbindung treten können?

Das Projekt OZMA und die Arecibo-Botschaft

Im Mai 1960 richteten amerikanische Astronomen der Radio-sternwarte Greenbank in den USA ein Radioteleskop auf den Stern Tau Ceti. Bei einer Wellenlänge von 21 Zentimeter prüften sie, ob von ihm Radiostrahlung ausgeht, die man vielleicht als Signale intelligenter Lebewesen deuten könnte. Auch der Stern Epsilon Eridani wurde auf die gleiche Weise abgehört. Wie kam man gerade auf diese Sterne? Sie stehen uns verhältnismäßig nahe, aber sie sind nicht die nächsten Sterne. Vom einen braucht das Licht elf, vom anderen zwölf Jahre zu uns. Sie sind unserer Sonne in Temperatur, Leuchtkraft und Materiemenge sehr ähnlich. Auch ihr Alter stimmt gut mit dem der Sonne überein.

Wenn nun unsere Sonne von Planeten umgeben ist, von denen einer eine technische Zivilisation trägt, die Radiosender bauen kann, sollte man dann bei diesen beiden Sonnen nicht auch Planeten mit technischen Zivilisationen erwarten?

Nehmen wir an, es gäbe dort wirklich Lebewesen mit einer technischen Entwicklung wie der unsrigen. Würden wir dann deren Sender überhaupt wahrnehmen können? Wir selbst senden schon lange ins Weltall. Gleich nach 1945 gelang es, Radarimpulse zum Mond zu schicken und das von dort zurückkommende Echo zu empfangen. Astronauten auf dem Mond wie auch Raumsonden, die weit in unser Planetensystem vorgedrungen sind, richten sich nach Rundfunksignalen, die von der Erde ausgesandt werden. Mit einer Radarantenne hat man Radioimpulse zur Venus geschickt und deren Echo wieder aufgenommen. Nehmen wir diese Antenne und denken wir sie uns weit draußen aufgestellt auf einem Planeten, der um eine andere Sonne kreist! Dann könnte sie vom 26-Meter-Teleskop in Greenbank noch bis zu einer Entfernung von neun Lichtjahren empfangen werden. Das 100-Meter-Teleskop in Effelsberg in der Eifel könnte denselben Radarsender sogar aus einer Entfernung bis zu dreißig Lichtjahren wahrnehmen. Bis dorthin gibt es aber in der Umgebung der Sonne bereits 350 Sterne. Wenn von einem von ihnen mit technischen Hilfsmitteln, wie sie auf der Erde zur Verfügung stehen, gesendet würde, dann könnten meine Kollegen und Freunde Peter Mezger und Richard Wielebinski, denen das Teleskop untersteht, einträchtig diesen Signalen lauschen.

Drei Monate lang wurden die Sterne Tau Ceti und Epsilon Eridani von Greenbank aus abgehorcht, aber es ließen sich keine Signale vernehmen. Deshalb wurde das Programm zugunsten anderer radioastronomischer Beobachtungen abgebrochen. Das war das Ende des Projektes OZMA – nach dem Fabelland Oz benannt. Die Unternehmung hieß im Jargon auch Projekt »Little Green Men«. Die kleinen grünen Männer haben nichts von sich hören lassen.

Aber warum sollen sie auch? Fühlen wir uns etwa verantwortlich für interstellaren Nachrichtenaustausch? Senden wir systematisch Botschaften zu anderen Sternen? Wenn man von einer kurzen, gezielten Sendung am 16. November 1974 absieht, ist noch nicht viel geschehen. Damals schickte man mit dem Radioteleskop in Arecibo in Puerto Rico eine Drei-Minuten-Nachricht hinaus. Da diese Antenne sehr genau zielen kann, ist die Reichweite besonders groß. Aber wohin soll man zielen? Man schickte die Nachricht zu einem Kugelsternhaufen im Sternbild Herkules. Dort, wo die Sterne recht eng beieinanderstehen, kann man mit einer einzigen Sendung die Planeten von 300 000 Sonnen versorgen. In 24 000 Jahren wird die Nachricht ankommen. Wenn dann eine Zivilisation mit einem hinreichend großen Radioteleskop gerade während der richtigen drei Minuten in unsere Richtung horcht, wird sie die Arecibo-Botschaft erhalten; das ist beliebig unwahrscheinlich. Die Arecibo-Botschaft war auch mehr als symbolischer Akt gedacht, als man sie zur Wiedereinweihung des Teleskops nach einem längeren Umbau in den Weltraum schickte. Wenn man nach anderen Zivilisationen im Kosmos Ausschau halten will, muß man systematisch horchen, und die anderen müssen systematisch gesendet haben*.

Zu den unsystematischen Versuchen, anderen etwas von uns zu erzählen, gehören auch die zwei gravierten, vergoldeten Aluminiumplatten, die man den beiden Jupitersonden Pioneer 10 und 11 mitgegeben hat (vgl. Abb. 13-4). Nachdem ihre Jupitermission

---

* Der Leser, der mehr über interstellare Kommunikation erfahren will, möge Reinhard Breuers »Kontakt mit den Sternen«, Frankfurt (Umschau) 1978, zur Hand nehmen.

vollendet ist, werden sie unser Sonnensystem verlassen und in den weiten Raum hinausfliegen. Wie die Arecibo-Nachricht enthalten sie Information über unseren Platz im Weltall und über uns. Sollten je intelligente Wesen diese kosmischen Grußkarten in Händen halten, so werden sie viel über uns erfahren – nur wie wir von hinten aussehen, wird ihnen für immer ein Rätsel bleiben.

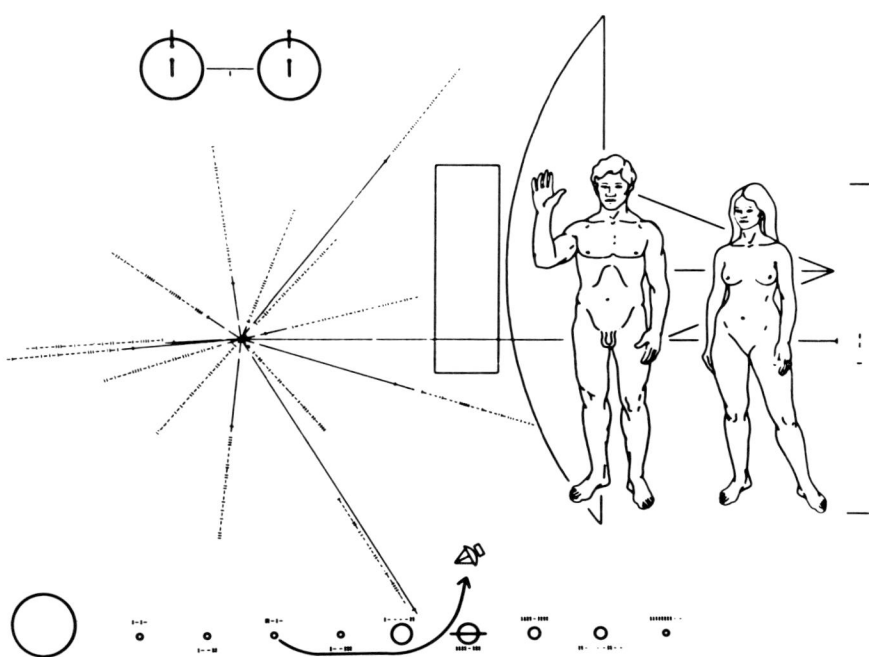

Abb. 13-4. Den Pioneer-Jupitersonden wurde eine vergoldete Aluminiumplatte mit auf den Weg gegeben, eine Visitenkarte für die Begegnung mit einer außerirdischen Zivilisation. Neben einiger bildhafter Information über uns selbst gibt der linke Teil der Zeichnung unsere Adresse im Milchstraßensystem an, durch Richtungen, aus denen wir die stärksten Pulsare wahrnehmen. Die Pulsarperioden sind als Zahlen im Zweiersystem angeschrieben. Da die Pulsare mit der Zeit langsamer werden, können die Empfänger sogar das Datum des Starts der Sonde bestimmen. Unten gibt es noch mehr Information über Sonne und Planetensystem, wieder mit Zahlen im Zweiersystem erläutert.

Der lange Weg des Lebens

Die Frage, ob wir im Weltraum allein sind oder ob es Leben auf anderen Sternen oder in ihrer Nachbarschaft gibt, ist älter als unser Wissen, daß die Fixsterne Sonnen sind. Nikolaus von Kues (1401–1464) und Giordano Bruno (1548–1600) dachten darüber nach. Dem einen geschah nichts, der andere mußte dafür brennen.

Wir wollen uns bei der Frage nach Leben auf anderen Himmelskörpern unserer Galaxis auf solches Leben beschränken, das auf ähnlicher chemischer Basis beruht wie das Leben auf unserer Erde. Im besonderen wollen wir voraussetzen, daß es an die Existenz von Wasser in flüssiger Form gebunden ist. Wir wollen fragen, ob sich auf irgendeinem Planeten Leben ähnlich dem unseren oder in einer bereits weiter fortgeschrittenen Form entwickelt haben kann. In jedem Falle wäre es notwendig, daß dafür so viel Zeit zur Verfügung stand wie auf unserer Erde. Wir wissen von den Onverwacht-Funden aus Transvaal, daß schon vor 3.5 Milliarden Jahren relativ hochentwickelte Einzeller, Blaualgen, existiert haben. Das Alter der Erde schätzt man nur um 1 bis 1.5 Milliarden Jahre höher. Wir müssen also nach Sternen suchen, in deren Umgebung über wenigstens 4 Milliarden Jahre gleichbleibende Bedingungen zur Höherentwicklung aus primitiven Lebewesen zur Verfügung standen.

Vergegenwärtigen wir uns die Geschichte des Lebens auf unserem Planeten. Der Astronom Heinrich Siedentopf (1906–1963) hat einen anschaulichen Vergleich ausgearbeitet: Stellen wir uns die Geschichte der Erde, einen Zeitraum von etwa 5 Milliarden Jahren auf ein Jahr zusammengerafft, vor: Dann entspräche eine Woche des Zeitrafferjahres einer wirklichen Zeitspanne von 100 Millionen Jahren, 160 Jahre wirklicher Entwicklung wären nur eine Sekunde. Es hat dann etwa ein Jahr gedauert von der Entstehung der Welt und der ältesten Sterne unseres Milchstraßensystems bis zur Bildung der Sonne und der Erde. Nehmen wir an, im Januar des zweiten Jahres haben sich die Planeten, und damit die Erde, gebildet. Noch besteht die Atmosphäre zum größten Teil aus Wasserstoff, dem häufigsten Element im Kosmos. Erst später wird er der Schwerkraft der Erde entfliehen, und Stickstoff und

Sauerstoff werden die Erdatmosphäre bestimmen. Aber bereits während der Zeit der Wasserstoffatmosphäre hat sich einfaches Leben gebildet, und schon im März finden wir die Onverwacht-Einzeller. Die Entwicklung des Lebens geht weiter, aber erst die letzten sechs Wochen unseres Zeitrafferjahres sind durch Versteinerungen hinreichend gut bekannt. Der Wasserstoff ist inzwischen zum größten Teil entwichen, die Lebewesen stellen sich auf Sauerstoff um. Ende November erobern die Pflanzen und etwas später die Tiere die Landmassen; an den beiden Weihnachtsfeiertagen sterben die Saurier aus, die vorher eine Woche lang die Erde beherrscht hatten. Am 31. Dezember, um 23 Uhr, taucht der Peking-Mensch auf, 10 Minuten vor der Jahreswende kommt dann der Neandertaler zur Silvesterfeier, und erst 5 Minuten vor Mitternacht entstehen die gegenwärtigen Menschenrassen; 30 Sekunden vor dem Jahreswechsel beginnt unsere Weltgeschichte. In diesen letzten 30 Sekunden vervielfacht sich die Menschheit um das Hundertfache. Diese Vervielfachung geht vor allem in den letzten Sekunden besonders schnell vor sich; allein in der letzten Sekunde verdreifacht sich die Erdbevölkerung. Keine vier zehntel Sekunden, bevor die Silvesterraketen hochgehen, wird das erste Rundfunkprogramm ausgestrahlt.

Den größten Teil der Zeit ihres Bestehens trägt die Erde Leben, aber nur einen winzigen Bruchteil davon macht das aus, was wir Zivilisation nennen.

In unserer Galaxis eine Million Planeten mit Leben?

Die Entwicklung des Lebens ist ein so langwieriger Vorgang, daß wir sie durchaus mit der zeitlichen Entwicklung der Sterne vergleichen können. Wir wissen, es gibt Sterne am Himmel, die so jung sind, daß der Affenmensch von Java Zeuge ihrer Entstehung war. Auf Planeten eines solchen Sterns kann sich bis heute noch kein höheres Leben entwickelt haben, und wir wissen von massereichen Sternen, daß sie nur einige Millionen Jahre lang Licht und Wärme aussenden – ein Zeitraum, der für die Entwicklung von Leben viel zu kurz ist. Es sind also nur Sterne von der Masse der Sonne oder kleiner geeignet. In unserem Milchstraßensystem gibt es etwa 100 Milliarden Sterne. Davon liegen fast alle im »richtigen« Massebereich, denn die Zahl massereicherer Sterne ist sehr gering.

Mit Ausnahme von wenigen Prozent spenden alle Sterne unserer Milchstraße hinreichend lange Wärme, um die Entwicklung intelligenten Lebens zu ermöglichen. Dennoch bleibt offen, ob um alle diese Sterne Planeten kreisen. Denn nur auf einem einen Stern umkreisenden Körper herrschen Temperaturen, bei denen Wasser flüssig sein kann. Leider weiß der Astronom nichts über Planetensysteme anderer Sonnen. Selbst die uns am nächsten stehenden Sterne sind viel zu weit entfernt, als daß man im Fernrohr eventuelle winzige Begleiter direkt wahrnehmen könnte. Trotzdem ist es sehr wahrscheinlich, daß auch um die anderen Sonnen Planeten kreisen; vor allem sollten wir nicht annehmen, daß wir in einem besonderen Sonnensystem leben. Der Glaube, daß wir an einer ausgezeichneten Stelle des Weltalls sind, hat sich in der Geschichte der Wissenschaft immer wieder als falsch herausgestellt.

Wir sahen schon, daß wegen des Drehimpulses der kosmischen Materie die Einzelsterne wahrscheinlich Planetensysteme haben. Unser eigenes Planetensystem bestärkt uns in diesem Glauben. Die großen Planeten Jupiter und Saturn haben mit ihren Monden selbst kleine »Planetensysteme« um sich, für die anscheinend ebenfalls der Drehimpuls verantwortlich ist. So ist es vernünftig, anzunehmen, daß um alle Einzelsterne Planetensysteme kreisen.

Wenn aber bei der Sternbildung der Drehimpuls ein Doppelsternsystem erzeugte, so wären – sollten sich überhaupt Planeten gebildet haben – diese nach kosmisch kurzer Zeit entweder auf einen der beiden Hauptkörper gestürzt oder in den Raum hinausgeschleudert worden. Da sich mehr als die Hälfte aller Sterne bei genauerem Hinsehen als Doppelsternsysteme entpuppen, bleiben also nur noch etwa 40 Milliarden Planetenträger übrig.

Nun erhebt sich die Frage, ob die Planeten auch in der richtigen Entfernung zu diesen Sternen stehen; zumindest ein Planet muß in einer Entfernung kreisen, bei der die Strahlung auf seiner Oberfläche eine Temperatur erzeugt, die das Wasser flüssig läßt. In unserem Planetensystem steht Merkur zu nahe bei der Sonne, und die äußeren Planeten, alle, die weiter draußen als Mars stehen, werden von der Sonne nicht genügend gewärmt. Die Planeten anderer Sterne sehen wir nicht einmal. Wie sollen wir wissen, wie viele in der richtigen Entfernung stehen? So bleibt uns hier nur die Analogie zu unserem eigenen Planetensystem. Da steht die Erde eindeutig innerhalb der Lebenszone, Mars und Venus stehen an ihrer Grenze. Die Aufnahmen der Mariner-Sonden zeigen eine Marsoberfläche, die uns in ihrer Unwirtlichkeit an den Mond erinnert. Obwohl Mars eine Atmosphäre besitzt, die auch Wasser enthält, konnten die auf seiner Oberfläche weich gelandeten Sonden der Viking-Serie im Boden nicht die geringste Spur von lebenden Zellen entdecken. Sowjetische Sonden haben auf der Venus-Oberfläche Temperaturen von über 450 Grad Celsius gemessen. Auch Venus scheidet also als Lebensträger aus. Wir scheinen in unserem Sonnensystem allein zu sein.

Wenn man bedenkt, welche Bedingungen auf einem Planeten zusammenkommen müssen, um Leben zu ermöglichen, wird einem klar, daß es ein sehr seltener Glücksfall ist, wenn ein Himmelskörper ein für das Leben erträgliches Klima hat. NASA-Wissenschaftler glauben, daß es in unserer Galaxis höchstens eine Million Planeten gibt, deren äußere Bedingungen es gestatten, daß sich auf ihnen Leben zu höheren Stufen entwickeln kann.

Wenn auf einem Planeten ein günstiges Klima über hinreichend lange Zeit anhält, bildet sich dann auch wirklich Leben? Das ist eine Frage an den Biologen, nicht an den Astronomen. Aber der Astronom kann helfen; er weiß, daß die Verteilung der chemischen Elemente im ganzen Universum, von wenigen Ausnahmen abgesehen, etwa die gleiche ist. Die fernsten Sterne unserer Milchstraße, ja sogar die Sterne anderer Galaxien, sind aus der gleichen Mischung der chemischen Elemente zusammengesetzt wie die Sonne. Es gibt keine Sterne aus Schwefel und keine Wolken aus Quecksilber. Fast immer ist der Hauptbestandteil der kosmischen Materie der Wasserstoff, dann kommt das Helium, und dann folgen die anderen chemischen Elemente. Wir können dem Biologen garantieren, daß er auch auf einem fernen Planeten mit günstigem Klima die Stoffe vorfindet, die er braucht, um alle seine organischen Moleküle zu bauen. Die Radioastronomen haben in Gaswolken eine große Zahl verschiedener Moleküle gefunden, die der Chemiker der organischen Chemie zuweist. Alkohol und Ameisensäure sind darunter, Blausäure und Dimethyläther. Von diesen einfachen organischen Verbindungen ist es natürlich noch ein weiter Weg zu den komplizierten Molekülen, die die Grundlage für das sind, was wir Leben nennen. Nehmen wir trotzdem an, daß überall, wo sich Leben bilden kann, auch wirklich welches entsteht; dann gäbe es in unserer Galaxis eine Million Planeten, die Leben tragen, das jeweils vier Milliarden Jahre währt. Allerdings stünde dieses Leben auf verschiedenen Entwicklungsstufen.

Wie lange lebt eine Zivilisation?

Für uns sind natürlich belebte Planeten nur dann von Interesse, wenn wir mit ihnen in irgendeiner Weise in Verbindung treten können, und dafür scheinen sich die Radiosignale als einzige Möglichkeit anzubieten. Wir können also fragen: Wie viele von der Million Planeten unserer Galaxis haben die technischen Mittel, um Rundfunksignale aussenden zu können? Wenn Planeten über den ganzen Zeitraum, in dem dort Leben existiert, ununterbrochen Signale senden würden, dann hätten wir fast eine Million sendender Planeten. Aber Blaualgen senden nicht, und Wesen, die ihre Technik und vielleicht sich selbst durch Atombomben zerstört haben, schweigen gleichfalls. Damit bleibt nur ein kleiner Bruchteil übrig. Unsere Million Planeten reduziert sich mit dem Prozentsatz der Zeit, während der eine Zivilisation senden kann, gemessen an der Zeit, während der dort Leben besteht.

Hier kommt die größte Unsicherheit! Wir können uns nur an die Erfahrungen mit unserer eigenen Zivilisation halten. Erst seit wenigen Jahrzehnten haben wir die technologischen Mittel, um in den Raum zu senden. Aber nahezu gleichzeitig entwickelten wir zum erstenmal Massenvernichtungsmittel, die mit einem Schlag alles Leben auf unserem Planeten abtöten können. Werden wir sie benutzen? Ist eine technologische Zivilisation höchstens einige Jahrzehnte lang in der Lage, Signale in den Raum zu senden, bevor sie sich selbst zerstört?

Dabei haben *wir* noch nicht einmal zu senden begonnen. Es gibt kein wissenschaftliches Programm, nach dem wir regelmäßig und gezielt Signale ins Weltall ausstrahlen. Aber seien wir optimistisch, nehmen wir an, eine Zivilisation sei in der Lage, ihre Probleme zu lösen. Nehmen wir an, sie würde dann eine Million Jahre in Frieden und Wohlstand leben, so daß sie sich den Luxus leisten könnte und auch daran Interesse hätte, über diesen Zeitraum starke Radiosignale in das Weltall zu schicken. Das würde bedeuten, daß von der Million Leben tragender Sterne nur der Bruchteil

$$\frac{1 \text{ Million Jahre}}{4 \text{ Milliarden Jahre}}$$

senden würde. 250 Planeten unserer Galaxis würden dann im Augenblick senden. Nehmen wir an, diese Planeten seien in unserer Galaxis gleichmäßig verteilt, dann liegt der mittlere Abstand zwischen zwei sendenden Zivilisationen bei 4600 Lichtjahren. 4600 Jahre würde unser Signal hinausgehen, bis es auf die nächste sendende Zivilisation trifft, und 9200 Jahre würde es dauern, bis die Antwort zurückkommt. Wir sehen daraus, daß es gar keinen Sinn hat, zwei nahe Sterne wie Tau Ceti und Epsilon Eridani anzupeilen. Es ist beliebig unwahrscheinlich, daß sie sendende Planeten besitzen. Sinnvoll wäre es nur, *alle* sonnenähnlichen Einzelsterne, die näher als 4600 Lichtjahre stehen, nach Signalen abzusuchen.

Seit dem Turmbau von Babel sind noch keine 4000 Jahre verstrichen. Lebt und sendet aber eine Zivilisation nur über diesen Zeitraum, dann gibt die Wiederholung der obigen Rechnung, daß in unserer Galaxis von der Million belebter Planeten nur der Bruchteil

$$\frac{4000 \text{ Jahre}}{4 \text{ Milliarden Jahre}}$$

heute sendet. Wir erhalten *einen* Planeten. Das bedeutet, daß im Augenblick außer uns in der ganzen Galaxis höchstens eine weitere Zivilisation zu senden fähig wäre. Sendet aber eine Zivilisation nur 1000 Jahre oder noch weniger, dann lauschen wir mit unseren Radioteleskopen vergeblich in unsere Galaxis hinaus.

Unsere Abschätzung der Zahl der Radiosignale aussendenden Planeten in unserer Galaxis beruht auf vielen Unsicherheiten. Ich versuchte hier nicht sosehr, diese Zahl möglichst genau zu bestimmen, es ging mir darum, zu zeigen, welche Faktoren eine Rolle spielen. In diesem Gedankenspiel fanden wir, daß die größte Unsicherheit daher kommt, daß wir nicht wissen, wie lange eine technische Zivilisation bestehen kann. Wie lange hält sich eine Zivilisation, nachdem es ihr gelungen ist, die erste Rundfunkwelle zu erzeugen? Bleibt ihr noch ein Jahrhundert? Kann sie trotz ihrer technischen Fähigkeiten bestehen bleiben, oder kann sie sich gerade wegen ihrer Technik am Leben erhalten?

Wir hatten die Frage nach fremdem Leben in unserer Milchstraße gestellt, wir sind zurückgekommen auf die Frage, wie wir auf der Erde überleben.

Anhang A
Die Geschwindigkeit der Sterne

Unser Wissen über das Weltall wäre weitaus dürftiger, gäbe es nicht die Spektralanalyse. Ohne sie wüßten wir nichts über die chemische Zusammensetzung der Sterne, und wir wüßten nur wenig über ihre Bewegung. Wie es dazu kam, hat Karl Schaifers sehr schön beschrieben*. Ich will hier vor allem andeuten, wie man aus den Sternspektren erkennen kann, mit welcher Geschwindigkeit sich ein Stern in Richtung des Sehstrahls, also auf uns zu oder von uns weg, bewegt. Die Geschwindigkeitskomponente in Richtung des Sehstrahls heißt *Radialgeschwindigkeit*, und der Effekt, der uns gestattet, sie zu bestimmen, ist der *Doppler-Effekt*, so benannt nach dem österreichischen Physiker Christian Doppler (1803–1853).

Wenn man das Licht eines Sterns durch ein Glasprisma schickt, bricht es sich, und da diese Brechung für Licht verschiedener Frequenzen verschieden stark ist, wird das blaue Licht, das eine hohe Frequenz hat, stärker gebrochen als das rote, dessen Frequenz geringer ist. Setzt man das Prisma vor einen Fotoapparat, so zeigt die Aufnahme statt des Sternpünktchens eine längliche Spur: das *Spektrum* des Sterns. Die Schwärzung des Films ist an den verschiedenen Stellen dieser Spur von Licht verschiedener Frequenz hervorgerufen worden. Moderne Spektrografen, deren sich der Astronom heute bedient, arbeiten im Prinzip nicht anders. Um schwache Sterne noch zu erreichen, verarbeiten sie Sternlicht, das zunächst von großen Teleskopen gesammelt wird, ehe es auf das

---

* Karl Schaifers, »Geschwister der Sonne«, Hamburg (Hoffmann und Campe) 1976. Dieses Buch ist in vielem eine sehr gute Ergänzung zu dem in meinem Buch behandelten Stoff. Die von Schaifers mitbegründete Monatsschrift »Sterne und Weltraum« berichtet außerdem in allgemeinverständlicher Form über die Fortschritte in der heutigen Astrophysik.

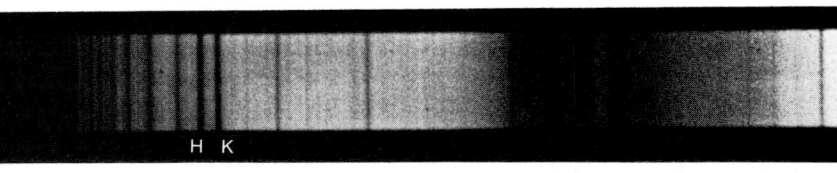

H K

Abb. A-1. Das Spektrum des Sterns 41 Cygni, aufgenommen von Waltraut Seitter von der Universität Münster. Links ist das violette Ende des Spektrums. Die Wellen, die dorthin abgelenkt wurden, sind von höherer Frequenz als die zum rechten Ende hin abgelenkten Wellen, die zum roten Licht gehören. Die dunklen Linien sind Absorptionslinien der verschiedenen Atome. Die beiden benachbarten, etwa gleichstarken Linien links von der Mitte (mit H und K bezeichnet) gehören beispielsweise zum Kalziumatom. Sie sind auch im Spektrum der Abbildung A-2 wiederzufinden.

Prisma fällt. Statt Prismen verwendet man oft andere Anordnungen, die Licht verschiedener Frequenz, also verschiedener Farbe, verschieden stark ablenken. War bei unserem Fotoapparat das Spektrum eine dünne Spur, so verbreitert es der Spektrograf zu einem Streifen, an dem man Einzelheiten besser erkennen kann (vgl. Abb. A-1). Die Bedeutung der Sternspektren beruht darauf, daß die Atome der Sternatmosphäre Licht ganz bestimmter Frequenz verschlucken. Dieses Licht fehlt dann im Spektrum: Der vom Spektrografen fotografierte Streifen zeigt »Linien«, also zu bestimmten Frequenzen gehörende Stellen, an denen die fotografische Platte kein Licht erhält. Das dort fehlende Licht haben die Atome der Sternatmosphäre absorbiert; die dunklen Linien heißen *Absorptionslinien*. Da jede Atomart einen charakteristischen Satz von Absorptionslinien erzeugt, kann man aus dem Spektrum eines Sterns die chemische Zusammensetzung seiner Atmosphäre bestimmen. Darauf beruht die chemische Analyse der Sterne, in der es etwa Albrecht Unsölds Kieler Schule zu wahrer Meisterschaft gebracht hat. Alles, was in diesem Buch über die chemische Zusammensetzung der Sternatmosphären und des interstellaren Gases gesagt worden ist, beruht auf dem Ausmessen von Spektrallinien. Auch das Fehlen des Deuteriums auf der Sonne und die Unterhäufigkeit des Lithiums wurden so gefunden. Darauf will ich nicht weiter eingehen, es geht uns hier allein um den Doppler-Effekt.

Licht ist eine elektromagnetische Welle. Die elektrische Feldstärke an einem Raumpunkt schwankt periodisch, wenn ein Lichtstrahl vorbeigeht, und die Maxima und Minima der Feldstärke fliegen mit Lichtgeschwindigkeit durch den Raum. Wenn eine Quelle Licht einer bestimmten Frequenz aussendet, dann empfangen wir es mit genau dieser Frequenz nur dann, wenn der Abstand zwischen Quelle und Empfänger konstant bleibt. Bewegt sich die Quelle aber auf uns zu, dann hat jedes Wellenmaximum einen etwas kürzeren Weg zurückzulegen als das vorangehende. Die Wellenmaxima kommen bei uns in rascherer Folge an, als sie ausgesandt worden sind. Das Licht der auf uns zukommenden Quelle erscheint hochfrequenter, also blauer, als das Licht einer gleichen Lichtquelle im Labor. Umgekehrt erscheint uns das Licht einer Quelle, die sich von uns wegbewegt, von niedrigerer Frequenz, also röter, als das Licht einer gleichartigen Quelle im Labor. Eigentlich ist es nichts anderes als der Effekt, der in Abbildung 10-5 diskutiert ist, denn auch Röntgenblitze variieren ihren zeitlichen Abstand, wenn die Quelle bei ihrer Umlaufbewegung um einen Stern einmal auf uns zu, einmal von uns weg fliegt.

Bei den Absorptionslinien der Sternspektren ist der Doppler-Effekt besonders gut zu messen (vgl. Abb. A-2): Man vergleicht dazu am besten ein Sternspektrum mit dem Spektrum eines im Labor zum Leuchten gebrachten Stoffes, dessen Licht durch *denselben* Spektrografen geschickt wird, und prüft, ob die Absorptionsli-

Abb. A-2. Der Doppler-Effekt im Spektrum. (a) Das Originalspektrum eines Sterns. (b) Schematische Darstellung der Linienverschiebung für den Fall, daß sich der Stern auf uns zubewegt. Alle Linien stehen jetzt weiter nach links, nach Violett, zu höheren Frequenzen hin verschoben, wie man an der im schwarzen Hintergrund gezeichneten gestrichelten vertikalen Linie und an den roten Verschiebungspfeilen erkennen kann. (c) Die Verschiebung für einen Stern, der sich von uns wegbewegt. Die Linien sind jetzt nach Rot gerückt.

nien der einzelnen Atomsorten im Sternspektrum dort stehen, wo sie hingehören, oder ob sie verschoben sind. Man kann dann leicht bestimmen, welche Radialgeschwindigkeit der Stern hat.

Besonders wichtig ist die Messung der Radialgeschwindigkeit bei engen Doppelsternen. Ein Stern, der um einen anderen kreist, bewegt sich – wenn wir nicht gerade senkrecht auf die Bahn blikken – während seines Umlaufes einmal auf uns zu und einmal von uns weg. Diese periodische Veränderung seiner Radialgeschwindigkeit kann man im Spektrum messen und – wie in Anhang C dargestellt – zur Bestimmung der Masse der Sterne benutzen. Bei vielen Doppelsternsystemen wissen wir überhaupt erst durch die vom Doppler-Effekt hervorgerufenen Linienverschiebungen in ihren Spektren, daß sie keine Einzelsterne sind. Sie stehen viel zu weit draußen im Raum und so nahe beieinander, daß man sie im Fernrohr nicht als Sternpaare sehen kann. Selbst wenn sie sich nicht gegenseitig bedecken, so sagt uns doch die periodische Verschiebung ihrer Absorptionslinien, daß dort zwei Sterne ihre Bahnen umeinander ziehen.

Anhang B
Wie das Weltall ausgemessen wird

Wir könnten fast nichts über die Sterne aussagen, wüßten wir nicht, wie weit sie von uns entfernt stehen. Ein unscheinbares Lichtpünktchen am Himmel mag ein Stern sein von weniger als einem Meter Durchmesser in der Nähe der Erde ohne Eigenlicht, nur Sonnenlicht zurückwerfend, es kann aber auch ein Körper sein, der so viel Licht aussendet wie eine ganze Galaxie, aber so weit in der Tiefe des Universums stehend, daß die Entfernung nicht mehr die volle Pracht seiner Erscheinung erkennen läßt. Es ist schwer, von direkt meßbaren Entfernungen auf der Erde auf Entfernungen im Weltall zu schließen.

Die Vermessung unseres Sonnensystems ist heute im Zeitalter der Elektronik unproblematisch. Man peilt die Venus mit Radar an und benutzt das Gesetz, das schon Johannes Kepler zu Anfang des Dreißigjährigen Krieges gefunden hat, das sogenannte *Dritte Keplersche Gesetz*. Es gibt einen Zusammenhang zwischen den Umlaufszeiten der Planeten um die Sonne und den Radien ihrer Bahn. Nehmen wir zwei Planeten A und B, etwa Venus und Erde, dann gilt nach Kepler

$$\text{(Umlaufszeit von A)}^2 \times \text{(Bahnradius von B)}^3$$
$$= \text{(Umlaufszeit von B)}^2 \times \text{(Bahnradius von A)}^3$$

Die Umlaufszeiten der Planeten lassen sich direkt beobachten (Erde: 365.26 Tage, Venus: 224.70 Tage), so daß uns das obige Gesetz eine Gleichung für die beiden Bahnradien gibt.

Nun kann man Radarsignale von der Erde zur Venus schicken, die – dort reflektiert – hier wieder empfangen werden können. Die Laufzeit der sich mit Lichtgeschwindigkeit bewegenden Radarsignale gibt uns den Abstand zwischen Erde und Venus, also die Differenz der Bahnradien dieser beiden Planeten. Wir haben damit zwei Gleichungen für zwei Unbekannte, nämlich für die Bahnradien von Erde und Venus, die wir lösen können.

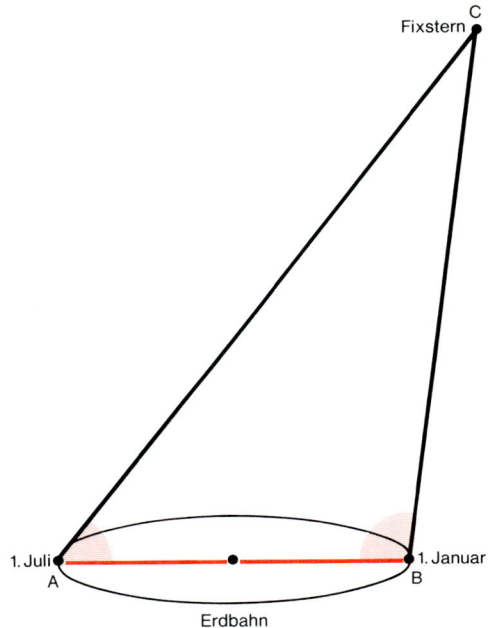

C
Fixstern

1. Juli
A

1. Januar
B

Erdbahn

Abb. B-1. Schema der Bestimmung eines Fixsterns nach der Parallaxenmethode. Die Strekke von A nach B ist das Doppelte des Abstandes Sonne–Erde, der aus den Radarechos der Venus bestimmt wird. Da man die beiden Winkel bei A und B am 1. Januar und am 1. Juli messen kann, sind drei Stücke des Dreiecks A B C bekannt. Die anderen beiden Seiten zu berechnen ist dann nur noch eine einfache Schulaufgabe.

Der nächste Schritt geht von unserem Sonnensystem zu den Sternen. Der Astronom verwendet dabei die *Methode der Parallaxe*, die – wie in Kapitel 4 erwähnt – bereits von Galileo Galilei vorgeschlagen, jedoch erst 1838 von Friedrich Wilhelm Bessel am Stern 61 Cygni zum erstenmal erfolgreich benutzt worden ist. Da sich die Erde im Laufe des Jahres um die Sonne bewegt, sehen wir die nahen Sterne am Himmel im Laufe des Jahres aus immer etwas verschiedenen Richtungen. In Abbildung B-1 ist das schematisch dargestellt. Die Verbindungslinie vom Ort der Erde am 1. Januar zu ihrem Ort am 1. Juli kennen wir. Es ist der doppelte Bahnradius der Erde. Die beiden Winkel zwischen dieser Verbindungslinie und dem Stern kann der Astronom messen, wenn er den Stern an diesen beiden Tagen beobachtet. Damit aber kennt er von dem in der Zeichnung herausgehobenen Dreieck zwei Winkel und eine Seite. Wenn man von einem Dreieck drei Stücke hat, so kann man alles andere bestimmen. Das haben wir schon in der Schule gelernt. Also kann man auch die Entfernungen Stern–Erde am 1. Januar und am 1. Juli berechnen. In allen praktischen Fällen steht der Stern so weit draußen, daß es auf die feinen Unterschiede zwischen diesen beiden Entfernungen gar nicht ankommt.

Wir kennen damit den Abstand des Sterns von unserem Sonnensystem. Mit dieser Methode kann man die kosmische Landesvermessung bis hinaus zu Entfernungen von etwa 300 Lichtjahren vorantreiben. Im besonderen sind die Entfernungen aller Sterne, die im HR-Diagramm der Sonnenumgebung der Abbildung 2-2 eingetragen sind, nach der Parallaxenmethode bestimmt. Für Sterne, die weiter draußen im Raum stehen, sind die Unterschiede zwischen den Richtungen, in denen man sie im halbjährlichen Abstand sieht, so klein, daß man sie nicht messen kann. Hier versagt die Methode.

Ein anderes wichtiges Verfahren der Entfernungsbestimmung möchte ich nur andeutungsweise beschreiben. Es beruht darauf, daß sich die Sterne eines Sternhaufens alle mit gleicher Geschwindigkeit in parallelen Bahnen in die gleiche Richtung bewegen. Obwohl sich ihre Bewegung am Himmel nur in geringfügigen, kaum meßbaren Verschiebungen bemerkbar macht, kann man bei vielen Sternhaufen doch erkennen, daß ihre parallelen Bahnen auf einen Punkt des Himmels zulaufen, so wie parallele Eisenbahngleise auf einen Punkt am Horizont. Dieser Zielpunkt sagt uns, in welche Richtung die Gruppe von Sternen fliegt. Verknüpft man dieses Wissen mit der mit Hilfe des Doppler-Effektes gemessenen Radialgeschwindigkeit der Sterne und mit der Geschwindigkeit, mit der sie sich vor entfernteren Sternen Jahr um Jahr verschieben, so kann man daraus ihre Entfernung bestimmen. Wieder sind es einfache Dreiecksrechnungen, aber ich will darauf nicht weiter eingehen. Die Entfernungen vieler Sternhaufen sind danach bestimmt worden. Man konnte die Leuchtkraft ihrer Sterne bestimmen und ihre Gesetzmäßigkeiten im HR-Diagramm studieren, wie dies in Kapitel 2 dargestellt ist.

Man kann den Spieß aber auch umdrehen. Steht ein ferner Sternhaufen so weit draußen im Raum, daß die bisher beschriebenen Methoden der Entfernungsbestimmung versagen, so kann man es sich zunutze machen, daß seine masseärmeren Sterne auf der Hauptreihe liegen, daß jeder von ihnen die zu seiner Farbe gehörige Leuchtkraft hat, wie es sich für Hauptreihensterne gehört. Kann ich also die Farbe eines Hauptreihensterns des Haufens messen, so weiß

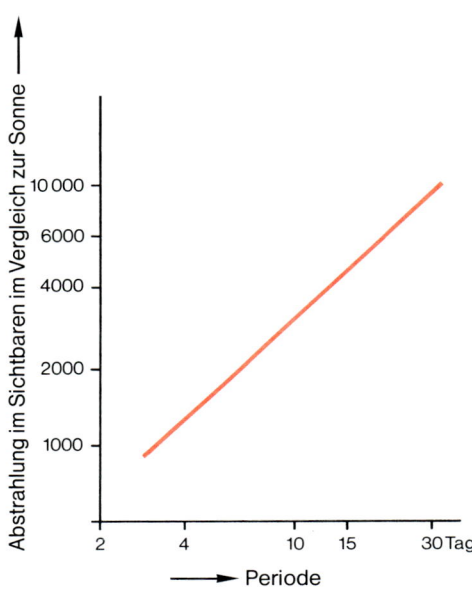

Abb. B-2. Die Perioden-Leuchtkraft-Beziehung der Delta-Cephei-Sterne. Zu einer bestimmten Periode gehört bei diesen Sternen eine ganz bestimmte Leuchtkraft. Da man die Periode leicht bestimmen kann, läßt sich sofort die über eine Periode gemittelte Leuchtkraft bestimmen. Diese gibt zusammen mit der Helligkeit, mit der der Stern am Himmel erscheint, die Entfernung.

ich auch gleich seine Leuchtkraft. Vergleiche ich diese dann mit der Helligkeit, mit der der Stern am Himmel erscheint, so habe ich nach kurzer Rechnung seine Entfernung und damit die des Haufens.

Daß man noch sehr viel weiter in den Raum hinauskommt, grenzt fast an ein Wunder. Aus Gründen, die man lange nicht verstanden hat, zeigen die pulsierenden Sterne vom Typ Delta-Cephei – wir behandeln sie in Kapitel 6 – eine merkwürdige Eigenschaft. Zwischen der Periode ihrer Schwingung und der Leuchtkraft besteht eine eindeutige Beziehung (vgl. Abb. B-2). Da man durch geduldiges Beobachten eines Delta-Cephei-Sterns seine Pulsationsperiode leicht bestimmen kann, so folgt aus der in der Abbildung B-2 wiedergegebenen Beziehung direkt seine über eine Schwingung gemittelte Leuchtkraft. Vergleicht man sie mit der mittleren Helligkeit des Sterns am Himmel, so hat man wiederum schnell seine Entfernung. Da die Delta-Cephei-Sterne sehr leuchtkräftig sind, kann man sie nicht nur in den fernsten Winkeln unserer Milchstraße sehen; das Auf und Ab ihrer Helligkeit läßt sie selbst unter den Sternen anderer Galaxien auffallen, und sie geben uns die Mittel, die Entfernungsbestimmung aus unserer eigenen Galaxis bis weit über die Andromeda-Galaxie hinaus voranzutreiben.

Anhang C
Die Sterne werden gewogen

Sosehr die moderne Technik dem Astronomen verfeinerte Meßgeräte geschenkt hat, sosehr er sich auch moderner Computer bedient, bei der Bestimmung der Massen der Sterne ist er nicht weit
über die Methode hinausgekommen, die auf Johannes Kepler und
auf Isaac Newton zurückgeht – Gedanken, die schon dreihundert
Jahre alt sind. Beginnen wir mit der Masse der Sonne. Die Erde
bewegt sich in ihrem Schwerefeld nahezu in einer Kreisbahn. Sie
spürt bei ihrem Umlauf die Fliehkraft, die sie in den Raum hinaus-
schleudern will. Ihr wirkt die Anziehungskraft der Sonne entgegen, die unseren Planeten in das Innere des Sonnenballs zu ziehen
versucht. Die Erde durchläuft ihre Bahn gerade so, daß sich die
beiden entgegengesetzten Kräfte die Waage halten. Dieses
Gleichgewicht zweier Kräfte gestattet es uns, die Stärke der Anziehung der Sonne und damit ihre Masse zu bestimmen. Die For-
mel dafür ist

$$\text{(Bahnradius des Planeten)}^3 = \text{Gravitationskonstante} \times$$
$$\text{(Planetenmasse + Sonnenmasse)}$$
$$\times \text{(Umlaufszeit des Planeten)}^2.$$

Die Gravitationskonstante ist eine aus der Physik bekannte Zahl.
Der Bahnradius des Planeten Erde läßt sich nach den im Anhang
B beschriebenen Methoden der Entfernungsbestimmung ermit-
teln. Die Umlaufszeit der Erde ist ein Jahr. Dann enthält unsere
Gleichung nur eine Unbekannte, die Summe aus Erd- und Son-
nenmasse, und man kann sie aus der Gleichung berechnen. Da die
Masse der Erde ein Nichts ist im Vergleich zur Masse der Sonne,
ist diese Summe praktisch gleich der Sonnenmasse.

Wie ist es nun mit der Masse der Sterne? Bei Doppelsternen, die man im Fernrohr trennen kann, die man also als zwei einzelne Sterne sieht, welche sich umeinander bewegen, geht es fast genauso. Der Unterschied besteht allein darin, daß dort meist Körper umeinander kreisen, die sich in ihren Massen nicht so stark unterscheiden wie Sonne und Erde. Bei ihnen wird viel deutlicher, was wir im obigen Fall ignoriert hatten: Ein Körper kreist nicht um den anderen, sondern jeder bewegt sich um den gemeinsamen Schwerpunkt. Haben wir also zwei Sterne in einem Doppelsternsystem, dann gilt für sie – wir nennen sie A und B – die folgende Beziehung:

$$(\text{Abstand der beiden Sterne})^3 = \text{Gravitationskonstante} \times (\text{Masse von A} + \text{Masse von B}) \times (\text{Umlaufszeit})^2.$$

Und für den Schwerpunktsabstand der beiden Sterne gilt:

$$(\text{Schwerpunktsabstand von A}) \times (\text{Masse von A}) = (\text{Schwerpunktsabstand von B}) \times (\text{Masse von B}).$$

Der Abstand zwischen A und B ist natürlich die Summe aus beiden Schwerpunktsabständen (vgl. Abb. C-1). Nehmen wir jetzt an, wir könnten beide Sterne im Fernrohr getrennt sehen und ihre Bahnen um den gemeinsamen Schwerpunkt am Himmel vermessen. Dann würden wir ihren Abstand und ihre Umlaufperiode kennen und erhielten sofort die Summe der beiden Massen. Wir sähen auch, wie sich beide Sterne umeinander bewegen, und wir erhielten so die beiden Schwerpunktsabstände. Damit liefert uns unsere zweite Gleichung das Verhältnis der beiden Massen. Summe und Verhältnis geben uns aber die einzelnen Massen. So einfach das Verfahren auch erscheint, so setzt es doch die Kenntnis des Abstandes der Sterne und genauer noch die der Radien der

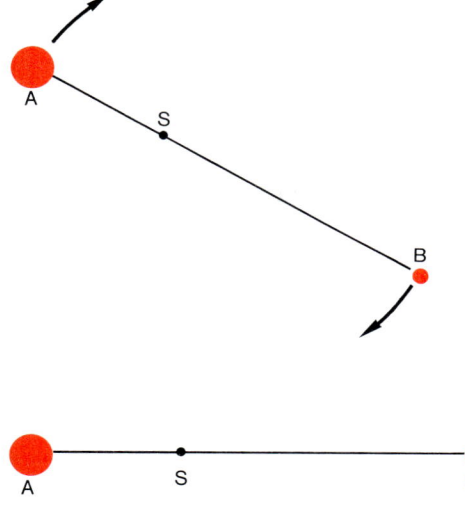

Abb. C-1. Bewegung in einem (einfachen) Doppelsternsystem. *Oben*: Blickrichtung senkrecht auf die Bahnebene. Beide Sterne A, B bewegen sich in Kreisbahnen verschiedener Radien um den gemeinsamen Schwerpunkt S. *Unten*: Dieselbe Bewegung von der Seite gesehen. Wenn die Verbindungslinie beider Sterne gerade senkrecht zur Blickrichtung ist – so wie im Bild –, dann bewegt sich der eine Stern auf uns zu, der andere von uns weg. Die Geschwindigkeiten lassen sich dann mit Hilfe des in Anhang A beschriebenen Doppler-Effektes messen.

einzelnen Bahnen, die die Sterne um den Schwerpunkt ziehen, voraus. Der Astronom sieht zwar Bahnen der Sterne, aber er kann nur die Winkelbewegung am Himmel bestimmen. Um aber wirklich Abstände zu erhalten, muß er Entfernungen kennen.

Da wir zur Bestimmung der Massen nach dem eben beschriebenen Verfahren immer die Entfernung des Doppelsternsystems kennen müssen, kann man es nur für verhältnismäßig nahe Objekte benutzen. Immerhin hat gerade diese Methode geholfen, die Masse-Leuchtkraft-Beziehung der Hauptreihensterne (vgl. Abb. 2-4) zu entdecken.

Glücklicherweise gibt es noch ein Verfahren, bei dem man ohne die mühsame Entfernungsbestimmung auskommt. Es beruht darauf, daß man infolge des Doppler-Effektes (vgl. Anhang A) aus dem Spektrum die Geschwindigkeit bestimmen kann, mit der sich der Stern von uns weg oder auf uns zu bewegt. Wenn wir ein Doppelsternsystem wie das von Abbildung C-1 von der Seite sehen, so wie es in der unteren Bildhälfte dargestellt ist, und wenn zu einem bestimmten Zeitpunkt die Verbindungslinie von A zu B senkrecht zu unserer Blickrichtung steht, dann bewegt sich der eine Stern auf uns zu, der andere von uns weg. Die Geschwindigkeiten sind gegeben durch die Umfänge der beiden Kreisbahnen geteilt durch die Zeitdauer des Umlaufes, also:

$$\text{Geschwindigkeit von A} = \frac{2\,\pi \times (\text{Schwerpunktabstand von A})}{\text{Umlaufszeit}}$$

$$\text{Geschwindigkeit von B} = \frac{2\,\pi \times (\text{Schwerpunktabstand von B})}{\text{Umlaufszeit}}$$

Da man mit Hilfe des Doppler-Effektes die beiden Geschwindigkeiten messen, die Umlaufszeit aus dem Rhythmus der Bewegung ermitteln kann, so folgen beide Schwerpunktsabstände, und die beiden weiter oben angegebenen Formeln liefern zwei Gleichungen für die beiden Sternmassen.

Das Wunderbare an dieser Methode ist, daß man die beiden Sterne gar nicht getrennt im Fernrohr zu sehen braucht. Auch wenn das Licht beider Sterne zu einem einzigen Lichtpünktchen verschmolzen ist, läßt sich im Spektrum erkennen, daß die bei uns ankommende Strahlung von zwei Lichtquellen herrührt, und die Geschwindigkeiten beider Quellen lassen sich einzeln ermitteln.

In Wahrheit ist alles komplizierter. Die Bahnen sind oft keine Kreisbahnen, sondern Ellipsen, und zum Unterschied von der Abbildung C-1 blicken wir weder senkrecht von oben noch genau von der Seite auf den Vorgang, sondern schräg. Das ändert aber nichts am Prinzip der hier beschriebenen Methoden.

Seit man die Masse-Leuchtkraft-Beziehung der Hauptreihensterne kennt, kann man für viele Sterne die Masse noch anders abschätzen. Kennt man die Leuchtkraft eines Sterns und weiß man, daß er Hauptreihenstern ist, dann kann seine Masse der Masse-Leuchtkraft-Beziehung direkt entnommen werden. Bei einem Hauptreihenstern, von dem man nur die Oberflächentemperatur messen kann, erhält man die Leuchtkraft aus dem HR-Diagramm und damit wieder über die Masse-Leuchtkraft-Beziehung die Masse. Dies hilft uns in den Fällen, in denen uns kein Begleiter die Masse des Sterns verrät.

Nachwort (1993)

Seit dieses Buch in der ersten Auflage erschienen ist, sind nun mehr als 13 Jahre vergangen. Die Astronomie ist heute weiter als damals. Neue Instrumente lassen uns Erscheinungen wahrnehmen, von denen wir im Jahre 1980 nichts oder nur wenig wußten. Damals waren noch keine Raumsonden zu den äußeren Planeten Uranus und Neptun vorgedrungen, am Südpol hatte man gerade begonnen, die Schwingungen der Sonne rund um die Uhr zu verfolgen, um etwas mehr über ihren inneren Aufbau zu erfahren. Man simulierte auf dem Computer nicht nur die relativ langsamen Entwicklungsvorgänge der Sterne, man versuchte auch, die raschen Veränderungen bei der Explosion einer Supernova auf Großrechnern zu berechnen. Damals ahnte man noch nicht, daß der Lichtblitz einer verhältnismäßig nahen Sternexplosion, der seit 170000 Jahren den Raum durcheilt, uns beinahe schon erreicht hatte – nur noch wenige Jahre trennten ihn von der Erde.

Wir haben in den vergangenen 13 Jahren viel dazugelernt, doch das Bild vom Lebenslauf der Sterne, von der Geburt aus einer interstellaren Gas- und Staubwolke bis zum Ende als Weißer Zwerg, als Neutronenstern oder als Schwarzes Loch, wie ich es damals beschrieben habe, ist im großen und ganzen richtig geblieben. Aber auch die Rätsel, vor denen wir damals standen, sind noch ungelöst, obwohl wir in dem einen oder anderen Fall einiges dazugelernt haben.

Zwar wissen wir über die Effektivität der Kernprozesse heute mehr, aber daß die Sonne einmal zum Roten Riesen werden und die inneren Planeten Merkur und Venus in sich aufnehmen wird und daß sie mit ihrer Oberfläche dem Planeten Erde gefährlich nahe kommen wird, das gilt auch heute noch.

Doch das Problem der fehlenden Sonnenneutrinos ist nach wie vor nicht vollständig gelöst. Im Chloräthylentank der Mine in South Dakota zählte man immer wieder die von Sonnenneutrinos erzeugten Chloratome – das Ergebnis blieb unverändert: Von der Sonne kommen viel weniger Neutrinos, die auf das Chlor einwirken können, als die Theoretiker mit ihren Sternmodellen vorhersagen. Das bestätigten inzwischen auch die Messungen, die man 300 km westlich von Tokio in Kamioka in einer Zinkmine ausgeführt hat. Dort wurden mehr als 2000 Tonnen Wasser mit lichtelektrischen Zellen überwacht, um Protonen zu ertappen, wenn sie zerfallen, so wie es moderne Theorien der Elementarteilchen vorhersagen. Doch nicht nur zerfallende Protonen sollten schwache Lichtblitze im Wassertank hervorrufen, auch die Sonnenneutrinos, die von der Bor-Nebenreaktion in der Sonne herrühren, sollten gelegentlich Lichtblitze erzeugen. Von Januar 1987 bis Mai 1988 wurde das Wasser auf von Sonnenneutrinos erzeugte Lichter überwacht. Das Ergebnis bestätigte Raymond Davis' Messungen. Höchstens die Hälfte der erwarteten Sonnenneutrinos trafen das Wasser im Tank. Da auch diese Apparatur nur für die energiereichen Neutrinos der Bor-Nebenreaktion empfänglich ist, konnten sich die Astrophysiker noch damit trösten, daß diese Reaktion zur Energieerzeugung der Sonne kaum etwas beiträgt. Doch inzwischen hat die Stunde der Wahrheit geschlagen.

Das Galliumexperiment, von dessen Planung ich in Kapitel 5 schrieb, arbeitet jetzt und hat bereits die ersten Ergebnisse geliefert. 30 Tonnen Gallium werden im Experiment GALLEX in den Abruzzen in Italien 1200 Meter unter der Erde in einer von einem Autobahntunnel aus in den Berg geschlagenen Kaverne den Sonnenneutrinos ausgesetzt. Parallel dazu arbeitet ein zweites Experiment im Kaukasus, es trägt den Namen SAGE, eine Abkürzung für »Soviet-American Gallium Experiment«. Vorerst konnten die Astrophysiker aufatmen. GALLEX hat die niederenergetischen Neutrinos, die von den Hauptreaktionen der Proton-Proton-Kette stammen, in etwa der Häufigkeit registriert, wie sie mit Hilfe der Computermodelle vorhergesagt sind. Nach wie vor bleibt aber die Frage offen, warum die hochenergetischen Bor-Neutrinos, auf die nun wiederum das GALLEX-Experiment nicht anspricht, so spärlich kommen. Die Bor-Neutrinos sind empfindliche Temperatur-Anzeiger, während die niederenergetischen Neutrinos nur wenig Aussagen über die Temperatur im Sonneninneren zulassen. Wo steckt der Fehler?

Geben uns die direkt aus dem Zentralgebiet der Sonne kommenden Neutrinos Hinweise auf die Bereiche des uns nächsten Sterns, in die unser Blick nicht dringen kann, so sind wir auf dem besten Wege, Nachrichten, welche die Sonne aus ihren Tiefen nach außen sendet, auszuwerten. Dem ständigen Auf und Ab der Granulation der Sonnenoberfläche sind Schwingungen in Millionen von Schwingungsformen überlagert, Oszillationen, welche die Sonne in einem Rhythmus von mehreren Minuten ausführt. Die zahlreichen Schwingungsformen überlagern sich zu einem komplizierten Schwingungsmuster, das man in Einzelschwingungen auflösen kann, wenn man die Bewegung der Sonnenoberfläche in langen Beobachtungsreihen lückenlos überwacht und dann das Ergebnis im Computer entschlüsselt. Wellen verschiedener Form und Dauer dringen verschieden tief in die Sonne ein. Der Geologe kann aus den Erdbebenwellen, die, von einem Zentrum ausgehend, teilweise längs der Oberfläche, teilweise durch das Innere des Erdkörpers zu uns gelangen, etwas über den inneren Aufbau der Erde erfahren. Ebenso kann der Sonnenphysiker aus den Schwingungsformen, die zwar an der Oberfläche beobachtet werden, an denen aber der *ganze* Sonnenkörper beteiligt ist, etwas über den inneren Aufbau der Sonne erfahren. Da die verschiedenen Schwingungsformen in ihrer Schwingungsdauer oft nur Tausendstel Sekunden auseinander liegen, muß man über lange Zeit beobachten, bis Schwingungen geringfügig verschiedener Periode aus dem Takt kommen und voneinander unterschieden werden können. Die Zeit zwischen Auf- und Untergang der Sonne in unseren Breiten reicht nicht aus. An den Polen aber geht die Sonne für ein halbes Jahr nicht unter den Horizont, und eine Beobachtungsreihe wird nicht vorzeitig durch das Hereinbrechen der Nacht beendet. Deshalb beobachtet man die Schwingungsmuster der Sonne vom Südpol aus.

Die bisherigen Untersuchungen der solaren Oszillationen haben uns die Tiefe der äußeren Konvektionszone der Sonne, von der in Kapitel 4 die Rede war, genauer bestimmen lassen. Danach wird in den äußeren 30% des Sonnenradius die im Inneren entstehende Energie durch auf- und absteigende Gasballen, also durch Konvektion, nach außen transportiert. Auch über das Verhältnis der Elemente Helium zu Wasserstoff weiß man jetzt genauer Bescheid. Die Schwingungen der Sonne passen am besten zu Modellen, bei denen dem Gewicht nach dreimal so viel Wasserstoff da ist wie Helium. Selbst über die Rotation im tiefen Inneren der Sonne wird man in Kürze mehr erfahren.

Ein die Erde umspannendes Netz von Beobachtungsstationen mit dem Namen GONG (Global Oscillation Network) soll die Sonne rund um die Uhr überwachen. Im Reich von GONG wird die Sonne nicht untergehen. Darüber hinaus wird die Raumsonde SOHO (Solar and Heliospheric Observatory), die frühestens im März 1995 gestartet wird, die Schwingungen der Sonne über längere Zeit ohne Unterbrechung überwachen.

Die Astronomen der ganzen Welt schraken auf, als sie erfuhren, daß am 23. Februar 1987 in der Großen Magellanschen Wolke eine Supernova explodiert ist. Obwohl das Ereignis nicht in der Scheibe unseres Milchstraßensystems stattgefunden hat, so lag es doch verhältnismäßig nahe bei uns, nur 170000 Lichtjahre entfernt. Es war die uns nächste Supernova seit der Erfindung des Fernrohres. Diesmal war es nicht nur möglich, die Erscheinung im sichtbaren Licht mit Teleskopen und Spektrografen zu verfolgen, sondern auch mit Instrumenten, die außerhalb der Erdatmosphäre von ihren Umlaufbahnen aus das ultraviolette Licht und die Röntgenstrahlung untersuchen. Es war sogar möglich, Neutrinos, die von den Kernprozessen während des Ausbruches ausgesandt wurden, zu registrieren. Sowohl das Experiment in der Mine in Kamioka wie auch eines in einem Salzbergwerk im US-Staat Ohio registrierten Neutrinos, die 170000 Jahre unterwegs waren, bevor sie die Erde erreichten. Übrigens: Die Magellansche Wolke steht auf der südlichen Halbkugel des Himmels, die Empfänger in Japan und in Ohio befinden sich jedoch auf nördlichen Breiten. Die Neutrinos der Supernova waren also durch das Erdinnere hindurchgegangen und hatten die Meßinstrumente von unten her erreicht.

Da die Große Magellansche Wolke ein sehr photogenes Objekt ist, wurde sie schon immer sorgfältig untersucht. Deshalb haben wir jetzt zum ersten Mal Bilder von dem Stern, der nachher explodierte. Wie sah er aus? Am Abend des 23. Februar 1987 – die Nachricht von der Supernova ging erst am Morgen des 24. Februar um die Welt – wäre fast jeder Astronom bereit gewesen, zu wetten, daß alle Sterne, die als Supernova explodieren, vorher Rote Riesen gewesen sind. Aber der Stern, der in der Großen Magellanschen

Wolke als die Supernova 1987A – so wird sie nach den Bezeichnungsregeln der Astronomen genannt – hochgegangen ist, war blau! Ein Widerspruch zu den Grundregeln der Sternentwicklungstheorie, nach denen Sterne, die ihren Wasserstoff im Zentrum aufgebraucht haben, Rote Riesen werden? Nicht so ganz, denn wir haben gesehen, daß sie dann im Hertzsprung-Russell-Diagramm zwar zuerst von links nach rechts (vom Blauen zum Roten) wandern, dann aber auch wieder zurück in den blauen Bereich kommen können. Es kann mehrere Male hin und her gehen (vgl. etwa den Stern von 9 Sonnenmassen in der Abb. 6-2). Ganz unmöglich ist eine blaue Präsupernova also nicht.

Etwas Trost spendet den Astrophysikern die Supernova 1993J. Am 28. März 1993 entdeckte der spanische Amateurastronom Francisco García Diez eine Supernova in der Galaxie, die in den Katalogen der Astronomen seit mehr als 200 Jahren unter der Bezeichnung M81 geführt wird. Dieses Sternsystem ist zwar mehr als sechsmal so weit von uns entfernt wie die Große Magellansche Wolke, trotzdem steht es uns im Vergleich zu anderen Galaxien recht nahe. Auch hier gelang es, auf früheren Aufnahmen den Stern zu finden, der explodiert ist. Diesmal war es tatsächlich ein Roter Überriese. Die aufsehenerregenden Supernova-Erscheinungen der Jahre 1987 und 1993 waren beide durch Implosionen von Eisenkernen im Zentralgebiet verursacht, so wie es in der Abbildung 11-1 links schematisch dargestellt ist.

Seit ihrer Entdeckung hat man die Supernova 1987A sorgfältig beobachtet. Ringe sah man, die offensichtlich von Gasmassen stammen, die der Stern vorher, während seiner ruhigen Phase, abgeblasen hatte und die nun vom Strahlungsblitz überholt und beleuchtet werden. Man beobachtete Gamma-Strahlung, die vom radioaktiven Element Kobalt kommt, genauer vom Co^{56}. Dieses Kobaltisotop entsteht im explodierenden Material und zerfällt innerhalb von 14 Tagen, wobei es die beobachtete energiereiche Gammastrahlung aussendet.

Man würde gerne wissen, ob bei der Explosion ein Neutronenstern übriggeblieben ist. Bis heute hat man keine Pulsarsignale von dort aufnehmen können. Doch das besagt noch nicht viel, denn die Orientierung der Rotationsachse und der magnetischen Achse müßte gerade so sein, daß der Strahlungskegel über unseren Planeten hinweggeht. Aber selbst wenn das Leuchtfeuer von dort keine Radiopulse zur Erde sendet, müßte der Bereich um den Pulsar Röntgenstrahlung nach allen Richtungen abstrahlen, und das sollte man beobachten können. Vorläufig gibt es aber noch keinen Hinweis auf einen rasch rotierenden Neutronenstern im Zentrum der Explosionswolke, die sich jetzt langsam lichtet.

Während der letzten Jahre ist die Zahl der bekannten Pulsare auf über 500 angestiegen. Einige fand man in der Großen Magellanschen Wolke. Es fällt auf, daß viele der neu entdeckten Pulsare kurze Perioden besitzen. Schon im November 1982 entdeckten Radioastronomen, die mit dem Arecibo-Teleskop arbeiteten, ein Objekt, das 642 Pulse in der Sekunde aussendet. Wandelt man die Signale in Schallimpulse um, so hört man einen Ton, den man am Klavier anschlagen kann! Um diesen Ton müßte ich mein Gleichnis auf Seite 207 erweitern, in dem ich meinen Lesern ausmalte, wie es wäre, wenn wir die elektromagnetischen Wellen des Weltalls hören könnten. Dieser Neutronenstern, der vielleicht so viel Masse besitzt wie unsere Sonne, vielleicht noch etwas mehr, muß sich in jeder Sekunde mehr als 600mal um seine Achse drehen, um Signale in diesem Rhythmus zu senden. Man könnte glauben, daß ein so rasch rotierender Stern durch die Fliehkraft auseinandergerissen werden müßte. Die Schwerkraft an der Oberfläche eines Neutronensterns ist aber so groß, daß er sich selbst bei derart rascher Drehung nur etwas abplattet.

Pulsare werden langsamer. In 75 000 Jahren werden vom Krebspulsar nur mehr 15 Pulse in der Sekunde zu uns kommen, nicht 30 wie heute. Bedeutet das, daß dieser Millisekunden-Pulsar, wie man Pulsare mit Hunderten von Pulsen in der Sekunde nennt, noch jung ist? Kaum, denn man hat viele Millisekunden-Pulsare in Kugelsternhaufen gefunden, von denen wir ja wissen, daß sie alt sind, die meisten älter als 10 Milliarden Jahre. Massereiche Sterne, die als Supernova explodierten, müssen schon vor Milliarden Jahren ihre Pulsare hinterlassen haben. Längst müssen diese langsam geworden sein. Woher also kommen die rasch rotierenden Pulsare? Gibt es einen Mechanismus, der alte, langsame Pulsare wieder auf Touren bringt?

Wenn zum Beispiel ein Pulsar zu einem Doppelsternsystem gehört, so könnte Materie vom Begleiter auf den Neutronenstern fließen, etwa so wie der Fluß von Materie in der Abbildung 9-8. Die ankommende Materie würde den Stern, auf den sie fällt, wieder in Schwung bringen. Tatsächlich hat man Pulsare beobachtet, die den gleichen Effekt zeigen, wie er für einen Röntgenstern in den Abbildungen 10-4 dargestellt und in der Abbildung 10-5 erklärt ist. Diese Pulsare gehören mit Sicherheit zu einem Doppelsternsystem. Es gibt sogar einen Pulsar, der in Abständen von 9 Stunden und 10 Minuten regelmäßig hinter seinem Begleitstern für 44 Minuten verschwindet.

Seit der ersten Auflage dieses Buches haben viele Radioastronomen nach Signalen von außerirdischen Zivilisationen Ausschau gehalten. Bis jetzt war jede Suche ohne Erfolg. Man hat allerdings inzwischen mehr über die Bildung von Planetensystemen um andere Sterne gelernt. Der Satellit IRAS, ein amerikanisch-holländisches Projekt, untersuchte die Infrarotstrahlung des Himmels und fand um den Stern Beta Pictoris eine Scheibe aus Staub, die Wärmestrahlung aussendet. Inzwischen war es möglich, Bilder dieser Scheibe auch von der Erdoberfläche aus zu gewinnen. IRAS hat mehrere solcher Objekte entdeckt, bei denen Staubscheiben einen Stern umgeben. Beobachten wir da, wie ein Planetensystem gerade entsteht?

Am 12. Oktober 1992 begann die NASA mit einem groß angelegten Suchprogramm, für das man für die nächsten sechs Jahre hundert Millionen US-$ veranschlagt hat. Mehrere große Radioteleskope, darunter das von Arecibo, tasten zur Zeit den Himmel ab, um die empfangene Strahlung zu analysieren. In jeder Sekunde werden zehn Millionen Frequenzkanäle untersucht, während ein Großcomputer prüft, ob die empfangene Strahlung natürlich ist oder ob sie einem Signal ähnelt, dem von einer außerirdischen Zivilisation irgendwelche Informationen aufgeprägt sind. Man will sich mit den Antennen von Stern zu Stern tasten und 800 sonnenähnliche Sterne regelmäßig überprüfen.

Ich glaube nicht, daß man etwas finden wird. Unwillkürlich muß ich an die Worte jenes US-Senators denken, der dazu sagte:»Statt Geld auszugeben, um nach außerirdischen Intelligenzen zu fahnden, sollte man damit besser hier in Washington nach intelligenten Leuten suchen.«

Göttingen, im April 1993

Personen- und Sachregister

Absorptionslinien 262, 263
Algol 166, 170
Algol-Sterne 167
Andromeda-Galaxie 15, 136,
    Farbtafel 0-1
Annis, Martin 187
Anti-Neutrino 123
Apianus, Peter 129
Appenzeller, Immo 81
Arecibo-Botschaft 251
Atkinson, Robert 56

Baade, Walter 155, 158
Bahcall, John 194
Bahcall, Neta 194
Baker, Norman 117, 121
Becklin, Eric 228
Bedeckungsveränderliche 27
Behr, Alfred 234
Bell-Burnell, Jocelyn 143–146
Bessel, Friedrich-Wilhelm 25,
    79, 266
Beteigeuze 31
Bethe, Hans 58, 62
Biermann, Ludwig 91, 129,
    132, 138
Billing, Heinz 91
Bodenheimer, Peter 244, 246,
    249
Bohr, Niels 55
Bondi, Hermann 159
Born, Max 55
Brahe, Tycho de 138

Breuer, Reinhard 252
Broglie, Louis de 55
Brouw, Wim 238
Bruno, Giordano 254

Centaurus X-1 196
Chandrasekhar, Subrahmany-
    an 72, 212
Chlor-Neutrino-Experiment 98
Clark, Alvan G. 25
Cocke, John 154–156
Cowling, Thomas 72
Cox, John 117
Critchfield, Charles 62
Cygnus X-1 195, 196, 220

Davis, Raymond 96, 98–101,
    274
Delta-Cephei-Sterne 107, 109,
    115–122, 268
Demarque, Pierre 111
Deuterium 52, 62, 87, 262
Diez, Francisco García 277
Dirac, Paul 55
Disney, Michael 154–157
Doppelsternsysteme, getrenn-
    te 169
–, halbgetrennte 169, 173
Doppler, Christian 261
Doppler-Effekt 261, 271, 272
Drehimpuls 230

Eddington, Arthur 52, 72, 116, 121
Elektronen 50
Elsässer, Hans 222
Emden, Robert 72
Entwicklungswege 44, 84, 85, 94, 109, 112

Fabricius, David 133
Faulkner, John 128
Friedmann, Herbert 188

Galaxis, Galaxien 13
Galilei, Galileo 266
Gallex 274
Gallium-Neutrino-Experiment 101
Gammastrahlen-Astronomie 164
Gamow, George 55, 57
Gasdruck 67
Giacconi, Riccardo 187, 188
Giannone, Pietro 182
Gold, Thomas 159, 165
Gong 276
Goodricke, John 115, 166, 167
Granulation 70, 71

Halo der Milchstraße 229, 231, 233
Härm, Richard 126
Hartwig, Ernst 136, 137, 179
Hauptreihe 36
Hauptreihensterne 36
Hayashi, Chushiro 104
Heckmann, Otto 137
Heisenberg, Werner 55
Helium-Blitz (Helium-Flash) 126
Helium-Fusion 65
Helmholtz, Hermann 21

Henyey, Louis 104–106
Henyey-Methode 104, 126
Herkules X-1 190–195
Hertzsprung, Ejnar 32
Hertzsprung-Russell-Diagramm 32
Hewish, Antony 142, 144, 145, 165
Hipparch 24
Hirsh, Richard F. 187
Hoffmeister, Cuno 138, 193, 194, 202
Hofmeister, Emmi 106
Hohl, Frank 237
Hopmann, Josef 27
horizontaler Ast 43, 115, 127, 128
Houtermans, Fritz 56
Hoyle, Fred 90, 104, 146, 159
HR-Diagramm 32
Hyaden 39, 41

Iben, Icko 111
interstellare Materie 14
IRAS 279
Isotope 51

Jeans, James 222
Jungk, Robert 57

Kant, Immanuel 14, 244
Kepler, Johannes 138, 265, 269
Kernladungszahl 51
Kienle, Hans 137
Kohl, Klaus 175
Kohlenstoffdetonation 213, 215
Kohlenstoffzyklus 58, 59
Kometen 129-132
Kometenschweife 130-132
Konvektion 70

Korona der Sonne 185
Kraft, Robert 182
Krebs-Nebel 139, 150, 151,
    153, 154, 215, Farbtafel 7-6
Krebs-Pulsar 150–161, 206,
    215
Kruit, Piet van der 238
Kues, Nikolaus von 254
Kugelsternhaufen 40, 43, 94,
    128, 232, 252

Landau, Lew 204
Laplace, Marquis de 244
Larson, Richard B. 223, 224
Leuchtkraft 31
–, visuelle bzw. sichtbare 34
Liller, William 193
Lithium 88, 227, 262
Lüst, Reimar 249

McCallister, Robert W.
    154–156
Magnetfelder in Neutronen-
    sternen 200–205
Masse-Leuchtkraft-Beziehung
    38
Massenverlust der Sterne
    129–141
Massenzahl 51
Mathewson, Donald 238
Mestel, Leon 104
Meteoriten 20
Meteoritenhypothese 21
Mezger, Peter 228, 251
Milchstraße 13, 16, 150, 190,
    231
Mira 133, 134, 198
Montanari, Gemiani 166
Morton, Donald 173, 175

Neugebauer, Gerry 228

Neutrino 59, 60, 94–102, 123,
    273–276
Neutronen 49
Neutronensterne 158–163,
    197, 198, 210, 213, 215, 216
Newton, Isaac 269
Nova-Phänomen 136, 178–184

Oppenheimer, Robert 55, 158
Orion-Nebel 31, 222, 227, 228,
    233, Farbtafel 12-1
Oszillationen der Sonne 275,
    276
OZMA-Projekt 251

Paczynski, Bohdan 111
Parallaxen-Methode 266
planetarische Nebel 135, 215,
    Farbtafel 7-5
Plejaden 39, 41, Farbtafel 2-5
Positronen 51
Protonen 49
Proton-Proton-Kette 62, 63,
    97, 231
Protosterne 226
Proxima Centauri 35
Pulsare 142–165, 207, 278

Radialgeschwindigkeit 261
Remeis, Karl 137
Roche, Edouard 168
Roche-Volumen 168, 169
Röntgen, Wilhelm Conrad 185
Röntgenblitze 191
Röntgenschauer 206
Röntgensterne 185–207
Rossi, Bruno 187, 188
Rote Riesen 30, 33, 90, 125
Różyczka, Michał 250
Russell, Henry N. 32

Salpeter, Edwin 64
Sandage, Allan 43
Schaifers, Karl 261
Schneller, Heribert 27
Schrödinger, Erwin 55
Schwarze Löcher 218–220
Schwarzschild, Karl 90, 218
Schwarzschild, Martin 90,
    104–106, 122, 126, 137, 173,
    182
Schwarzschild-Radius 217, 218
Schwerkraft 67
Sengbusch, Kurt von 73
Siedentopf, Heinrich 137, 254
Sirius 25, 30, 171, 212
SOHO 276
Sonne, Entwicklung der 83
Spektrum 262
Spica 23, 78
Spiralarme 234–242
Spiralnebel 14, Farbtafeln 0-1,
    0-4
Sternhaufen 39, 41, 46
Sternmodelle 72
Sternschnuppen 20, 131
Strohmeier, Wolfgang 137
Supernova 137, 140, 160, 209,
    214, 231, 277, 278

Taylor, Donald 154–156
Teller, Edward 55
Temesváry, Stefan 91
Thomas, Hans-Christoph 126
Tifft, William G. 154
Trümper, Joachim 202
Tscharnuter, Werner 229, 244,
    246, 249, 250

Tunnel-Effekt 56

Überriesen 27, 29, 30, 33
Uhuru 188, 189
Unsöld, Albrecht 2623
Ur-Hauptreihe 76, 80
Urknall 62
Ursonne 73

Vela-Pulsar 157
Volkoff, George M. 158

Walker, Merle F. 180
Warner, Brian 134
Weigert, Alfred 105, 112, 173,
    182
Weinberg, Steven 64
Weiße Zwerge 26, 29, 33, 125,
    135, 148, 175–177, 180, 181,
    197, 198, 211, 213
Weizsäcker, Carl-Friedrich
    von 58, 234, 249
Wielebinski, Richard 251
Winkler, Karl-Heinz 250
Wolter, Hans 205
Wolter-Teleskop 205
Wurm, Karl 132

Yorke, Harold 250

Zeta Aurigae 27–29
Zhevakin, Sergej 116, 121
Zwergnovae 182
Zwicky, Fritz 158

Rudolf Kippenhahn
Licht vom Rande der Welt
Das Universum und sein Anfang
384 Seiten mit 88 Abbildungen. Serie Piper 562

»Ein Originalwerk aus der Feder eines Vollblut-Wissenschaftlers, dem die
seltene Gabe verliehen ist, selbst komplizierteste Sachverhalte mit
brillanter Sprache so zu schildern, daß sich der Leser nach der Lektüre
unwillkürlich fragt, was denn daran so kompliziert sein solle.«

bild der wissenschaft

Erhard Keppler
Sonne, Monde und Planeten
Was geschieht in unserem Sonnensystem?
328 Seiten mit 18 farbigen Abbildungen auf Tafeln und
69 Abbildungen im Text. Serie Piper 1195

»In gelungener Form führt dieses Buch in unser neues Bild vom Sonnensystem ein.« KOSMOS

Eckhard Rebhan
Heißer als das Sonnenfeuer
Plasmaphysik und Kernfusion
469 Seiten mit 20 farbigen Abbildungen auf Tafeln und
80 Abbildungen im Text. Geb.

Die kontrollierte Kernfusion ist eine der größten wissenschaftlich-
technischen Herausforderungen unserer Zeit. Nach der Lektüre dieses
Buches ist sie für die Leser kein »böhmisches Dorf« mehr.

PIPER

Harald Fritzsch
Eine Formel verändert die Welt
Newton, Einstein und die Relativitätstheorie
346 Seiten mit 82 Abbildungen.
Serie Piper 1325

Harald Fritzsch, der mit »Quarks – Urstoff unserer Welt« und »Vom Urknall zum Zerfall« bereits ein großes Publikum erreichen konnte, bringt dem Leser in seinem Buch Einsteins Relativitätstheorie auf besonders eingängige Weise nahe: Newton, Einstein und der erfundene zeitgenössische Physiker Haller erklären sich gegenseitig und damit auch dem Leser die Relativitätstheorie und ihre Folgen.

QUARKS
Vorwort von Herwig Schopper
320 Seiten mit 91 Abbildungen. Serie Piper 332

»Dem mit physikalischen Grundprinzipien vertrauten Leser wird dieses Buch eine Fülle neuer Einsichten vermitteln.«   Süddeutsche Zeitung

Vom Urknall zum Zerfall
Die Welt zwischen Anfang und Ende
351 Seiten mit 55 Abbildungen. Serie Piper 518

»Aber das Besondere ist wohl, daß sich die Darstellung so spannend und überzeugend liest und daß man das Gefühl hat, hervorragend informiert zu werden.«   Heinz Maier-Leibnitz

»Gemessen an der Komplexität der Phänomene versteht es der Autor aber gekonnt, auch komplizierteste Zusammenhänge klar und verständlich auf ihren wesentlichen Kern zu reduzieren.«   Bernd Kröger, DIE ZEIT

PIPER